JN079700

は じ め に

　日本の車検は、整備点検・自賠責保険加入が義務化されています。勿論、車検制度自体は日本だけでなく、一部の国や州を除き大抵の国にあります。その中で、日本の保安基準の水準の高さは世界トップクラスです。それ故、整備不良による事故や故障が少ないのも事実です。また、自賠責保険加入義務により過失による最低限の損害補償も受けられます。

　しかし、今日の技術革新のスピードは目を見張るものがあり、環境保全、リサイクルの推進、安全指向、電子装置、高度情報通信といった分野の重要性も増しており、技術革新に伴う自動車整備士への期待や要求も更に高まり、保安基準の改正も頻繁に行なわれております。

　今回「自動車 車検・整備ハンドブック」を発行するに当たり、多くの整備士の方々より、車検・整備点検等に必要な法令・料金等が一目で判る簡単マニュアルが欲しいとの要望が多数寄せられました。この要望に答えるべく、愛知工科大学自動車短期大学の中島守教授に依頼して、実際の整備工場の現場で必要とされる項目を調査して戴きました。中島教授はご実家が整備工場を経営されていることもあり、机上だけでなく実際の整備現場を知っているということで、「自動車 車検・整備ハンドブック」の執筆者として最適だと思い白羽の矢を立てた次第です。中島教授には自動車整備士の方々が実際の自動車整備現場で本当に必要だと思われる項目を中心に抜粋して戴きました。「自動車 車検・整備ハンドブック」が自動車整備工場の片隅に常備して眠っているのではなく、現場でぼろぼろになるまで使って戴けることを切に願って発行した次第です。

　末筆ながら今回「自動車 車検・整備ハンドブック」を発行するに当たり、中島教授を始めとした愛知工科大学自動車短期大学の先生方、ご協力戴きました自動車整備工場の方々のご協力に感謝いたします。

　この「自動車 車検・整備ハンドブック」が多くの自動車整備士の方々に広く愛用され、お役に立てれば幸いです。

2023年4月　㈱精文館

【本書について】

　本書は、自動車整備の業務に携わる方々を対象に、主に道路運送車両の保安基準等を柱にして、車検・整備について編集したハンドブックです。個々の条文にかかる諸法令は、該当する条文の中で示すことにより、適用の有無が分かりやすくなるようにしてありますが、詳細は関係する規程の原文で確認してください。また、本書の編集にあたり、資料は対象車両数の多い「乗用自動車」に限定して編集しているため、保安基準等についてのすべての条文は掲載しておりません。なお、審査事務規程は、令和4年10月28日交付の第46次次改正までを収録してありますが、その後の改正が行われた場合は、その改正された箇所は本書の内容と適合しなくなりますので、ご注意ください。

【本書の見方】

　諸法令は、縦書きや横書きがありますが、本書はすべて横書きとしています。また、条文中の漢字については、アラビア数字に置き換えてあります。

※本書内の記号　◆：関係法令　☛：解説　★：特記事項

【本書で使用する法令等の略称】

　◆保安基準：道路運送車両の保安基準

　◆審査事務規程：独立行政法人自動車技術総合機構
　　　　　　　　　　審査事務規程

　◆細目告示：道路運送車両の保安基準の細目を定める告示

　◆適用関係告示：道路運送車両の保安基準第2章及び第3
　　章の適用関係の整理のため必要な事項を定める告示

　◆車両法：道路運送車両法

　◆施行規則：道路運送車両法施行規則

　◆業務実施要領：自動車検査業務等実施要領

　◆登録規則：自動車登録規則

◆点検基準：自動車点検基準

【参考とした出版物】
●独立行政法人自動車技術総合機構
　　　　　　　　　　　　　審査事務規程（ホームページ）
●国土交通省　保安基準及び細目告示（ホームページ）
●自動車整備関係法令と解説（令和4年版）
●中部地方自動車整備連絡協議会　自動車検査員教習資料
　令和4年9月（中部運輸局 自動車技術安全部監修）

<目 次>

【用語の定義】

各省令等における主な用語の定義を以下に紹介する。

　　◆保安基準１条　　　◆審査事務規程１－３

・「**軸重**」とは、自動車の車両中心線に垂直な１ｍの間隔を有する二平行鉛直面間に中心のあるすべての車輪の輪荷重の総和。

・「**車両中心線**」とは、直進姿勢にある自動車を平たんな面に置いたとき、４輪以上の自動車にあっては、左右の前車輪及び後車輪のそれぞれのタイヤ接地部中心点を結ぶ線分の中点を通る直線。

・「**輪荷重**」とは、自動車の１個の車輪を通じて路面に加わる鉛直荷重。

・「**最遠軸距**」（ホイールベース）とは、自動車の最前部の車軸中心から最後部の車軸中心までの水平距離。（p12 図参照）

・「**空車状態**」とは、道路運送車両が原動機及び燃料装置に燃料、潤滑油、冷却水等の全量を搭載し、当該車両の目的とする用途に必要な固定的な設備を設ける等運行に必要な装備をした状態。（スペア・タイヤ、車載工具を降ろした状態のこと）

・「**積車状態**」とは、空車状態の道路運送車両に乗車定員の人員が乗車し、最大積載量の物品が積載された状態。この場合、乗車定員１人の重量は 55kg とし、座席定員の人員は定位置に、立席定員の人員は立ち席に均等に乗車し、物品は物品積載装置に均等に積載したものとして扱う。

・「**審査時車両状態**」とは、空車状態の自動車に運転者１名が乗車した状態。燃料については全量を搭載していなくてもよく、寸法及び重量を計測する場合を除き、スペアタイヤ（附属工具を含む。）又はその代替装備は搭載した状態とすることができる。

原動機の作動中において、運転者が運転者席に着席した状態で容易に識別できる位置に備える次に掲げるテルテールの識別表示が継続して点灯又は点滅していない状態であること。

異常状態の表示	識別表示例
前方のエアバッグ	
側方のエアバッグ	
制動装置	又は BRAKE
アンチロックブレーキシステム	又は ABS
原動機	

原動機の作動中において、運転者席の運転者に警報するブザー類が継続して吹鳴していない状態であること。

受検車両に装着しているタイヤは、応急用スペアタイヤでないこと。

・「損傷」とは、当該装置の機能を損なう変形、曲がり、摩耗、破損、切損、亀裂又は腐食。

・「車両識別番号（VIN）」とは、ISO 規格（ISO3779）等に基づき個々の車両を識別する目的で、ローマ字又は数字を組み合わせて表示する 17 桁の番号。（国産車の車体番号に相当するもの）

・「型式指定自動車」とは、自動車の指定の規定によりその型式について指定を受けた自動車。

・「指定自動車等」とは、型式指定自動車、製造過程自動車、新型届出自動車、輸入自動車特別取扱自動車及び型式認定自動車。

2

☛「**輸入自動車特別取扱自動車**」とは、輸入自動車特別取扱制度に基づく輸入自動車特別取扱届出がなされた自動車。なお、規程においては、大臣定め通達上の表記に対し次の例により表記する。

＜大臣定め通達上の表記＞

平成●年■月▲日以前に輸入自動車特別取扱を受けた自動車

＜規程上の表記＞

平成●年■月▲日以前の輸入自動車特別取扱自動車

☛「**輸入自動車特別取扱制度**」とは、輸入自動車特別取扱制度について（依命通達）（平成 10 年 11 月 12 日付け自審第 1255 号）別添の輸入自動車特別取扱制度をいう。

☛「**型式認定自動車**」とは、施行規則第 62 条の 3 第 1 項の規定によりその型式について認定を受けた自動車。

☛「**大臣定め通達**」とは、道路運送車両の保安基準第 2 章及び第 3 章の規定の適用関係の整理のため必要な事項を定める告示の規定に基づく国土交通大臣が定める自動車等について（依命通達）（平成 15 年 10 月 1 日付け国自技第 151 号国自環第 134 号）をいう。

☛「**施行規則**」とは、道路運送車両法施行規則（昭和 26 年運輸省令第 74 号）のこと。

☛「**製造過程自動車**」とは、製造過程自動車の型式認定に関する規程（平成 26 年国土交通省告示第 120 号）第 2 条第 1 項の規定によりその型式について認定を受けた自動車

☛「**新型届出自動車**」とは、自動車型式認証実施要領別添 2 の新型自動車取扱要領に基づく新型届出がなされた自動車。なお、規程においては、大臣定め通達上の表記に対し次の例により表記する。

＜大臣定め通達上の表記＞

平成●年■月▲日以前に新型届出による取扱いを受けた自動車

＜規程上の表記＞

平成●年■月▲日以前の新型届出自動車

・「輸入自動車」とは、本邦に輸入された自動車

・「ハイブリッド自動車」とは、ガソリン、ＬＰＧ、ＣＮＧ、又は軽油を燃料とする自動車であって、原動機として内燃機関及び電動機を備え、かつ、当該自動車の運動エネルギーを電気エネルギーに変換して電動機駆動用蓄電装置（以下「蓄電装置」という）に充電する機能を備えた自動車

・「プラグインハイブリッド自動車」とは、次の全ての要件を満たすもののこと。

　①原動機として内燃機関及び電動機を備え、かつ、当該自動車の運動エネルギーを電気エネルギーに変換して電動機駆動用蓄電装置に充電する機能及び電動機駆動用蓄電装置を充電するための外部充電装置を備えていること。

　②バッテリー容量レシオ（単位車両重量あたりの走行に関与するバッテリー容量）が、0.002kWh/kg 以上であること。

・「燃料電池自動車」とは、水素と酸素を化学反応させることにより直接電気を発生させる装置を備えて、その電力により作動する原動機を有する自動車。

☛「道路運送車両」とは、自動車、原動機付自転車及び軽車両のこと。（道路運送車両法２条）

☛「自動車の種別」とは、普通自動車、小型自動車、軽自動車、大型特殊自動車及び小型特殊自動車の５種類を大きさや原動機、定格出力等で区分したもの。（道路運送車両法３条）

【燃料の規格】：省略
　　◆保安基準１条の２　　◆審査事務規程１－５

【破壊試験】：省略
　　◆保安基準１条の３　　◆審査事務規程４－18

【長さ、幅及び高さ】

自動車は、長さ 12m、幅 2.5m、高さ 3.8m を超えない大きさであること。

◆保安基準 2 条　　　◆審査事務規程 7 - 2、8 - 2
◆細目告示 162 条

☛「細目告示」とは、道路運送車両の保安基準の細目を定める告示（平成 14 年国土交通省告示第 619 号）のこと。

なお、道路運送車両の保安基準の細目を定める告示の特例に関する告示（平成 29 年国土交通省告示第 1154 号）は含まない。

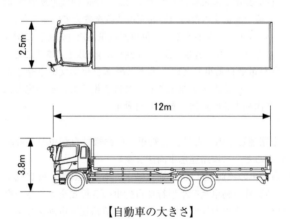

【自動車の大きさ】

▶テスタ等による審査

①測定方法

自動車の長さ、幅及び高さの測定は、自動車を基準面に置き、以下に示す測定状態にして、巻尺等を用いて測定した値とする。（単位は cm とし、1 cm 未満は切り捨てる。）

☞「基準面」とは、水平かつ平坦な面のこと。

1) 空車状態
2) はしご、やぐらなどの装置は格納した状態
3) 外開き式の窓、換気装置は閉鎖した状態
4) 車体外に取付けられた後写鏡、後方等確認装置、7-107（直前及び側方の視界）に規定する鏡その他の装置、側面周辺監視装置及びたわみ式アンテナについては、これらの装置を取外した状態。この場合には、車体外に取付けられた後写鏡、後方等確認装置、7-107に規定する鏡その他の装置及び側面周辺監視装置は、当該装置に取付けられた灯火器及び反射器を含むものとする。
5) 直進姿勢にある状態

☞「長さ」とは、自動車の最も前方及び後方の部分を基準面に投影した場合において、車両中心線に平行な方向の距離。
☞「幅」とは、自動車の最も側方にある部分を基準面に投影した場合において、車両中心線と直交する直線に平行な方向の距離。
☞「高さ」とは、自動車の最も高い部分と基準面との距離。

②突出限度
　外開き式の窓及び換気装置にあっては、開放した状態、後写鏡、後方等確認装置、7-107に規定する鏡その他の装置及び側面周辺監視装置にあっては、取付けられた状態で測定するものとし、この場合において、それぞれ次に定める突出量の範囲内で突出することができる。
1) 外開き式の窓、換気装置、後写鏡、後方等確認装置及び7-107に規定する鏡その他の装置にあっては、自動車の最外側から250mm未満及び自動車の高さから300mm未満。ただし、その自動車より幅の広い被牽引自動車を

牽引する牽引自動車の後写鏡及び後方等確認装置に限り、
　　被牽引自動車の最外側から 250mm 以下
2)　側方衝突警報装置（検知センサー及び検知センサー附属
　　品に限る。）を備える自動車にあっては、その自動車
　　の両最外側からの側面周辺監視装置の突出量の合計が
　　100mm 以下
　　ただし、側面周辺監視装置の全てを取り付けた状態の自
　　動車を測定した場合における自動車の幅が 2.5m を超え
　　ない場合は、適用しない。
3)　2) に掲げる自動車以外の自動車にあっては、その自動
　　車の両最外側からの周辺監視装置の突出量の合計が
　　100mm 以下
　　ただし、側面周辺監視装置のすべてを取り付けた状態の
　　自動車を測定した場合における自動車の幅が 2.5m を超
　　えない場合は、適用しない。

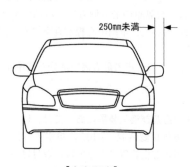

250mm未満

【突出限度】

☛「後方等確認装置」とは、自動車の外側線付近及び後方の
　状況の画像を撮影し、運転者席において確認できる位置に
　備えられた当該画像を表示する、カメラ及び画像表示装置
　を組み合わせた装置のこと。

**☛自動車部品を装着した場合の構造等変更検査時等における
取扱いについて（平成7年11月16日依命通達）**

①次のいずれかに該当する場合には、自動車検査証の記載事
項について変更があったときに該当しないこととし、自動
車検査員が行う保安基準適合証の証明の適用については事
実と相違があるときに該当しないものとする。ただし、自
動車検査証の記載事項以外に変更があり、構造等変更検査
を命ずる場合には、この限りでない。

1) 簡易な取付方法により自動車部品を装着した場合

2) 指定部品を固定的取付方法により装着した場合

3) 指定部品を恒久的取付方法により装着した状態、又は、
指定外部品を固定的取付方法若しくは恒久的取付方法に
より装着した状態において、当該自動車の長さ、幅又は
高さが自動車検査証に記載されている値に対して次表の
範囲内に含まれる場合

項目	範囲
長さ	± 3 cm
幅	± 2 cm
高さ	± 4 cm

ただし、

a.「簡易な取付方法」とは、手で容易に着脱できる取付方
法。具体的には、ベルクロ（マジック）テープ、粘着テ
ープ、吸盤、蝶ネジなどで固定され、道具を使わなくて
も簡単に取り外しができる取付方法。

b.「固定的取付方法」とは、簡易な取付方法又は恒久的取
付方法以外の取付方法。具体的には、ボルトやナット、
接着剤、組み込み、挟み込みなど、工具を使用すれば簡
単に取り外しができる取付方法。

c.「恒久的取付方法」とは、溶接又はリベットで装着され
る取付方法。具体的には、溶接やリベットなど取り外し

が容易ではなく、取り外すためには特殊な工具が必要となったり、取り外すことで他の構造や部品に損傷を与える可能性のある取付方法。

d.「指定部品」とは、ユーザーの嗜好により追加、変更等する蓋然性が高く、安全の確保、公害の防止上支障が少ないエア・スポイラ、ルーフ・ラック、ショック・アブソーバ、トレーラ・ヒッチ等別途定める自動車部品（以下「指定部品」）という）。

e.「指定外部品」とは、指定部品以外の自動車部品。

☛「エア・スポイラ」とは、走行中における車体まわりの空気の流れを整流するために、車体の前部若しくは後部（最前部の車軸と最後部の車軸との間における下面及び側面の部分を除く。）又は屋根部の前縁部若しくは後縁部に付加された構造物（バンパ、灯火類及びそのハウジング、ラジエータ・グリル、導風板並びに可倒式の構造物を除く。）のこと。

☛「導風板」とは、貨物の運送の用に供する自動車の運転者室の屋根部に備えられた空気を整流するための板のこと。

☛「バンパ」とは、車両の前部及び後部の下部にある外側構造物（低速衝突時に車両の前部又は後部を保護するための構造物及び当該構造物の附属物を含む。）のこと。

【最低地上高】

自動車の接地部以外の部分は、安全な運行を確保できるよう、地面との間に適当な間げきを有すること。

◆保安基準３条　　◆審査事務規程７－３、８－３
◆細目告示163条

☛「地上高」とは、自動車の接地部以外の部分と地面との間

の間げきのこと。

▶テスタ等による審査

①地上高が次のいずれかに該当するものはこの基準に適合するものとする。

1) 指定自動車等と同一と認められる自動車
2) 普通自動車及び小型自動車で、車両総重量が 2.8t 以下のもの
3) 乗用自動車で、車両総重量が 2.8t を超えるもの
4) 軽自動車で、最低地上高が低くなるような改造がされた自動車については、以下の②測定条件で測定した場合に、次の③測定値の判定基準を満たす自動車

②測定条件

1) 空車状態
2) タイヤの空気圧は規定値
3) 車高調整装置が着装されている自動車は、標準（中立）の位置。ただし、車高を任意の位置に保持することができる車高調整装置では、車高が最低となる位置と車高が最高となる位置の中間の位置
4) 測定する自動車を舗装された平面に置き、地上高を巻尺等を用いて測定
5) 測定値は cm 単位で、 1 cm 未満は切り捨てる。

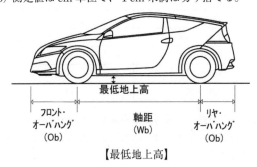

【最低地上高】

③測定値の判定

　前項②の測定条件により求めた地上高は、次の1）から3）の基準をそれぞれ満足していること。ただし、自動車の接地部以外の部分と路面等が接触等した場合に、自動車の構造及び保安上重要な装置が接触等の衝撃に十分耐える構造のもの、又は自動車の構造及び保安上重要な装置を保護するための機能を有するアンダーカバー等が着装されている構造のものにあっては、当該部位の地上高は次の1）及び2）の基準を満足していればよい。この場合において、上記ただし書の「衝撃に十分耐える構造」及び「アンダーカバー等が着装されている構造」の自動車における当該構造を有する地上高にあっては、1）の数値は5cm以上と読み替えて適用する。

1）自動車の地上高（全面）は、9cm以上あること。

　　（アンダーカバー等が着装されている構造の自動車は、5cm以上あること。）

2）軸距間に位置する自動車の地上高は、次式により得られた値以上であること。

　　$H = Wb \cdot 1 / 2 \cdot (\sin 2°\,20') + 4 = 0.02 \cdot Wb + 4$

【軸距間に位置する自動車の地上高】

軸距　Wb（cm）	必要な地上高（cm）
150〜199	7
200〜249	8
250〜299	9
300〜349	10
350〜399	11

3）前輪より自動車の前方又は後輪より自動車の後方に位置する自動車の地上高は、次式により得られた値以上であること。

H = Ob・(sin 6°20′) + 2 = 0.11・Ob + 2

  H：自動車の地上高（cm）

Wb：軸距（cm）

Ob：前軸から自動車の前方の地上高を測定しようとす
     る位置と前軸の中心線との距離、又は後軸から後
     方の地上高を測定しようとする位置と後軸の中心
     線との距離（cm）。なお、三角関数正弦の数値は、
     sin 2°20′ = 0.04、 sin 6°20′ = 0.11 とする。

【前軸より前方又は後軸より後方に位置する自動車の地上高】

車軸からの距離Ob（cm）	必要な地上高（cm）
19 - 27	4
28～36	5
37～45	6
46～54	7
55～63	8

【自動車の全面】

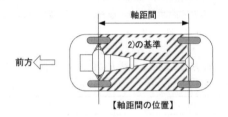

【軸距間の位置】

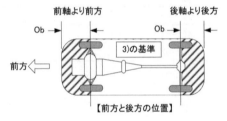

【前方と後方の位置】

【適用区分ごとの自動車の位置関係】

★**最低地上高の規定が除外される自動車の部分**

1) タイヤと連動して上下するブレーキ・ドラムの下端、緩衝装置のうちのロア・アーム等の下端

2) 自由度を有するゴム製の部品

3) マッド・ガード、エアダム・スカート、エア・カット・フラップ等であって樹脂製のもの

☛「**エアダム・スカート**」とは、フロント・バンパー下部、リヤ・バンパー下部及びサイド・ボデー下部に取り付けら

れた装置で、車体と路面間の気流をせき止めて、車両の浮き上がりを抑えるもの。ただし、バンパー等と一体に成形されているものはエアダム・スカートとしては見なされないため、最低地上高の規定が適用される。

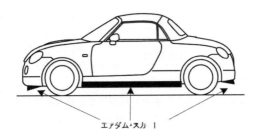

エアダム・スカー ト

【エアダム・スカート】

【車両総重量】
自動車の車両総重量は、自動車の最遠軸距と車両全長に応じ、次に掲げる重量を超えないこと。

　◆保安基準4条　　◆審査事務規程7−4、8−4

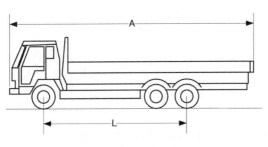

【車両全長と最遠軸距】

【最遠軸距と車両総重量】

最遠軸距(L)	自動車の長さ(A)	車両総重量
5.5m 未満	—	20 トン
5.5m 以上 7m 未満	9m 未満	20 トン
	9m 以上	22 トン
7m 以上	9m 未満	20 トン
	9m 以上 11m 未満	22 トン
	11m 以上	25 トン

☛ **自動車部品を装着した場合の構造等変更検査時等における取扱いについて（平成 7 年 11 月 16 日依命通達）**

① 次のいずれかに該当する場合には、自動車検査証の記載事項（最大積載量に限る。）について変更があったときに該当しないこととし、自動車検査員が行う保安基準適合証の証明については事実と相違があるときに該当しないものとする。

　ただし、構造等変更検査を命ずる場合には、この限りでない。

1) 簡易な取付方法により自動車部品を装着した場合
2) 指定部品を固定的取付方法により装着した場合
3) 指定部品を恒久的取付方法により装着した状態において、又は、指定外部品を固定的取付方法若しくは恒久的取付方法により装着した状態において、当該自動車の車両重量が自動車検査証に記載されている値に対して次表の範囲内に含まれる場合

種　　別	範　　囲
検査対象軽自動車、小型自動車	± 50kg
普通自動車	±100kg

【軸重等】

自動車の軸重は 10 トンを超えないこと。

自動車の輪荷重は、5 トンを超えないこと。

◆保安基準４条の２ 　◆審査事務規程７−５、８−５

▶テスタ等による審査

①空車状態の自動車の軸重は、重量計等を用いて各軸ごとに
計測した値（10kg未満は切捨て）とし、輪荷重は軸重を
その軸にかかわる輪数で除した値とする。

②積車状態の自動車の軸重は、積載物品又は乗車人員による
荷重の作用位置についての計算式（省略）より算出した値
とする。また、算出値は整数位までとし、末尾を２捨３入
又は７捨８入により０又は５とする。ただし、幼児専用車
の軸重にあっては整数位とする。

③積車状態の輪荷重は、前項②により算出した軸重をその軸
にかかわる輪数で除した値とする。

☛「幼児専用車」とは、専ら幼児の運送の用に供する自動車
であって、次に掲げる全ての要件を満たすもののこと。

①大人の乗車設備（運転者席及びこれと並列の座席を含む全
ての乗車設備をいう。以下同じ。）を最大に利用した場合
において、残された幼児の乗車設備の床面積（座席の床面
への投影面積とする。以下同じ。）が、大人の乗車設備の
床面積より大きいこと。

②大人の乗車設備を最大に利用した場合において、残された
幼児の乗車設備に乗車し得る人員の重量が、大人の乗車設
備に乗車し得る人員の重量より大きいこと。

【安定性】

自動車は、安定した走行を確保できるよう、安定性に関する
基準に適合していること。

◆保安基準５条 　◆審査事務規程７−６、８−６
◆細目告示164条

▶**テスタ等による審査**

①自動車は、次の基準に適合していること。

1) 空車状態及び積車状態におけるかじ取り車輪の接地部に
   かかる荷重の総和が、それぞれ車両重量及び車両総重量
   の20%（三輪自動車にあっては18%）以上であること。

2) 牽引自動車にあっては、被牽引自動車を連結した状態に
   おいても、1）の基準に適合すること。

3) 空車状態において、自動車を左側及び右側に、それぞれ
   35°まで傾けた場合に転覆しないこと。ただし、車両総
   重量が車両重量の1.2倍以下の自動車又は積載状態にお
   ける車両の重心の高さが空車状態における車両の重心の
   高さ以下の自動車にあっては、30°まで傾けた場合に転
   覆しないこと。

☛「**最大安定傾斜角度**」とは、自動車を左側及び右側に傾け
   たときに自動車が転覆しない最大の角度のこと。

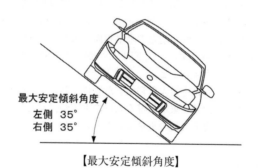

【最大安定傾斜角度】

☛「**左側及び右側に傾ける**」とは、自動車の中心線に直角に
   左又は右に傾けることではなく、実際の転覆の起こる外側の
   前後車輪の接地点を結んだ線を軸として、その外側に傾ける
   こと。

17

【最小回転半径】

自動車の最小回転半径は、最外側のわだちが12m以下であること。

◆保安基準6条　　◆審査事務規程7-7、8-7

▶テスタ等による審査

①最小回転半径は、次により計測又は算出した値とする。

　1) かじ取り装置を右又は左に最大に操作して、低速で旋回させた場合の外側タイヤの接地部中心の軌跡の最大半径。ただし、最外側輪が鉄輪等の場合には、最も外側の鉄輪等の外側の軌跡とする。

　2) ターニングラジアス・ゲージを用いる場合には、空車状態において、かじ取り車輪を右又は左に最大に操作した場合のかじ取り角度から計算式により算出した値
〈前軸1軸車の計算式〉

　3) 算出した値の単位はmとし、小数第1位（小数第2位切り捨て）までとする。

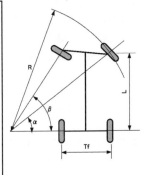

$$R = \frac{\dfrac{L}{\sin \alpha} + \sqrt{L^2 + \left(\dfrac{L}{\tan \beta} + Tf\right)^2}}{2}$$

ただし

R　：最小回転半径

L　：軸距

T f ：かじ取車輪の輪距

α　：外側車輪のかじ取角度

β　：内側車輪のかじ取角度

【前軸1軸車の計算式】

18

【接地部及び接地圧】

自動車の走行装置の接地部及び接地圧は、道路を破損するおそれのないものであること。

◆保安基準 7 条　　　　◆審査事務規程 7 － 8 、8 － 8
◆細目告示 165 条

▶視認等による審査

①接地部は、道路を破損するおそれのないものであること。

②空気入ゴムタイヤ又は接地部の厚さ 25mm 以上の固形ゴムタイヤについては、その接地圧は、タイヤの接地部の幅（実際に地面と接している部分の最大幅）1 cm 当たり 200kg を超えないこと。

③②の接地部以外の接地部については、その接地圧は、接地部の幅 1cm 当たり 100kg を超えないこと。

【原動機及び動力伝達装置】

自動車の原動機及び動力伝達装置は、運行に十分耐える構造等であり、原動機は、運転席において始動できること。また、加速装置は、運転者が操作を行わない場合に、当該装置の作動を自動的に解除するための独立に作用する 2 個以上のばね、その他の装置を備えていること。

◆保安基準 8 条　　　　◆審査事務規程 7 － 9 、8 － 9
◆細目告示 166 条

▶視認等による審査（性能要件）

①自動車の原動機及び動力伝達装置は、運行に十分耐える構造及び性能を有するものであること。この場合において、次に掲げるものはこの基準に適合しないものとする。

　1）原動機の始動が著しく困難なもの

2) 原動機が作動中に著しい異音又は振動を生じるもの

3) 原動機を無負荷運転状態から回転数を上昇させた場合に回転が円滑に上昇しないもの

4) エア・クリーナが取り外されているもの

5) 潤滑系統に著しい油漏れがあるもの

6) 冷却装置に著しい水漏れがあるもの

7) ファンベルト等に著しい緩み又は損傷があるもの

8) クラッチの作動状態が適正でないもの若しくは著しい滑りがあるもの又はレリーズのダスト・ブーツが損傷しているもの

9) 変速機の操作機構に著しいがたがあるもの

10) 動力伝達装置の連結部に緩みがあるもの

11) 動力伝達装置に著しい液漏れがあるもの

12) 推進軸のスプライン部、自在接手部若しくはセンター・ベアリングに著しいがたがあるもの

13) 駆動軸のスプライン部、自在接手部若しくはセンター・ベアリングに著しいがたがあるもの

14) 推進軸又は駆動軸に損傷があるもの

15) 自在接手部のボルト及びナットに脱落又は損傷があるもの

16) 自在接手部のダスト・ブーツに損傷があるもの又はヨークの向きが正常でないもの

17) 動力伝達装置のスプロケットに損傷があるもの若しくは取付け部に緩みがあるもの又はチェーンに著しい緩みがあるもの

18) 「自動車の走行性能の技術基準」の基準を満足しないもの

19) 7-12-1-2(1)又は7-12-1-2(2)が適用される自動車のテルテールの識別表示のうち、次に掲げる表示が継続して点灯しているもの。

【原動機（異常）のテルテール】

【自動車の走行性能の技術基準】

普通自動車	クレーン等の特殊な作業用自動車（※）	ＧＶＷ≦217×ｋＷ－2400 （ＧＶＷ≦160×ＰＳ－2400）
	上記以外の自動車	ＧＶＷ≦135×ｋＷ－1500 （ＧＶＷ≦100×ＰＳ－1500）
小型自動車		ＧＶＷ≦122×ｋＷ－600 （ＧＶＷ≦90×ＰＳ－600）

※最高出力が118kW（160PS）以上の原動機を搭載しているものに限る。

ＧＶＷ：車両総重量（単位：kg）

ｋＷ又はＰＳ：原動機の最高出力（単位：kW 又は PS）

（審査事務規程 3－4－7）

【走行装置】

自動車の走行装置（空気入ゴムタイヤを除く。）は、堅ろうで、安全な運行を確保できるものであること。

◆保安基準9条　　◆審査事務規程7－11、8－11
◆細目告示167条

▶視認等による審査（性能要件）

①次の各号に掲げるものはこの基準に適合しないものとする。

　1）ハブボルト、スピンドル・ナット、クリップ・ボルト、ナットに緩み若しくは脱落があるもの又は割ピンの脱落があるもの

2) 複輪用ホイールを取付けているアウター・ナット及びインナー・ナットについて、点検ハンマによる打音を比較したときに、音色の明らかに異なるナットが混入しているもの

3) ホイール・ベアリングに著しいがた又は損傷があるもの

4) アクスルに損傷があるもの

5) リム又はサイドリングに損傷があるもの

6) サイドリングがリムに確実にはめこまれていないもの

7) 車輪に著しい振れがあるもの

8) 車輪の回転が円滑でないもの

②軽合金製ディスクホイールであって、「軽合金製ディスクホイールの技術基準」に基づき鋳出し又は刻印によりマークが表示され、かつ、損傷がないものは、「堅ろう」であるものとする。JWL、JWL-T マーク、SAE マークや自動車メーカーのマークが付いていないものは、保安基準不適合となる。

1) JWL マーク
 乗車自動車（乗車定員 11 人以上の自動車を除く。）又は車両総重量 3.5t 以下であり、かつ、最大積載量が 500kg 以下の普通自動車、小型自動車及び軽自動車（乗車定員 10 人以下の乗用自動車を除く。）である場合

2) JWL-T マーク
 乗用自動車又は普通自動車、小型自動車及び軽自動車（乗用自動車を除く。）である場合

3) 自動車製作者を表すマーク
 自動車製作者が当該自動車を製作する際に設定したホイールに限る。

4) SAE マーク（SAE J 2530 の鋳出し又は刻印等）
 乗用自動車（乗車定員 11 人以上の自動車を除く。）又は車両総重量 4.54t 以下の普通自動車、小型自動車及び軽自動車（乗車定員 10 人以下の自動車を除く。）である場合

5) 自動車製作者が当該自動車を製作する際に設定したホイールであり、資料等により自動車製作者が付したことが明らかな記号等

☛「軽合金製ディスクホイールの技術基準」

（細目告示別添2）

SAE J 2530

【技術基準に適合している旨の表示】

③自動車の空気入ゴムタイヤの強度、滑り止めに係る性能等は、次の各号に掲げる基準とする。
 1) 空気入ゴムタイヤに加わる荷重は、タイヤの負荷能力以下であること。この場合において、次に掲げる値がタイヤの負荷能力以下であることを確認すること。
  a. 積車状態における軸重を当該車軸に係る輪数で除した値
  b. 空車状態に乗車定員の人員が乗車した状態における軸重を当該車軸に係る輪数で除した値
 2) 1) の場合において、タイヤの負荷能力は、次により算定した値とする。
  a. 当該タイヤに表示されたロードインデックスに応じ、審査事務規程別表4「ロードインデックスに対応する負荷能力」の負荷能力欄に掲げる値とする。
  b. ロードインデックスが表示されていないタイヤにあっ

ては、a の規定にかかわらず、当分の間、一般社団法人
日本自動車タイヤ協会の「日本自動車タイヤ協会規格」
（JATMAYEAR BOOK）における「空気圧 - 負荷能力
対応表」に規定する最大負荷能力等のタイヤ製作者が指
定する最大負荷能力とすることができるものとする。

　c.乗用車用タイヤを貨物自動車に装着した場合又はトラッ
ク、バス及びトレーラ用タイヤを乗用自動車に装着した
場合であっても、a、b に掲げる方法により算定するも
のとする。

3) 接地部は滑り止めを施したものであり、滑り止めの溝は、
空気入ゴムタイヤの接地部の全幅（ラグ型タイヤにあっ
ては、空気人ゴムタイヤの接地部の中心線にそれぞれ全
幅の４分の１）にわたり滑り止めのために施されている
凹部（サイピング、プラットフォーム及びウェア・イ
ンジケータの部分を除く。）のいずれの部分においても
1.6mm 以上の深さを有すること。

　　この場合において、滑り止めの溝の深さの判定は、ウェ
ア・インジケータにより判定してもよい。

☛「インジケータ」とは、計測対象の状態を表示する装置のこと。

4) 亀裂、コード層の露出等著しい破損のないものであること。
5) 空気入ゴムタイヤの空気圧が適正であること。
6) 専ら乗用の用に供する自動車（乗車定員 10 人未満であ
って車両総重量 3.5t を超える自動車、二輪自動車、側
車付二輪自動車、三輪自動車及び車両総重量 3.5t 以下
の被牽引自動車を除く。）及び貨物の運送の用に供する
自動車（三輪自動車及び車両総重量 3.5t 以下の被牽引
自動車を除く。）に備えるタイヤ空気圧監視装置は、タ
イヤの空気圧が適正でない旨を示す警報及び当該装置が
正常に作動しないおそれがある旨を示す警報が適正に作

24

動するものであること。なお、視認等によりタイヤ空気
圧監視装置が備えられていないと認められるときは、審
査を省略することができる。
④タイヤチェーン等は走行装置に確実に取付けることができ、
かつ、安全な運行を確保することができるものであること。
この場合において、タイヤに装着されていないタイヤチェ
ーンについては、審査を省略することができる。

☛「タイヤ空気圧監視装置」とは、タイヤの空気圧又は空気
圧の変化を監視し、走行中に当該情報を運転者に伝達する
機能を有する装置のこと。
☛「自動車用タイヤの摩耗限度について」
80km/h 以上の高速で走行する場合におけるタイヤの滑り
止めの溝の深さは、タイヤの種類（日本自動車タイヤ協会
規格の分類による）に応じた値以上であること。

【滑り止めの溝の深さの限度値】

タイヤの種類	溝の深さの限度（㎜）
乗用車用タイヤ及び 軽トラック用タイヤ	1.6
小型トラック用タイヤ	2.4

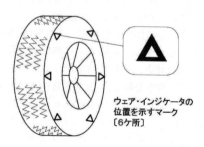

ウェア・インジケータの
位置を示すマーク
〔6ケ所〕

【ウェア・インジケータ】

【操縦装置】

自動車の運転時に、操作を必要とする次の装置は、運転者が定位置において容易に識別でき、かつ、操作できるように、配置、識別表示されているものであること。

◇始動装置、加速装置、点火時期調節装置、噴射時期調節装置、クラッチ、変速装置その他の原動機及び動力伝達装置の操作装置

◇制動装置の操作装置

◇前照灯、警音器、方向指示器、窓ふき器、洗浄液噴射装置及びデフロスタの操作装置

◆保安基準 10 条　　◆審査事務規程 7 - 12、8 - 12
◆細目告示 168 条

☛「デフロスタ」とは、前面ガラスの水滴等の曇りを除去するための装置をいう。

▶視認等による審査（性能要件）

①操縦装置の配置、識別表示等に関する基準は、次の各号に掲げるものとする。

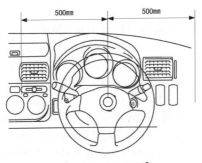

【操縦装置の配置】

1) かじ取ハンドル中心から左右にそれぞれ 500mm 以内に配置され、運転者が定位置において容易に操作できるものであること。この場合に、かじ取ハンドル中心との配置に係る距離は、それぞれの装置の中心位置から、かじ取ハンドル中心（レバー式のかじ取り装置では、運転者席の中心）を含み車両中心線に平行な鉛直面に下ろした垂線の長さとし、変速装置の中心位置は、変速レバーを中立の状態の中央に置いたときの握り部中心の位置とし、レバー式等可動のデフロスタ操作装置の中心位置は可動範囲の中心位置とする。

2) 点火時期調節装置、噴射時期調節装置、その他の原動機及び動力伝達装置、前照灯、警音器、窓ふき器、洗浄液噴射装置及びデフロスタの操作装置 又はその附近には、当該装置を運転者が運転者席において容易に識別できるような表示をしていること。

3) 変速装置の操作装置又はその附近には、変速段ごとの操作位置を運転者が運転者席において容易に識別できるような表示であること。

4) 方向指示器操作装置又はその附近には、当該方向指示器が指示する方向ごとの操作位置を運転者が運転者席において容易に識別できるような表示であること。

☞「運転者が運転者席において容易に識別できるような表示」とは、運転者が運転者席に着席した状態で著しく無理な姿勢をとらずに見える位置に文字、数字又は記号により、当該装置又は当該装置の操作位置を容易に判別できる表示をしたものをいう。

☞ JIS D0032「自動車用操作・計量・警報装置類の識別記号」又は ISO（国際標準規格）2575「Road vehicles − Synbols for controls, indicators and tell-tales」に掲げられた識別記号の例を次に示す。

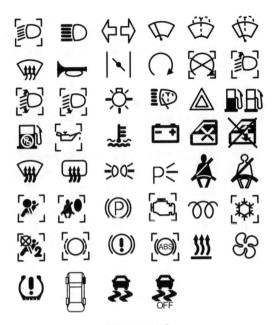

【識別記号例】

【かじ取装置】
自動車のかじ取装置は、堅ろうで安全な運行を確保できるよう、強度、操作性能等を有するものであること。

◆保安基準 11 条　　　◆審査事務規程 7 - 13、8 - 13
◆細目告示 169 条

▶テスタ等による審査
かじ取車輪の整列状態（サイドスリップ・テスタ）
①次表に掲げる自動車に備えるかじ取装置は、かじ取車輪を
　サイドスリップ・テスタを用いて計測した場合の横滑り

量が、走行 1 m について 5 mm を超えないこと。ただし、指定自動車等の自動車製作者等がかじ取装置について安全な運行を確保できるものとして指定する横滑り量の範囲内にある場合にあっては、この限りでない。

▶視認等による審査（適合基準）
①次に掲げるものは基準に適合しないものとする。
　1) ナックル・アーム、タイロッド、ドラッグ・リンク又はセクタ・アーム等のかじ取リンクに損傷があるもの
　2) 1) に掲げる各部の取付部に、著しいがた又は割ピンの脱落があるもの
　3) かじ取ハンドルに著しいがたがあるもの又は取付部に緩みがあるもの
　4) 給油を必要とする箇所に所要の給油がなされていないもの
　5) かじ取フォークに損傷があるもの
　6) ギヤ・ボックスに著しい油漏れがあるもの又は取付部に緩みがあるもの
　7) かじ取装置のダスト・ブーツに損傷があるもの
　8) パワ・ステアリング装置に著しい油漏れがあるもの又は取付部に緩みがあるもの
　9) パワ・ステアリング装置のベルトに著しい緩み又は損傷があるもの
　10) 溶接、肉盛又は加熱加工等の修理を行った部品を使用しているもの
②かじ取装置は、運転者が定位置において容易に、かつ、確実に操作できるものであること。この場合において、パワ・ステアリングを装着していない自動車であって、かじ取車輪の輪荷重の総和が 4,700kg 以上であるものはこの基準に適合しないものとする。
③かじ取装置は、かじ取時に車わく、フェンダ等自動車の他

の部分と接触しないこと。

④かじ取ハンドルの回転角度とかじ取車輪のかじ取角度との関係は、左右について著しい相異がないこと。

⑤かじ取ハンドルの操舵力は、左右について著しい相異がないこと。

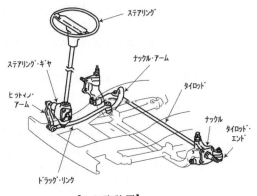

【かじ取装置】

【施錠装置等】
専ら乗用の用に供する自動車及び貨物の運送の用に供する自動車の原動機、動力伝達装置、走行装置、変速装置、かじ取装置又は制動装置には、施錠装置を備えること。

◆保安基準 11 条の 2　◆審査事務規程 7 – 14、8 – 14
◆細目告示 170 条

▶視認等による審査（性能要件）
①自動車の原動機、動力伝達装置、走行装置、変速装置、かじ取装置、又は制動装置に備える施錠装置は、その作動により施錠装置を備えた装置の機能を確実に停止させ、かつ、

安全な運行を妨げないものであること。

1) 制動装置以外に備える施錠装置は、その作動により、施錠装置を備えた装置の機能を確実に停止させることができる構造であること。

2) 制動装置に備える施錠装置は、その作動により、当該自動車の車輪を確実に停止させることができる構造であること。

3) 堅ろうであり、かつ、容易にその機能が損なわれ、又は作動を解除されることがない構造であること。

4) その作動中は、始動装置を操作することができないものであること。

5) 走行中の振動、衝撃等により作動するおそれがないものであること。

②次に掲げる施錠装置であってその機能を損なうおそれのある損傷等のないものは、前項①の基準に適合するものとする。

1) 指定自動車等に備えられた施錠装置と同一の構造を有し、かつ、同一の位置に備えられた施錠装置

2) 装置型式指定規程（車両法第75条の2第1項）の規定に基づき施錠装置の指定を受けた自動車に備える施錠装置と同一の構造を有し、かつ、同一の位置に備えられた施錠装置又はこれに準ずる性能を有する施錠装置

③乗用自動車及び貨物用自動車に備えるイモビライザは、その作動により原動機その他運行に必要な装置の機能を確実に停止させ、かつ、安全な運行を妨げないものであること。

☛「イモビライザ」とは、原動機その他運行に必要な装置の機能を電子的方法により停止させる装置のこと。

★イモビライザの構造、施錠性能等に関する基準は、次に定めるものとする。この場合において、指定自動車等に備えられたイモビライザと同一の構造を有し、かつ、同一の位置に備えられたイモビライザであって、その機能を損なうおそれの

ある損傷等のないものは、この基準に適合するものとする。

1) その作動により、原動機その他運行に必要な装置の機能を確実に停止させることができる構造であること。

2) 堅ろうであり、かつ、容易にその機能が損なわれ、又は作動を解除されることがない構造であること。

3) 走行中の振動、衝撃等により作動するおそれがないものであること。

4) その作動により、制動装置の解除を妨げるものでないこと。ただし、空気圧解除式スプリングブレーキの解除を防止する形式のイモビライザにあっては、この限りでない。

5) イモビライザの作動状態を表示する灯火は、緊急自動車の警光灯と紛らわしいものでなく、かつ、方向指示器又は車幅灯と兼用のものであって、イモビライザの作動又は解除の操作を表示するものにあっては、その点灯又は点滅が3秒を超えないものであること。

④指定自動車等に備えられたイモビライザと同一の構造を有し、かつ、同一の位置に備えられたイモビライザであって、その機能を損なうおそれのある損傷等のないものは、③の基準に適合するものとする。

☛「緊急自動車」とは、消防自動車、警察自動車、救急自動車等の緊急の用に供する自動車のこと。

【乗用車の制動装置】

自動車には、走行中の自動車が確実かつ安全に減速及び停止ができ、かつ、平坦な舗装路面等で確実に当該自動車を停止状態に保持できるよう、独立に作用する2系統以上の制動装置を備えていること。

◆保安基準 12 条　　◆審査事務規程 7 - 16、8 - 16
◆細目告示 171 条

▶**装備要件**

①乗用自動車であって乗車定員 10 人未満のものには、走行中の自動車が確実かつ安全に減速及び停止を行うことができ、かつ、平坦な舗装路面等で確実に当該自動車を停止状態に保持できるものとして、制動性能に関し、基準に適合する独立に作用する 2 系統以上の制動装置を備えること。

②①の制動装置には、次の 1)から 3)に掲げる装置を備えること。

 1) 走行中の自動車の制動に著しい支障を及ぼす車輪の回転運動の停止を有効に防止することができる装置

 2) 走行中の自動車の旋回に著しい支障を及ぼす横滑りを有効に防止することができる装置

 3) 緊急制動時に自動的に制動装置の制動力を増加させる装置

☛「**独立に作用する 2 系統以上の制動装置**」とは、ブレーキ・ペダル又はブレーキ・レバーからホイール・シリンダ又はブレーキ・チャンバまで（ホイール・シリンダ及びブレーキ・チャンバを有しない系統の場合にあっては、ブレーキ・シューを直接作動させるカム軸等まで）の部分がそれぞれの系統ごとに独立している構造の制動装置のこと。

▶**視認等による審査（適合基準）**

①制動装置は、その性能を損なわないように、かつ、取付位置、取付方法等に関し、視認等その他適切な方法により審査したときに、②の基準に適合するものであること。

②制動装置は、次に掲げる基準に適合するものであること。

 1) 制動装置は、堅ろうで振動、衝撃、接触等により損傷を生じないように取り付けられているものであり、次に掲げるものでないこと。

 a. ブレーキ系統の配管又はブレーキ・ケーブル（配管又はブレーキ・ケーブルを保護するため、配管又はブレーキ・ケーブルに保護部材を巻きつける等の対策を施して

ある場合の保護部材は除く。）であって、ドラッグ・リンク、推進軸、排気管、タイヤ等と接触しているもの又は走行中に接触した痕跡があるもの若しくは接触するおそれがあるもの

b. ブレーキ系統の配管又は接手部から、液漏れ又は空気漏れがあるもの

c. ブレーキ・ロッド又はブレーキ・ケーブルに損傷があるもの又はその連結部に緩みがあるもの

d. ブレーキ・ロッド又はブレーキ系統の配管に溶接又は肉盛等の修理を行った部品（パイプを二重にして確実にろう付けした場合の銅製パイプを除く。）を使用しているもの

e. ブレーキ・ホース又はブレーキ・パイプに損傷があるもの

f. ブレーキ・ホースが著しくねじれて取り付けられているもの

g. ブレーキ・ペダルに遊びがないもの又は床面とのすきまがないもの

h. ブレーキ・レバーに遊びがないもの又は引き代のないもの

i. ブレーキ・レバーのラチェットが確実に作動しないもの又は損傷しているもの

j. 上記 a）から i）に掲げるもののほか、堅ろうでないもの又は振動、衝撃、接触等により損傷を生じないように取り付けられていないもの

☛「主制動装置」とは、走行中の自動車の制動に常用する制動装置のこと。

2) 液体の圧力により作動する主制動装置は、制動液の液量がリザーバ・タンクのふたを開けず容易に確認できる次に掲げるいずれかの構造を有するものであり、かつ、その配管から制動液が漏れることにより制動効果に支障が生じたときにその旨を運転者席の運転者に警報する装置

を備えたものであること。（液面低下警報装置）
a. 制動液のリザーバ・タンクが透明又は半透明であるもの
b. 制動液の液面のレベルを確認できるゲージを備えたもの
c. 制動液が減少した場合、運転者席の運転者に警報する液面低下警報装置を備えたもの
d. aからcに掲げるもののほか、制動液の液量がリザーバ・タンクのふたを開けず容易に確認できるもの
3) 空気圧力、真空圧力又は蓄積された液体の圧力により作動する主制動装置は、制動に十分な圧力を蓄積する能力を有するものであり、かつ、圧力の変化により制動効果に著しい支障を来すおそれが生じたときにその旨を運転者席の運転者に警報する装置を備えたものであること。（圧力降下警報装置）
4) 主制動装置を除く制動装置（主制動装置を除く制動装置を2系統以上備える場合にはうち1系統。主制動装置を除く制動装置の操作装置を操作することにより主制動装置を作動させる機構を有する場合には主制動装置）は、作動しているときに、その旨を運転者席の運転者に警報する装置を備えたものであること。
5) 制動力を制御する電気装置を備えた制動装置は、次に掲げる要件を満たすものであること。
a. 正常に作動しないおそれが生じたときにその旨を運転者席の運転者に警報する装置を備えたものであること。
b. 走行中の自動車の制動に著しい支障を及ぼす車輪の回転運動の停止を有効に防止することができる装置にあっては、その機能を作動不能とするための手動装置を備えないものであること。この場合において、その機能を作動不能とするための手動装置を備えていることが明らかな自動車にあっては、この基準に適合しないものとする。
6) 7-12-1-2(1)又は7-12-1-2(2)が適用される自動車のテルテールの識別表示のうち、次に掲げる表示が継続して点灯

しているものでないこと。

▶テスタ等による審査（性能要件）

①自動車に備える制動装置は、ブレーキ・テスタを用いて計
　測した制動力が、次の1）及び2）に掲げる基準に適合し
　ていること。この場合において、審査時車両状態における
　自動車の各軸重を計測することが困難な場合には、自動車
　検査証に記載された前軸重に55kgを加えた値を審査時車
　両状態における自動車の前軸重、自動車検査証に記載され
　た後軸重の値を審査時車両状態における自動車の後軸重と
　みなすものとする。

1）主制動装置

a.制動力の計量単位として「N」を用いる場合

　(1)　制動力の総和を審査時車両状態における自動車の重
　　　量で除した値が4.90N/kg以上（降雨等の天候条件
　　　によりブレーキ・テスタのローラが濡れている場合
　　　には3.92N/kg以上）であること。この場合におい
　　　て、ブレーキ・テスタのローラ上で前車軸の全ての
　　　車輪がロックし、それ以上の制動力を計測すること
　　　が困難な場合には、「4.90N/kg以上」とみなす。

　(2)　後車輪にかかわる制動力の和を審査時車両状態にお
　　　ける当該車軸の軸重で除した値が0.98N/kg以上で
　　　あること。

　(3)　左右の車輪の制動力の差を審査時車両状態における
　　　当該車軸の軸重で除した値が0.78N/kg以下である
　　　こと。

b.制動力の計量単位として「kgf」を用いる場合

　(1)　制動力の総和が審査時車両状態における自動車の重

量の 50％以上（降雨等の天候条件によりブレーキ・テスタのローラが濡れている場合には 40％以上）であること。この場合において、ブレーキ・テスタのローラ上で前車軸の全ての車輪がロックし、それ以上の制動力を計測することが困難な場合には、「50％以上」とみなす。

(2) 後車輪にかかわる制動力の和が審査時車両状態における当該車軸の軸重の 10％以上であること。

(3) 左右の車輪の制動力の差が審査時車両状態における当該車軸の軸重の 8％以下であること。

2) 主制動装置を除く制動装置（主制動装置を除く制動装置を 2 系統以上備える場合にはうち 1 系統）

a. 制動力の計量単位として「N」を用いる場合

(1) 制動力の総和を審査時車両状態における自動車の重量で除した値が 1.96N/kg 以上であり、かつ、当該装置を作動させて自動車を停止状態に保持した後において、液圧、空気圧又は電気的作用を利用していないこと。

b. 制動力の計量単位として「kgf」を用いる場合

(2) 制動力の総和が審査時車両状態における自動車の重量の 20％以上であり、かつ、当該装置を作動させて自動車を停止状態に保持した後において、液圧、空気圧又は電気的作用を利用していないこと。

②ブレーキ・テスタを用いて審査することが困難であるときに限り、走行その他の適切な方法により審査し、①に掲げる基準への適合性を判断することができるものとする。

●制動能力の判定式

＜トレーラ以外の自動車＞

①車両総重量の車両重量に対する倍数

1) 倍数＝車両総重量／車両重量

37

②新型のブレーキ・テスタで計量単位「N」を用いる場合、

1) 主制動力及び後輪制動力

$$\frac{主制動力の総和(N)}{検査時車両状態の車両重量(kg)} \geq 4.90N/kg(※)$$

‥‥上記最高速度 80km/h 以上の自動車、最高速度 80km/h
未満で、車両総重量が車両重量の 1.25 倍を超える自動車

※降雨等の天候条件によりブレーキ・テスタのローラが濡
れている場合は、3.92 N/kg

かつ $\frac{後輪制動力の和(N)}{検査時車両状態の後軸重(kg)} \geq 0.98N/kg$

‥‥上記最高速度 80km/h 以上の自動車、最高速度 80km/h
未満で、車両総重量が車両重量の 1.25 倍を超える自動車

$$\frac{主制動力の総和(N)}{車両総重量(kg)} \geq 3.92N/kg$$

‥‥最高速度 80km/h 未満で、車両総重量が車両重量の
1.25 倍以下の自動車

2) 制動力の左右差

$$\frac{各輪制動力の左右差(N)}{検査時車両状態の各軸重(kg)} \leq 0.78N/kg$$

3) 駐車ブレーキの制動力

$$\frac{駐車ブレーキ制動力の総和(N)}{検査時車両状態の車両重量(kg)} \geq 1.96N/kg$$

③従来のブレーキ・テスタで計量単位「kgf」を用いる場合、

1) 主制動力及び後輪制動力

$$\frac{主制動力の総和(kgf)}{検査時車両状態の車両重量(kg)} \times 100 \geq 50\%(※)$$

‥‥上記最高速度 80km/h 以上の自動車、最高速度 80km/h

未満で、車両総重量が車両重量の 1.25 倍を超える自動車
※降雨等の天候条件によりブレーキ・テスタのローラが濡
れている場合は、40%

かつ $\dfrac{\text{後輪制動力の和(kgf)}}{\text{検査時車両状態の後軸重(kg)}} \times 100 \geqq 10\%$

‥‥上記最高速度 80km/h 以上の自動車、最高速度 80km/h
未満で、車両総重量が車両重量の 1.25 倍を超える自動車

$\dfrac{\text{主制動力の総和(kgf)}}{\text{車両総重量(kg)}} \times 100 \geqq 40\%$

‥‥最高速度 80km/h 未満で、車両総重量が車両重量の
1.25 倍以下の自動車

2) 制動力の左右差

$\dfrac{\text{各輪制動力の左右差(kgf)}}{\text{検査時車両状態の各軸重(kg)}} \times 100 \leqq 8\%$

3) 駐車ブレーキの制動力

$\dfrac{\text{駐車ブレーキ制動力の総和(kgf)}}{\text{検査時車両状態の車両重両(kg)}} \times 100 \geqq 20\%$

★新型のブレーキ・テスタでは、制動力の判定における計量
単位として「daN(デカ・ニュートン)」を採用している。
da(デカ)とは、接頭語で単位に乗ぜられる倍数を示す。
例えば、「daN(デカ・ニュートン)」を「N(ニュート
ン)」に換算する場合は、「N = × 10」となる。

接頭語の名称(略語)	単位に乗ぜられる倍数
デカ(da)	10^1
ヘクト(h)	10^2
キロ(k)	10^3
メガ(M)	10^6

【衝突被害軽減制動制御装置】

乗用の用に供する自動車であって乗車定員 10 人未満のもの
及び貨物の運送の用に供する自動車であって車両総重量が
3.5t 以下のものには、衝突被害軽減制動制御装置を備える
こと。

◆保安基準 12 条　　　◆審査事務規程 7 - 20、8 - 20
◆細目告示 171 条

☛「衝突被害軽減制動制御装置」とは、前方障害物との衝突
　による被害を軽減するために制動装置を作動させる装置の
　こと。

▶視認等による審査（性能要件）

①衝突被害軽減制動制御装置の作動中、確実に機能するもの
　であること。この場合において、衝突被害軽減制動制御装
　置の機能を損なうおそれのある改造、損傷等のあるもの
　は、この基準に適合しないものとする。

②衝突被害軽減制動制御装置に当該装置の解除装置を備える
　場合は、当該解除装置により衝突被害軽減制動制御装置が
　作動しない状態となったときにその旨を運転者席の運転者
　に的確かつ視覚的に警報するものであること。

【牽引自動車及び被牽引自動車の制動装置】：省略

◆保安基準 13 条　　　◆審査事務規程 7 - 21、8 - 21
◆細目告示 172 条

☛「牽引自動車」とは、専ら被牽引自動車を牽引することを
　目的とすると否とにかかわらず、被牽引自動車を牽引する
　目的に適合した構造及び装置を有する自動車のこと。

☛「被牽引自動車」とは、自動車により牽引されることを目

的とし、その目的に適合した構造及び装置を有する自動車
のこと。

【緩衝装置】
自動車には、地面からの衝撃に対し十分な容量を有し、安全
な運行を確保できるものとして、ばねその他の緩衝装置を備
えていること。

◆保安基準 14 条　　◆審査事務規程 7 - 22、8 - 22
◆細目告示 173 条

▶視認等による審査（適合基準）
①次に掲げるばねその他の緩衝装置は、基準に適合しないも
　のとする。
  1) ばねに損傷があり、リーフに著しいずれがあり、又は左
　　右のばねのたわみに著しい不同があるもの
  2) センター・ボルト、Uボルト、クリップ・ボルト及びナ
　　ット又はクリップ・バンドに損傷若しくは脱落又は緩み
　　があるもの
  3) ブラケット又はスライディング・シートに損傷があり、
　　又は取付部に緩みがあるもの
  4) シャックル又はシャックル・ピンに著しい摩耗があるもの
  5) サスペンション・アーム等のアーム類、トルク・ロッド
　　等のロッド類又はスタビライザ等に損傷があり、又は取
　　付部に著しいがたがあるもの
  6) サスペンション・アーム等のアーム類等のダスト・ブー
　　ツに損傷があるもの
  7) 空気ばねのベローズ等に損傷若しくは空気漏れがあり、
　　又は左右の空気ばねの高さに著しい不同があるもの
  8) ばねの端部がブラケットから離脱しているもの又は離脱
　　するおそれがあるもの

9) ストラットに損傷があり、又は取付部に緩みがあるもの

10) ショック・アブソーバに著しい液漏れ、ガス漏れ若しくは損傷があり、又は取付部に緩みがあるもの

11) ショック・アブソーバが取り外されているもの

12) オレオ装置に著しい液漏れがあるもの

13) フォーク・ロッカーアームの取付部に著しいがた又は緩みがあるもの

14) ばね又はスタビライザ等に溶接、肉盛又は加熱加工等の修理を行うことにより、その機能を損なった部品を使用しているもの

15) 改造を行ったことにより次のいずれかに該当するもの

　a. 切断等によりばねの一部又は全部を除去したもの

　b. ばねの機能を損なうおそれのある締付具を有するもの

　c. ばねの取付方法がその機能を損なうおそれのあるもの

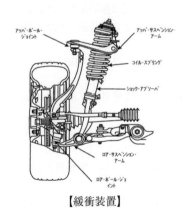

【緩衝装置】

【燃料装置】

ガソリン、灯油、軽油、アルコールその他の引火しやすい液体を燃料とする自動車の燃料装置は、燃料への引火等のおそれのないようなものであること。

◆保安基準 15 条　　◆審査事務規程 7 – 23、8 – 23
◆細目告示 174 条

▶**視認等による審査（性能要件）**
①燃料装置の強度、構造、取付方法等に関する基準は、次の
　各号に掲げるものとする。
　1) 燃料タンク及び配管は、堅ろうで、振動、衝撃等により
　　損傷を生じないように取り付けられていること。この場
　　合に、次に掲げる燃料タンク及び配管はこの基準に適合
　　しないものとする。
　a. 配管（配管を保護するため、配管に保護部材を巻きつけ
　　る等の対策を施してある場合の保護部材を除く。）が、
　　走行中に他の部分と接触した痕跡があるもの又は接触す
　　るおそれがあるもの
　b. 燃料タンク、配管又は接手部から燃料漏れがある又は他
　　の部分との接触により燃料漏れが発生するおそれがある
　　もの
　2) 燃料タンクの注入口及びガス抜口は、次に掲げる基準に
　　適合すること。
　a. 通常の運行において燃料が容易に漏れない構造であるこ
　　と。
　b. 排気管の開口先になく、かつ、排気管の開口部から
　　300mm 以上離れていること。
　c. 露出した電気端子及び電気開閉器から 200mm 以上離れ
　　ていること。
　d. 座席又は立席のある車室（隔壁により仕切られた運転
　　者室を除く。）の内部に開口していないこと。
②指定自動車等に備えられている燃料タンク及び配管と同一
　の構造を有し、かつ、同一の位置に備えられた燃料装置で
　あって、その機能を損なうおそれがある損傷のないものは、
　前項①に掲げる基準に適合するものとする。

【発生炉ガスの燃料装置】：省略
   ◆保安基準 16 条　　　◆審査事務規程 7 − 24、8 − 24
   ◆細目告示 175 条

【高圧ガスの燃料装置】：省略
   ◆保安基準 17 条　　　◆審査事務規程 7 − 25、8 − 25
   ◆細目告示 176 条
   ◆容器保安規則（昭和 41 年通商産業省令第 50 号）

【電気装置】
自動車の電気装置は、火花による乗車人員への傷害等を生ず
るおそれがなく、かつ、その発する電波が無線設備の機能に
継続的かつ重大な障害を与えるおそれのないものであること。

   ◆保安基準 17 条の 2　　◆審査事務規程 7 − 26、8 − 26
   ◆細目告示 99 条、177 条

▶視認等による審査（性能要件）
①電気装置の取付位置、取付方法、性能等に関する基準は、
　次の各号に掲げるものとする。
 1) 車室内等の電気配線は、被覆され、かつ、車体に定着さ
　　れていること。

☛「車室内等」とは、車室内及びガス容器が取付けられてい
　るトランク等の仕切られた部分の内部のこと。
☛「ガス容器」とは、高圧ガスを蓄積するための容器のこと。

 2) 車室内等の電気端子、電気開閉器その他火花を生ずるお
　　それのある電気装置は、乗車人員及び積載物品によって
　　損傷、短絡等を生じないように、かつ、電気火花等によ
　　って乗車人員及び積載物品に危害を与えないように適当

44

におおわれていること。この場合に、計器板裏面又は座席下部の密閉された箇所等に設置されている電気端子及び電気開閉器は、適当におおわれているものとする。

3) 蓄電池は、自動車の振動、衝撃等により移動し、又は損傷することがないようになっていること。この場合に、車室内等の蓄電池は、木箱その他適当な絶縁物等によりおおわれている（蓄電池端子の部分（蓄電池箱の上側）が適当な絶縁物で完全におおわれていることをいい、蓄電池箱の横側あるいは下側は、絶縁物でおおわれていないものであってもよい。）ものとする。

4) 電気装置の発する電波が、無線設備の機能に継続的かつ重大な障害を与えるおそれのないものであること。この場合に、自動車雑音防止用の高圧抵抗電線、外付抵抗器等を備え付けていない等、電波障害防止のための措置をしていないものは、この基準に適合しないものとする。

5) 自動車（二輪自動車、側車付二輪自動車、三輪自動車及び大型特殊自動車を除く。）に備える原動機用蓄電池及び充電系連結システムは、次に掲げる場合において、運転者に対してテルテールによって警告をするものであること。

a. 原動機用蓄電池又は充電系連結システムに故障が発生している場合

b. 外部電源により供給される電気を動力源とする自動車であって、内燃機関を有しないものにあっては、原動機用蓄電池の充電残量が低下している場合

② 電力により作動する原動機を有する自動車（二輪自動車、側車付二輪自動車、三輪自動車、大型特殊自動車及び被牽引自動車を除く。）の電気装置は、高電圧による乗車人員への傷害を生じるおそれがないものとして、乗車人員の保護に係る性能及び構造に関し、視認等その他の適切な方法により審査したときに、次の要件に適合するものであること。

1) 高電圧の部分を有する動力系の活電部への人体の接触に
   対する保護のため、活電部に取付けられた固体の絶縁体、
   電気保護バリヤ、エンクロージャその他保護部は、次の
   a及びbの要件を満たすものであること。ただし、作動
   電圧が直流60V又は交流30V（実効値）以下の部分で
   あって作動電圧が直流60V又は交流30V（実効値）を
   超える部分から十分に絶縁され、かつ、電極の正負いず
   れか片側の極が電気的シャシに直流電気的に接続されて
   いる部分にあっては、この限りでない。（細目告示第
   99条第7項第1号イ）
a. 客室内及び荷室内からの高電圧活電部に対する保護は、
   いかなる場合においても保護等級IPXXDを満たすもの
   であること。
   この場合において、作動電圧が直流60V又は交流30V
   （実効値）を超える部分を有する動力系からトランス等
   により直流電気的に絶縁された電気回路に設置されるコ
   ンセントの高電圧活電部並びに工具を使用しないで開放、
   分解又は除去できるサービス・プラグにあっては、開放、
   分解又は除去した状態において、保護等級IPXXBを満
   たすものであればよい。
b. 客室内及び荷室内以外からの高電圧活電部に対する保
   護は、保護等級IPXXBを満たすものであること。
2) 1) の固体の絶縁体、電気保護バリヤ及びエンクロージャ
   その他保護部は、確実に取付けられ、堅ろうなものであ
   り、かつ、工具を使用しないで開放、分解又は除去でき
   るものであってはならない。ただし、次に掲げるコネク
   タにあってはこの限りでない。（細目告示第99条第7
   項第1号イ）
a. 容易に結合を分離できないロック機構付きコネクタであ
   って、自動車の上面（車両総重量5tを超える専ら乗用
   の用に供する自動車であって乗車定員10人以上のも

の、車両総重量 3.5t を超える貨物の運送の用に供する
自動車及びこれに類する形状の自動車に限る。）及び下
面のうち日常的な自動車の使用過程では触れることがで
きない場所に備えられているもの

b.動力系の電気回路のコネクタであって、コネクタの結
合を分離した後1秒以内に活電部の電圧が直流 60V 又
は交流 30V（実効値）以下となるものであり、かつ、1)
a 及び b の要件を満たすもの

☛「動力系」とは、原動機用蓄電池、駆動用電動機の電子制
御装置、DC/DC コンバータ等電力を制御又は変換できる
装置、駆動用電動機並びにこれらの装置に付随するワイヤ
ハーネス及びコネクタ等並びに走行に係る補助装置（ヒー
タ、デフロスタ又はパワ・ステアリング等をいう。）を含
む電気回路のこと。

☛「電気的シャシ」とは、電気的に互いに接続された導電性
の部分の集合体であって、その電位が基準とみなされるも
ののこと。

☛「直流電気的に接続」とは、トランス等を用いず電気配線
を直接接続すること。

☛「活電部」とは、通常の使用時に通電することを目的とし
た導電性の部分のこと。

☛「固体の絶縁体」とは、活電部へのあらゆる方向からの人
体の接触に対して、活電部を覆い保護するために設けられ
たワイヤハーネスの絶縁被覆、コネクタの活電部を絶縁す
るためのカバー又は絶縁を目的としたワニス若しくは塗料
のこと。

☛「電気保護バリヤ」とは、あらゆる接近方向からの接触に対
して、活電部から保護するために設けられた部分のこと。

☛「エンクロージャ」とは、あらゆる方向からの接触に対し
て、内部の機器を包み込み、保護するために設けられた部

分のこと。

3) 作動電圧が直流 60 V 又は交流 30 V（実効値）を超える
部分を有する動力系（作動電圧が直流 60 V 又は交流 30
V（実効値）以下の部分であって作動電圧が直流 60 V
又は交流 30 V（実効値）を超える部分から十分に絶縁
され、かつ、正負いずれか片側の極が電気的シャシに直
流電気的に接続されている部分を除く。）の活電部を保
護する電気保護バリヤ及びエンクロージャには、次図の
例による感電保護のための警告表示がなされているこ
と。ただし、次の a から c に掲げる電気保護バリヤ及び
エンクロージャにあってはこの限りでない。（細目告示
第 99 条第 7 項第 1 号ロ）

a. 工具を使用して他の部品を取り外す以外には触れること
ができない場所に備えられているもの

b. 自動車（車両総重量 5t を超える専ら乗用の用に供する
自動車であって乗車定員 10 人以上のもの、車両総重量
3.5t を超える貨物の運送の用に供する自動車及びこれに
類する形状の自動車に限る。）の上面及び下面のうち日
常的な自動車の使用過程では触れることができない場所
に備えられているもの

c. 電気保護バリヤ、エンクロージャ又は固体の絶縁体によ
り、二重以上の保護がなされているもの

黄色又は橙色地に黒色とする

【感電保護のための警告表示】

48

4) 高電圧回路に使用する動力系の活電部の配線（エンクロージャ内に設置されている高電圧回路に使用する配線を除く。）は、橙色の被覆を施すことにより、他の電気配線と識別できるものであること。（細目告示第99条第7項第1号ハ）

5) 活電部と電気的シャシとの間の絶縁抵抗を監視し、絶縁抵抗が作動電圧1V当たり100Ωに低下する前に運転者へ警報する機能を備える自動車にあっては、当該機能が正常に作動しており、かつ、当該機能により警報されていないものであること。（細目告示第99条第7項第1号ニ）

6) 動力系は、原動機用蓄電池及び当該蓄電池と接続する機器との間の電気回路における短絡故障時の過電流による火災を防止するため、電気回路を遮断するヒューズ、サーキットブレーカ等を備えたものであること。ただし、原動機用蓄電池が短絡故障後に放電を完了するまでの間において、配線及び原動機用蓄電池に火災を生じるおそれがない動力系にあっては、この限りでない。（細目告示第99条第7項第1号ホ）

☛「原動機用蓄電池」とは、駆動に係る電力を供給するための電気的に接続された電力貯蔵体及びその集合体をいい、作動電圧が直流60Vを超え1,500V以下又は交流30V（実効値）を超え1,000V（実効値）以下のものに限る。

7) 導電性の電気保護バリヤ、エンクロージャその他保護部の露出導電部への人体の接触による感電を防止するため、導電性のバリヤ、エンクロージャその他保護部の露出導電部を直流電気的に電気的シャシに接続する電線、アース束線等による接続、溶接、ボルト締め等の締結状態は、その機能を損なうような緩み又は損傷がないものである

こと。（細目告示第 99 条第 7 項第 1 号ヘ）

☛「**露出導電部**」とは、通常は通電されないものの絶縁故障
時に通電される可能性のある導電性の部分のうち、工具を
使用しないで、かつ、容易に触れることができるもののこ
と。この場合において、容易に触れることができるかどう
かは、原則として保護等級 IPXXB の構造を有するかどう
かの確認方法により判断するものとする。

☛「**保護等級 IPXXB**」とは、UN R100-02 附則 3 及び UN
R136-00 附則 3 に定義されたテストフィンガーによる試験
に適合する活電部への接触に関連する電気保護バリヤ及び
エンクロージャによる保護のこと。

☛「**UN R100**」とは、バッテリー式電気自動車に係る協定規則

☛「**UN R136**」とは、バッテリー式電気二輪自動車に係る協
定規則

☛「**協定規則**」とは、車両並びに車両への取付け又は車両に
おける使用が可能な装置及び部品に係る調和された技術上
の国際連合の諸規則の採択並びにこれらの国際連合の諸規
則に基づいて行われる認定の相互承認のための条件に関す
る協定に附属する規則。なお、規程においては、細目告示
又は適用関係告示上の表記に対し次の例により表記する。

＜細目告示又は適用関係告示上の表記＞
協定規則第●号の技術的な要件（同規則第■改訂版補足第▲
改訂版の規則○、□及び△に限る。）
＜規程上の表記＞
UN R ●-■-S ▲の○、□及び△

8) 充電系連結システムは、作動電圧が直流 60V 又は交流
30V（実効値）以下の部分を除き、固体の絶縁体、電気

保護バリヤ、エンクロージャその他保護部によりa及び
bの要件を満たすよう保護されたものであること。（細
目告示第99条第7項第1号ト）

a. 充電系連結システムの客室内及び荷室内からの保護は、
外部電源と接続していない状態において、保護等級
IPXXDを満たすものであること。

b. 充電系連結システムの客室内及び荷室内以外からの保
護は、外部電源と接続していない状態において、保護等
級IPXXBを満たすものであること。ただし、外部電源
との接続を外した直後に、車両側の接続部において、充
電系連結システムの活電部の電圧が1秒以内に直流
60V又は交流30V（実効値）以下となるコネクタについ
てはこの限りでない。

☛「**充電系連結システム**」とは、外部電源に接続して原動機
用蓄電池を充電するために主として使用され、かつ、電気
回路を開閉する接触器、絶縁トランス等により外部電源に
接続している時以外には動力系から直流電気的に絶縁され
る電気回路のこと。

☛「**客室**」とは、運転者及び運転者助手以外の者の用に供す
る車室のこと。

9) 8) の個体の絶縁体、電気保護バリヤ、エンクロージャそ
の他保護部は、確実に取付けられ、堅ろうなものであり、
かつ、工具を使用しないで開放、分解又は除去できるも
のでないこと。ただし、次に掲げるコネクタにあっては
この限りでない。

a. 容易に結合を分離できないロック機構付きコネクタであ
って、自動車の上面（車両総重量5tを超える専ら乗用
の用に供する自動車であって乗車定員10人以上のも
の、車両総重量3.5tを超える貨物の運送の用に供する
自動車 及びこれに類する形状の自動車に限る。及びこ

51

れに類する形状の自動車に限る。）及び下面のうち日常
的な自動車の使用過程では触れることができない場所に
備えられているもの

b. 充電系連結システムの電気回路のコネクタであって、
コネクタの結合を分離した後1秒以内に活電部の電圧が
直流60V又は交流30V（実効値）以下となるものであ
り、かつ、8）a及びbの要件を満たすもの

10）接地された外部電源と接続するための装置は、電気的シャ
シが直流電気的に大地に接続できるものであること。
（細目告示第99条第7項第1号チ）

11）水素ガスを発生する開放式原動機用蓄電池を収納する場
所は、水素ガスが滞留しないように換気扇又は換気ダク
ト等を備え、かつ、客室内に水素ガスを放出しないもの
であること。（細目告示第99条第7項第1号リ）

12）自動車が停車した状態から、変速機の変速位置を変更し、
かつ、加速装置の操作若しくは制動装置の解除によって
走行が可能な状態にあること、又は変速機の変速位置を
変更せず、加速装置の操作若しくは制動装置を解除する
ことによって走行が可能な状態にあることを運転者に表
示する装置を備えたものであること。ただし、内燃機関
及び電動機を原動機とする自動車にあっては、内燃機関
が作動中において表示することを要しない。（細目告示
第99条第7項第1号ヌ）

③次に掲げる電気装置であって、その機能を損なうおそれの
ある緩み又は損傷のないものは、②に適合するものとする

1）指定自動車等に備えられた電気装置と同一の構造を有し、
かつ、同一の位置に備えられた電気装置

2）法第75条の2第1項の規定に基づき指定を受けた特定共
通構造部に備えられている電気装置と同一の構造を有し、
かつ、同一の位置に備えられている感電防止装置又はこ
れに準ずる性能を有する感電防止装置

3) 法第75条の3第1項の規定に基づき感電防止装置の指定を受けた自動車に備える電気装置と同一の構造を有し、かつ、同一の位置に備えられた感電防止装置又はこれに準ずる性能を有する感電防止装置

④視認又は図面若しくは写真により、次の構造を有することが確認できるものであって、その機能を損なうおそれのある緩み及び損傷のないものは、②の保護等級 IPXXD 又は保護等級 IPXXB を満たすものとする。

1) IPXXD の構造は、固体の絶縁体、バリヤ並びにエンクロージャの間げき及び開口部が次のいずれかに該当するもの

a. 直径 1mm 未満のもの

b. 直径 1mm 以上 35mm 未満であって、活電部までの距離（あらゆる方向で）が 117.5mm を超えるもの

2) IPXXB の構造は、固体の絶縁体、電気保護バリヤ並びにエンクロージャの間げき及び開口部が次のいずれかに該当するもの

a. 直径 4mm 未満であって、活電部までの距離（あらゆる方向で）が 2mm を超えるもの

b. 直径 12mm 未満であって、活電部までの距離（あらゆる方向で）が 20mm を超えるもの

⑤自動車に備える原動機用蓄電池及び充電系連結システムは、次に掲げる場合において、運転者に対してテルテールによって警告するものであること。

【サイバーセキュリティシステム及びプログラム等改変システム】

◆保安基準 17 条の 2　　◆審査事務規程 7 - 27、8 - 27

◆細目告示 21 条、99 条

◆適用関係告示 14 条

▶視認等による審査（性能要件）

①自動車（二輪自動車、側車付二輪自動車、三輪自動車、大型特殊自動車及び電気通信回線を使用してプログラム等を改変する機能（当該改変による自動車の改造が法第99条の3第1項第1号の改造に該当する場合に限る。）を有しない被牽引自動車を除く。）の電気装置は、サイバーセキュリティを確保できるものとして、性能に関し、書面その他適切な方法により審査したときに、次に掲げる基準に適合するものであること。

1) 自動運行装置を備える自動車の電気装置は UNR155-00 の 7.3.（7.3.1. を除く。）に適合するものであること。

2) 自動運行装置を備えない自動車（指定自動車等に限る。）の電気装置は、UNR155-00 の 7.3.（7.3.1. を除く。）に適合するものであること。ただし、型式等の認証時に備えられたサイバーセキュリティシステムに係る電気装置以外の電気装置の変更又は取付にあっては、当該基準を適用しない。

3) 自動運行装置を備えない自動車（指定自動車等以外の自動車に限る。）の電気装置については、サイバーセキュリティシステムに係る基準を適用しない。

【車枠及び車体】

自動車の車枠及び車体は、堅ろうで運行に十分耐えるものであり、車体の外形その他自動車の形状は、鋭い突起がなく、回転部分が突出していないこと等、他の交通の安全を妨げるおそれがないものであること。

◆保安基準18条　　◆審査事務規程7－28、8－28
◆細目告示178条

▶視認等による審査（性能要件）

①車枠及び車体の強度、取付方法等に関する基準は、次の各

号に掲げるものとする。

1) 車枠及び車体は、堅ろうで運行に十分耐えるものであること。

2) 車体は、車枠に確実に取付けられ、振動、衝撃等によりゆるみを生じないようになっていること。

3) 車枠及び車体は、著しく損傷していないこと。

②車体の外形その他自動車の形状は、視認等その他適切な方法により審査したときに、鋭い突起を有し、又は回転部分が突出する等他の交通の安全を妨げるおそれのあるものでないこと。なお、次の例に掲げるものにあっては、他の交通の安全を妨げるおそれのあるものとして取扱うものとする。

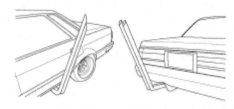

【鋭い突起を有して他の交通の安全を妨げるおそれのあるもの】

③次に該当する車枠及び車体は、②の基準に適合するものとする。

1) 自動車が直進姿勢をとった場合において、車軸中心を含む鉛直面と車軸中心を通りそれぞれ前方30°及び後方50°に交わる2平面によりはさまれる走行装置の回転部分（タイヤ、ホイール・ステップ、ホイール・キャップ等）が当該部分の直上の車体（フェンダ等）より車両の外側方向に突出していないもの。この場合において、専ら乗用の用に供する自動車（乗車定員10人以上の自動車、二輪自動車、側車付二輪自動車、三輪自動車、カタピラ及びそ

りを有する軽自動車並びに被牽引自動車を除く。）であっ
て、車軸中心を含む鉛直面と車軸中心を通りそれぞれ前
方30°及び後方50°に交わる2平面によりはさまれる範囲
の最外側がタイヤとなる部分については、外側方向への
突出量が10mm未満の場合には「外側方向に突出してい
ないもの」とみなす。

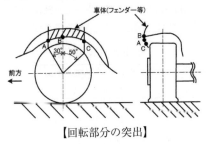

【回転部分の突出】

2) 乗車定員10人以下の乗用自動車及び貨物の運送の用に供
する車両総重量2.8t以下の自動車に備えるエア・スポイ
ラであって、次の規定に適合するもの

a. エア・スポイラは、自動車の前部及び後部のいずれの部
分においても、自動車の最前端又は最後端とならないも
のであること。ただし、バンパの下端より下方にある部
分であって、直径100mmの球体が静的に接触すること
のできる部分（フロアラインより下方の部分を除く。）の
角部が半径5mm以上であるもの、又は角部の硬さが60
ショア（A）以下の場合にあっては、この限りでない。

☛「フロアライン」とは、鉛直線と母線のなす角度が30°で
ある円錐を静的に接触させながら移動させた場合の接触点
の軌跡のこと。

b. エア・スポイラ（バンパの下端より下方にある部分及び

56

地上1.8mを超える部分を除く。）は、直径100mmの球体が静的に接触することのできる部分に半径2.5mm未満の角部を有さないものであること。ただし、角部の硬さが60ショア（A）以下のとき、又は角部の高さが5mm未満の場合、若しくは角部の間隔（直径100mmの球体を2つの角部に静的に接触させたときの接点間の距離をいう。）が40mm以下の場合であって角部が次表に定める角部の形状の要件を満足するときは、この限りでない。

【角部の形状の要件】

角部の高さ （h）	角部の形状	角部の間隔 （δ）	角部の形状
h＜5 mm	角部に外向きの尖った部分又は鋭い部分がないこと。	25＜δ≦40mm	角部の半径が1.0mm以上であること。
		δ≦25mm	角部の半径が0.5mm以上であること。

c. エア・スポイラは、その付近における車体の最外側（バンパの上端より下方にある部分にあっては、当該自動車の最外側）とならないものであること。

d. エア・スポイラは、側方への翼状のオーバー・ハング部を有していないものであること。ただし、次に掲げるいずれかの場合にあっては、この限りでない。

1) 側方への翼状のオーバー・ハング部の側端の部分と車体のすき間が20mmを超えない場合

2) 側方への翼状のオーバー・ハング部の側端が当該自動車の最外側から165mm以上内側にある場合

3) 側方への翼状のオーバー・ハング部のうち当該自動車の最外側から165mm以上内側にない部分が、歩行者等に接触した場合に衝撃を緩衝することができ

る構造である場合

この場合において、側方への翼状のオーバー・ハング部
の側端附近に、車両中心線に平行な後向き方向に245N
以下の力を加えたとき、当該自動車の最外側から
165mm以上内側にない部分がたわむ、回転する又は脱
落するものは、「歩行者等に接触した場合に衝撃を緩衝
することができる構造」とする。

e. エア・スポイラは、溶接、ボルト・ナット、接着剤等に
より車体に確実に取り付けられている構造であること。

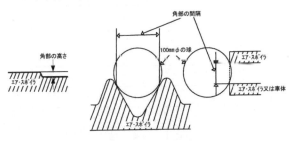

【角部の高さ及び間隔の例】

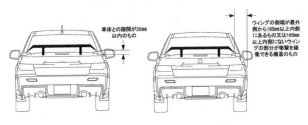

【エア・スポイラの構造基準】

●エア・スポイラの「角の安全性」の規制基準

エア・スポイラの角は図のⒶⒷⒸのそれぞれのゾーンごとに次の表の条件に適合したものであること。

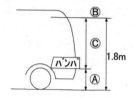

ゾーンの区分			角のR寸法が2.5mm以下でもよい	角のR寸法が2.5mm以上必要
Ⓐ（自動車の最前端又は最後端とならない場合に限る）及びⒷ			適用	―
Ⓒ	角の硬度がショア60(A)より柔らかいもの（消しゴム程度）		適用	―
	角の硬度がショア60(A)より硬いもの	図1で角の高さ(h)が	5mm以上のもの		適用（例1）
			5mm未満のもの	適用 ただし角が外向きに鋭く又は尖ってないこと	―
		図2で角の間隔(δ)が	25mmまでのもの	適用 ただし角のR寸法が0.5mm以上（例2）	―
			25mmを超えて40mmまでのもの	適用 ただし角のR寸法が1.0mm以上（例3）	―

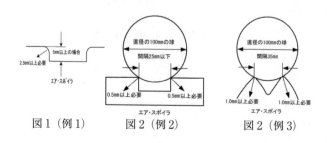

図1（例1）　　　図2（例2）　　　図2（例3）

④次に掲げるエア・スポイラであって損傷のないものは、③
　2）の基準に適合するものとする。

　　a. 指定自動車等に備えられているエア・スポイラと同一の
　　　構造を有し、かつ同一の位置に備えられているエア・ス
　　　ポイラ

　　b. 外装の装置の指定を受けた自動車に備えられているエ
　　　ア・スポイラと同一の構造を有し、かつ同一の位置に備
　　　えられているエア・スポイラ又はこれに準ずる性能を有
　　　するエア・スポイラ

　　c. 法第75条の3第1項の規定に基づき外装の装置の指定
　　　を受けた自動車に備えられているエア・スポイラと同一
　　　の構造を有し、かつ同一の位置に備えられているエア・
　　　スポイラ又はこれに準ずる性能を有するエア・スポイラ

⑤自動車の窓、乗降口等のとびらを閉鎖した状態において、
　次のいずれかに該当する車枠及び車体は、②の基準に適合
　しないものとする。なお、平成22年3月31日以前に製作
　された自動車であって、審査事務規程7-2-5及び7-2-6の
　基準を適用したものにあっては、9）の規定は適用しない。

　1）バンパの端部であって、通行人の被服等を引掛けるおそ
　　れのあるもの

　2）乗車定員が10人未満の乗用自動車に備えられている
　　アンテナ（高さ2.0m以下に備えられているものに限
　　る。）であって、その一部又は全部が自動車の最外側か
　　ら突出しているもの

　3）乗車定員が10人未満の専ら乗用の用に供する自動車に
　　備えられているホイール、ホイールナット、ハブキャッ
　　プ及びホイール・キャップであって、ホイールのリムの
　　最外側を超えて突出する鋭利な突起を有するもの

　4）乗車定員が10人未満の乗用自動車に備える外開き式窓
　　（高さ2.0m以下に備えられているものに限る。）であって、
　　その一部又は全部が自動車の最外側から突出しているも

の又はその端部が自動車の進行方向に向いているもの

5) 後写鏡及び後方等確認装置の取付金具に鋭利な突起を有しているもの

6) ホイールのリムの全周における最外側を超えて突出するスピンナー、ウイングナット及び車輪に取付けるプロペラ状の装飾品等を有するもの

7) レバー式のドア・ハンドルで先端が自動車の進行方向を向いているもの（先端が内側へ曲げてあるもの、保護装置を有するもの等他の交通の安全を妨げるおそれの少ないものを除く。）

8) 物自動車に備える簡易クレーンのクレーンブームであって、その車両前方への突出量及び前端の取付高さが次に該当するもの

a. 最前部の車軸中心からクレーンブームの最前端までの水平距離が軸距の3分の2を超えるもの

b. クレーン部を除く自動車の最前部（後写鏡、バンパその他の自動車前面に備える附属物を除く。）からクレーンブームの最前端までの水平距離が1mを超えるもの

c. クレーンブームの最前端の下縁の高さが地上1.8m未満のもの

9) 方向指示器のうち自動車の両側面に備える方向指示器が自動車の幅から突出しているものであって、次のいずれかに該当するもの

a. 当該装置の最外部に接する車両中心線と平行な鉛直面とその取付部附近の自動車の最外側との距離が100mmを超えて突出しているもの

b. 当該装置が車体に取付けられた状態で直径100mmの球体が接触する範囲であってその外部表面の曲率半径が2.5mm未満の突起を有するもの。ただし、突出量が5mm未満であってその外向きの端部に丸みが付けられているもの、突出量が1.5mm未満のもの、突起の硬さが

60 ショア（A）以下のものにあってはこの限りでない。

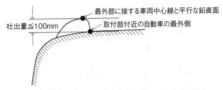

最外部に接する車両中心線と平行な鉛直面
吐出量≦100mm
取付部付近の自動車の最外側

【自動車の両側面に備えるものの突出量】

⑥乗車定員が 10 人未満の専ら乗用の用に供する自動車（UN
　R26-04 の 5. 及び 6. に適合している自動車、二輪自動車、
　側車付二輪自動車、三輪自動車、カタピラ及びそりを有す
　る軽自動車並びに被牽引自動車を除く。）及び乗車定員が
　10 人未満の乗用自動車以外の自動車、であって次に掲げ
　るものは、②の基準に適合しないものとする。
1）乗用自動車及びその形状が乗用自動車の形状に類する自
　　動車（いわゆる貨客兼用貨物自動車、警察車のパトロー
　　ル車等）の後部に備えるバンパ（その端部が、車体後部
　　側面附近にあるものに限る。）であって、次に該当しな
　　いもの
a. 車体の凹部に組み込まれているもの
b. 車体とのすき間が 20mm を超えず、かつ、直径 100mm
　　の球体を車体及びバンパに接触させた場合において球体
　　に接触することがないものであって、その端部附近の部
　　分が車体側に曲げられているもの
2）地上 1.8m 以下に備えられているアンテナの取付部であ
　　って、その附近の車体の最外側から突出しているもの

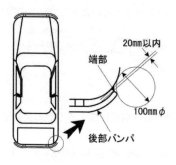

【車体とのすき間】

⑦自動車（ポール・トレーラを除く。）の最後部の車軸中心から車体の後面までの水平距離は、視認等その他適切な方法により審査したときに、最後部の車軸中心から車体の後面までの水平距離が最遠軸距の2分の1（物品を車体の後方へ突出して積載するおそれのない構造の自動車にあっては3分の2、その他の自動車のうち小型自動車にあっては20分の11）以下であること。

⑧次に掲げる自動車は、⑦の「物品を車体の後方へ突出して積載するおそれのない構造の自動車」とする。

1) 物品を積載する装置を有しない自動車
2) 物品を積載する装置が次に該当する自動車
 a. タンク又はこれに類するもの
 b. コンテナを専用に積載するための緊締装置を有するもの
3) 物品を積載する装置の後面に、荷台の床面からの高さが155cm以上の煽又はこれに類する構造物（折りたためるものにあっては、折りたたんだ状態とする。）を備える自動車
4) バン型自動車等であって、後面の積卸口の全体に観音開き式、片開き式、上下開き式又はシャッター式のとびらを備えているもの

☞「バン型」とは、貨物の運送の用に供する自動車であって、荷台の天井及び側面が堅牢な壁により囲まれたもののこと。

5) 専ら車両を運搬する構造の自動車であって、次に掲げる要件を満たすもの

☞「専ら車両を運搬する構造の自動車」とは、積載した車両の車輪を支持する床板、道板又は車輪支持枠等の床面を有し、かつ、積載した車両を確実に固定できる緊縮装置が取付けられる構造の自動車のこと。

a. 荷台床面は、中央部が開口形状、穿孔形状その他自動車以外の物品を容易に積載できない形状であること。

b. 後煽は、積載した車両の一部が後方に突出しない構造であり、高さが荷台床面から 45cm 以上のものであること。ただし、複数階式の荷台を有する自動車の次に掲げる部分にあっては、この限りでない。

(1) 最後部の軸軸中心から床面の後端までの水平距離が最遠軸距の 2 分の 1 以下の床面

(2) 荷台床面の中央部が前端から後端までにわたり開口している部位

c. 原動機等の動力を用いて荷台を斜め下方へスライドし、地面に接地させる機能を有する自動車にあっては、側煽の高さが（煽の固縛金具、金具取付台及び支柱を除く。）荷台床面（自動車の最前部の車軸中心から最後部の車軸中心までの間に位置する床面に限る。）から 15cm 以下のものであること。

6) 最大積載量 500kg 以下の特種用途自動車であって、特種な作業に伴って使用する必要最小限の工具等を積載するための荷台を有するもの

⑨⑦の「最後部の車軸中心から車体の後面までの水平距離」は、次により車両中心線に平行に計測した長さとする。

1) 車体には、次に掲げるものを含むものとして計測する。

a. クレーン車のクレーンブーム

b. スキーバスの車室外に設けられた物品積載装置

c. 追突の衝撃を緩和する装置

d. 特種用途自動車に備える特種な設備又は作業用の装置

2) 車体には、バンパ、フック、ヒンジ等の附属物を含まないものとして計測する。

3) 車軸自動昇降装置付き自動車にあっては、車軸が上昇している状態及び上昇している車軸を強制的に下降させた状態においてそれぞれ計測する。

4) 故障した自動車を吊り上げて牽引するための装置（格納できるものに限る。）を備えた自動車にあっては、当該装置を格納した状態で計測する。

⑩ 追突の衝撃を緩和する装置を備えた道路維持作業用自動車（⑧の自動車以外の自動車に限る。）であって、次に掲げる要件を全て満たすものは⑦の基準に適合するものとする。ただし、平成24年9月28日以前に架装された追突の衝撃を緩和する装置を備えた道路維持作業用自動車にあっては、この限りでない。

1) 自動車の最後部の車軸中心から、追突の衝撃を緩和する装置を除いた車体の後面までの水平距離が最遠軸距の2分の1以下（小型自動車にあっては20分の11以下）であるもの

2) 自動車の最後部の車軸中心から、車体の後面までの水平距離が最遠軸距の3分の2以下であるもの

☛「水平距離」とは、空車状態の自動車を平坦な面に置き巻尺等を用いて車両中心線に平行に計測した長さのこと。

1) 最後部の車軸中心から車体の後面までの水平距離が最遠軸距の2分の1（物品を車体の後方へ突出して積載する

おそれのない構造の自動車にあっては3分の2、その他の自動車のうち小型自動車にあっては20分の11）以下であることとする。この場合において、車体には、クレーン車のクレーンブームに設けられた物品積載装置を含み、バンパ、フック、ヒンジ等の附属物を含まないものとする。

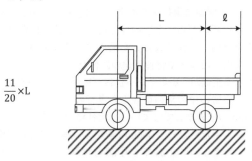

【リヤオーバーハング（ℓ）の判定基準＜小型トラック＞】

【衝突時の車枠及び車体の保護性能】
車枠及び車体は、当該自動車が衝突等による衝撃を受けた場合、乗車人員に過度の傷害を与えるおそれの少ないもので、乗車人員の保護に係る性能に関する基準に適合するものであること。

◆保安基準18条
◆審査事務規程　7－29、　7－30、　7－31、　7－32、　7－33
　　　　　　　　8－29、　8－30、　8－31、　8－32、　8－33
◆細目告示178条

≪フルラップ前面衝突時の車枠及び車体の乗員保護性能≫

▶書面等による審査（性能要件）

①自動車の車枠及び車体は、当該自動車の前面が衝突等による衝撃を受けた場合において、運転者席及びこれと並列の座席のうち自動車の側面に隣接する座席の乗車人員に過度の傷害を与えるおそれの少ない構造であること。

☛「**自動車の側面に隣接する座席**」とは、座席の中心線を通る垂直縦断面から、全ての扉を閉めた状態の側壁（いわゆる車室内の壁面の大部分を構成する部分をいい、部分的に突出した箇所や特種用途の設備などは含まない。）までの水平距離が、Rポイント位置（Rポイントが不明な場合は、座席の中心部の前縁から奥行の方向に水平距離で200mm の位置としてもよい。）において車両の中央縦断面に垂直に測定したとき 500mm を超える座席以外の座席のこと。ただし、平成 24 年 6 月 30 日以前に製作された自動車の場合には、座席の中心部の前縁から奥行の方向に水平距離で 200mm の位置における座席の側端から、その高さにおける客室内壁面（ホイールハウス、肘かけその他の突起物及び局部的なくぼみ部を除く。）までの水平距離が、200mm を超える座席以外の座席のこと。

②次に掲げる車枠及び車体であって、その前面からの衝撃吸収性能を損なうおそれのある損傷のないものは、①の基準に適合するものとする。ただし、7-12-1-2(1)が適用される自動車のテルテールの識別表示のうち、次に掲げる表示が継続して点灯しているものは、この基準に適合しないものとする。

【エアバッグ（異常）のテルテール】

1) 運転者席より前方の部分が指定自動車等と同一の構造を
有する車枠及び車体
2) FMVSS208 に適合する車枠及び車体
3) 試験成績書 (写しをもって代えることができる。) によ
り①の基準に適合することが明らかな車枠及び車体と同
一の構造を有する車枠及び車体

☛「FMVSS」とは、米国連邦自動車安全基準
(Federal Motor Vehicle Safety Standard) のこと。
☛「試験成績書」とは、試験機関が実施した試験の結果を記
載した書面のこと。

★[フルラップ前面衝突の適用除外]
①次に掲げる自動車については、自動車の前面が衝突等によ
る衝撃を受けた場合における乗車人員の保護性能に係る基
準は適用しない。 (適用関係告示第15条第2項第3号か
ら第5号関係)
1) 平成7年12月31日 (輸入自動車にあっては平成11年
3月31日) 以前に製作された自動車 (輸入自動車以外
の自動車であって平成6年4月1日以降の型式指定自動
車を除く。)
2) 平成11年6月30日以前に製作された自動車 (輸入自動
車以外の自動車であって平成9年10月1日以降の型式
指定自動車を除く。) であって次に掲げるもの
a. 専ら乗用の用に供する普通自動車及び小型自動車 (原動
機の相当部分が運転者席又は客室の下にある自動車及び
全ての車輪に動力を伝達できる構造の動力伝達装置を備
えた自動車であって車枠を有する自動車に限る。)
b. 貨物の運送の用に供する普通自動車及び小型自動車で
あって車両総重量 2.8t 以下の自動車

3）平成12年6月30日以前に製作された自動車（輸入自動車以外の自動車であって平成10年10月1日以降の型式指定自動車を除く。）であって次に掲げるもの

a．専ら乗用の用に供する軽自動車（原動機の相当部分が運転者室又は客室の下にある自動車及び全ての車輪に動力を伝達できる構造の動力伝達装置を備えた自動車であって車枠を有する自動車に限る。）

b．貨物の運送の用に供する軽自動車であって車両総重量2.8t以下の自動車

≪オフセット前面衝突時の車枠及び車体の乗員保護性能≫

▶書面等による審査（性能要件）

①自動車の車枠及び車体は、当該自動車の前面のうち運転者席側の一部が衝突等により変形を生じた場合において、運転者席及びこれと並列の座席のうち自動車の側面に隣接する座席の乗車人員に過度の傷害を与えるおそれの少ない構造であること。

②次に掲げる車枠及び車体であって、その前面からの衝撃吸収性能を損なうおそれのある損傷のないものは、①の基準に適合するものとする。ただし、7-12-1-2(1)が適用される自動車のテルテールの識別表示のうち、次に掲げる表示が継続して点灯しているものは、この基準に適合しないものとする。

【エアバック（異常）のテルテール】

1）運転者席より前方の部分が指定自動車等と同一の構造を有する車枠及び車体

2）法第75条の2第1項の規定に基づき指定を受けた特定

共通構造部に備えられているオフセット前面衝突時の乗員保護装置と同一の構造を有する車枠及び車体又はこれに準ずる性能を有する車枠及び車体

3) 法第75条の3第1項の規定に基づく装置の指定を受けたオフセット前面衝突時の乗員保護装置と同一の構造を有する車枠及び車体又はこれに準ずる性能を有する車枠及び車体

4) 試験成績書(写しをもって代えることができる。)により①の基準に適合することが明らかな車枠及び車体と同一の構造を有する車枠及び車体

★[オフセット前面衝突の適用除外]

①次に掲げる自動車については、審査事務規程7-28-5(従前規定の適用①)の規定を適用する。(適用関係告示第15条第9項及び第10項関係)

1) 次に掲げる専ら乗用の用に供する自動車であって乗車定員10人未満のもの

a. 平成19年8月31日以前に製作された自動車

b. 平成19年9月1日から平成21年8月31日までに製作された自動車(平成19年9月1日以降の型式指定自動車を除く。)

c. 平成19年9月1日から平成21年8月31日までに製作された自動車であって、平成19年9月1日以降の型式指定自動車(平成19年8月31日以前の型式指定自動車と前面衝突時における乗車人員の保護に係る性能が同一であるもの並びに運転者席の前方の車枠及び車体に係る改造を行ったものに限る。)

2) 次に掲げる貨物の運送の用に供する自動車

a. 平成23年3月31日以前に製作された自動車

b. 平成23年4月1日から平成28年3月31日までに製作された自動車(平成23年4月1日以降の型式指定自動

車を除く。)

c. 平成 23 年 4 月 1 日から平成 28 年 3 月 31 日までに製作
された自動車であって平成 23 年 4 月 1 日以降の型式指定
自動車（平成 23 年 3 月 31 日以前の型式指定自動車と
前面衝突時における乗車人員の保護に係る性能が同一で
あるもの並びに運転者席の前方の車枠及び車体に係る改
造を行ったものに限る。）

≪自動車との側面衝突時の車枠及び車体の乗員保護性能≫

▶書面等による審査（性能要件）
①自動車の車枠及び車体は、当該自動車の側面が自動車との
衝突等による衝撃を受けた場合において、運転者席又はこ
れと並列の座席のうち衝突等による衝撃を受けた側面に隣接
する座席の乗車人員に過度の傷害を与えるおそれの少ない
構造であること。

②次に掲げる車枠及び車体であって、その側面からの衝撃吸
収性能を損なうおそれのある損傷のないものは、①の基準
に適合するものとする。ただし、7-12-1-2(1)が適用される
自動車のテルテールの識別表示のうち、次に掲げる表示が
継続して点灯しているものは、この基準に適合しないもの
とする。

【エアバック（異常）のテルテール】

1）運転者室及び客室を取囲む部分が指定自動車等と同一の
構造を有する車枠及び車体
2）法第 75 条の 2 第 1 項の規定に基づき指定を受けた特定

71

共通構造部に備えられている側面衝突時の乗員保護装置
と同一の構造を有する車枠及び車体

3) 法第75条の3第1項の規定に基づく装置の指定を受け
た側面衝突時の乗員保護装置と同一の構造を有する車枠
及び車体

4) 試験成績書（写しをもって代えることができる。）によ
り①の基準に適合することが明らかな車枠及び車体と同
一の構造を有する車枠及び車体

★[自動車との側面衝突の適用除外]
①平成12年8月31日（輸入自動車にあっては平成15年9
月30日）以前に製作された自動車（輸入自動車以外の自
動車であって平成10年10月1日以降の型式指定自動車を
除く。）については、審査事務規程8-29-5（従前規定の適
用①）の規定を適用する。（適用関係告示第15条第2項
第6号関係）

≪ポールとの側面衝突時の車枠及び車体の乗員保護性能≫

▶書面等による審査（性能要件）
①自動車の車枠及び車体は、当該自動車の側面のうち運転者
席側の一部がポールとの衝突等により変形を生じた場合に
おいて、運転者席の乗車人員に過度の衝撃を与えるおそれ
の少ない構造であること。

②次に掲げる車枠及び車体であって、その側面からの衝撃吸
収性能を損なうおそれのある損傷のないものは、①の基準
に適合するものとする。ただし、7-12-1-2(1)が適用される
自動車のテルテールの識別表示のうち、次に掲げる表示が
継続して点灯しているものは、この基準に適合しないもの
とする。

【エアバッグ（異常）のテルテール】

1) 運転者室及び客室を取囲む部分（乗員保護装置を含む。）が指定自動車等と同一の構造を有する車枠及び車体

2) 法第75条の2第1項の規定に基づき指定を受けた特定共通構造部に備えられているポールとの側面衝突時の乗員保護装置と同一の構造を有する車枠又は車体

3) 法第75条の3第1項の規定に基づく装置の指定を受けたポールとの側面衝突時の乗員保護装置と同一の構造を有する車枠及び車体

4) 試験成績書（写しをもって代えることができる。）により①の基準に適合することが明らかな車枠及び車体と同一の構造を有する車枠及び車体

★［ポールとの側面衝突の適用除外］

①次に掲げる自動車については、審査事務規程8-30-5（従前規定の適用①）の規定を適用する。（適用関係告示15条第24項関係）

1) 平成30年6月14日以前に製作された自動車

2) 平成30年6月15日以降に製作された自動車であって次に掲げるもの

a. 平成30年6月14日以前の型式指定自動車、新型届出自動車又は輸入自動車特別取扱自動車

b. 平成30年6月15日以降の型式指定自動車、新型届出自動車又は輸入自動車特別取扱自動車であって、平成30年6月14日以前の型式指定自動車、新型届出自動車又は輸入自動車特別取扱自動車と運転者室及び客室を取囲む部分（乗員保護装置を含む。）のポールとの側面衝突

時における乗車人員の保護に係る性能が同一であるもの

≪車枠及び車体の歩行者保護性能≫

▶視認等による審査（性能要件）
①自動車の車枠及び車体は、当該自動車の前面が歩行者に衝突した場合において、当該歩行者の頭部及び脚部に過度の傷害を与えるおそれの少ない構造であること。
②車枠及び車体は、次に掲げる基準に適合するものであること。
 1）ボンネット（ボンネットを有さない自動車にあっては、フロントパネル等ボンネットに相当するもの）及びバンパの表面に鋭い突起を有していないこと。
 2）UN R127-02 の 5. に適合すること。（使用の過程にある自動車を除く。）
③ボンネット（ボンネットを有さない自動車にあっては、フロントパネル等ボンネットに相当する部分）及びバンパの材質及び構造が指定自動車等と同一の車枠及び車体又は試験成績書（写しをもって代えることができる。）により②2）の基準に適合することが明らかなものと同一の構造を有する車枠及び車体であって、かつ、歩行者の頭部及び脚部の保護に係る性能を損なうおそれのある損傷のないものは、②2）の基準に適合するものとする。

★[歩行者保護の適用除外]
①次に掲げる自動車については、審査事務規程 7-31-5（従前規定の適用①）の規定を適用する。
 1）次に掲げる自動車
 a. 平成 17 年 8 月 31 日以前に製作された自動車
 b. 平成 17 年 9 月 1 日から平成 22 年 8 月 31 日までに製作された自動車（平成 17 年 9 月 1 日以降の型式指定自動

車を除く。）

c.平成 17 年 9 月 1 日から平成 22 年 8 月 31 日までに製作
された自動車であって平成 17 年 9 月 1 日以降の型式指
定自動車（平成 17 年 8 月 31 日以前の型式指定自動車と
種別、車体の外形、燃料の種類、動力用電源装置の種類、
動力伝達装置の種類及び主要構造、走行装置の種類及び
主要構造、操縦装置の種類及び主要構造、懸架装置の種
類及び主要構造、車枠並びに主制動装置の種類が同一で
あるものに限る。）

d.貨物の運送の用に供する自動車であって、車両総重量が
2.5t を超え 3.5t 以下である自動車（ボンネットを有する
自動車に限る。）のうち、次に掲げる自動車

⑴平成 27 年 2 月 23 日以前に製作された自動車

⑵平成 27 年 2 月 24 日から令和元年 8 月 23 日までに製作
された型式指定自動車（平成 27 年 2 月 24 日以降の型式
指定自動車を除く。）

☛「ボンネットを有する自動車」とは、運転者席の着席基準
点が前車軸中心から後方 1.1m より後方に位置する自動車
のこと。

★［歩行者脚部保護の適用除外］
②次に掲げる自動車については、審査事務規程 7-31-6（従前
規定の適用②）の規定を適用する。

1) 平成 30 年 2 月 23 日以前に製作された自動車であり、か
つ、専ら乗用の用に供する乗車定員 10 人未満の自動車
であって車両総重量 2.5t 以下のもの（軽自動車にあっ
ては、ボンネットを有する自動車に限る。）及び貨物の
運送の用に供する車両総重量 2.5t 以下の自動車であっ
てボンネットを有する自動車（平成 25 年 4 月 1 日以降
の型式指定自動車（次に掲げるものを除く。）を除く。）

a. 平成 25 年 3 月 31 日以前の型式指定自動車と種別、車体
   の外形、原動機の種類及び主要構造、燃料の種類、動力
   用電源装置の種類、動力伝達装置の種類及び主要構造、
   走行装置の種類及び主要構造、操縦装置の種類及び主要
   構造、懸架装置の種類及び主要構造、車枠並びに主制動
   装置の種類が同一であるもの
b. 平成 25 年 3 月 31 日以前の型式指定自動車から原動機の
   種類及び主要構造、燃料の種類、動力用電源装置の種類
   並びに動力伝達装置の種類及び主要構造が変更されたも
   の（「平成 27 年度燃費基準」に適合することを目的とし
   て変更されたものに限る。）
c. 平成 25 年 3 月 31 日以前の型式指定自動車から懸架装置
   の種類及び主要構造が変更されたもの（歩行者の保護に
   係る性能が平成 25 年 3 月 31 日以前の型式指定自動車と
   同一であるものに限る。）

☛「**平成 27 年度燃費基準**」とは、乗用自動車のエネルギー消
   費性能の向上に関するエネルギー消費機器等製造事業者等
   の判断の基準等（平成 25 年経済産業省・国土交通省告示
   第 2 号）1 の 1-1 の(4)及び貨物自動車のエネルギー消費性
   能の向上に関するエネルギー消費機器等製造事業者等の判
   断の基準等（平成 19 年経済産業省・国土交通省告示第 5
   号）1 の 1-1 の(3)の右欄に掲げる基準エネルギー消費効率
   のこと。

2) 令和元年 8 月 23 日までに製作された専ら乗用の用に供す
   る乗車定員 10 人未満の自動車であり、かつ、車両総重量
   2.5t を超える自動車及びその形状が車両総重量 2.5t を超
   える自動車の形状に類する自動車（平成 27 年 2 月 24 日以
   降の型式指定自動車（次に掲げるものを除く。）を除く。）
a. 平成 27 年 2 月 23 日以前の型式指定自動車と種別、車体

の外形、原動機の種類及び主要構造、燃料の種類、動力
用電源装置の種類、動力伝達装置の種類及び主要構造、
走行装置の種類及び主要構造、操縦装置の種類及び主要
構造、懸架装置の種類及び主要構造、車枠並びに主制動
装置の種類が同一であるもの

b. 平成 27 年 2 月 23 日以前の型式指定自動車から原動機
の種類及び主要構造、燃料の種類、動力用電源装置の種
類並びに動力伝達装置の種類及び主要構造が変更された
もの（平成 27 年度燃費基準に適合することを目的とし
て変更されたものに限る。）

c. 平成 27 年 2 月 23 日以前の型式指定自動車から懸架装置
の種類及び主要構造が変更されたもの（歩行者の保護に
係る性能が平成 27 年 2 月 23 日以前の型式指定自動車と
同一であるものに限る。）

3) 平成 30 年 2 月 23 日までに製作された専ら乗用の用に供
する車両総重量 2.5t 以下の軽自動車であってボンネッ
トを有する自動車以外のもの（平成 26 年 10 月 1 日以降
の型式指定自動車（次に掲げるものを除く。）を除く。）

a. 平成 26 年 9 月 30 日以前の型式指定自動車と種別、車体
の外形、原動機の種類及び主要構造、燃料の種類、動力
用電源装置の種類、動力伝達装置の種類及び主要構造、
走行装置の種類及び主要構造、操縦装置の種類及び主要
構造、懸架装置の種類及び主要構造、車枠並びに主制動
装置の種類が同一であるもの

b. 平成 26 年 9 月 30 日以前の型式指定自動車から原動機
の種類及び主要構造、燃料の種類、動力用電源装置の種
類並びに動力伝達装置の種類及び主要構造が変更された
もの（平成 27 年度燃費基準に適合することを目的とし
て変更されたものに限る。）

c. 平成 26 年 9 月 30 日以前の型式指定自動車から懸架装置
の種類及び主要構造が変更されたもの。（歩行者の保護

に係る性能が平成 26 年 9 月 30 日以前の型式指定自動車
と同一であるものに限る。）

【突入防止装置】
自動車の後面には、他の自動車が追突した場合に追突した自
動車の車体前部が突入することを有効に防止することができ
るものとして、強度、形状等に関し、基準に適合する突入防
止装置を備えること。

◆保安基準 18 条の 2
◆審査事務規程 7 - 37、8 - 37
◆細目告示 180 条

▶視認等による審査（性能要件）
①自動車（貨物の運送の用に供する自動車であって車両総重
　量が 3.5t を超えるもの及びポール・トレーラ、二輪自動
　車、側車付二輪自動車並びにこれらの自動車に牽引される
　後車輪が 1 個の被牽引自動車、後車輪が 1 個の三輪自動車、
　カタピラ及びそりを有する軽自動車、大型特殊自動車、小
　型特殊自動車、牽引自動車を除く。）は、モノコック構造
　の車体の後面の構造部が次に掲げる要件に適合するもので
　あること。
1）構造部は、その平面部の車両中心面に平行な鉛直面によ
　　る断面の最外縁が後軸の車輪の最外側の内側 100mm ま
　　での間にあること。
2）構造部の平面部に隙間がある場合にあっては、その隙間
　　の長さの合計が 200mm を超えないものであること。
3）構造部は、空車状態においてその下縁の高さが地上
　　550mm 以下であること。
4）構造部は、その平面部と空車状態において地上
　　1,500mm 以下にある当該自動車の他の部分の後端との

水平距離が 450mm 以下であること。

5) 構造部は、振動、衝撃等によりゆるみ等を生じないものであること。

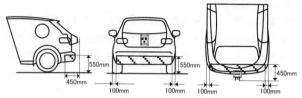

【モノコック構造の車体を有する自動車(指定自動車等)】

(車両後端から 450mm 以内の位置において、車輪の最外側から内側 100mm までの範囲を除く範囲、突入防止装置の構造部の地上高が 550mm 以下になっている。)

▶**視認等による審査（性能要件）**

①突入防止装置は、強度、形状等に関し、視認等その他適切な方法により審査したときに、次の基準に適合するものであること。

1) 自動車（貨物の運送の用に供する自動車であって車両総重量が 3.5t を超えるもの及びポール・トレーラ、二輪自動車、側車付二輪自動車並びにこれらの自動車に牽引される後車輪が 1 個の被牽引自動車、後車輪が 1 個の三輪自動車、カタピラ及びそりを有する軽自動車、大型特殊自動車、小型特殊自動車、牽引自動車を除く。）に備える突入防止装置は、堅ろうであり、かつ、板状その他、他の自動車が追突した場合に追突した自動車の車体前部が突入することを有効に防止できる形状であること。

2) 突入防止装置は、機能を損なうおそれのある損傷のないものであること。

3) 取付けが確実であって、腐食等がなく、堅ろうで運行に

十分耐えるものであること。

4) 外側端部が後方に曲がっていない、又は鋭利な突起を有しない等歩行者に接触した場合において、歩行者に傷害を与えるおそれのないものであること。

②次に掲げる突入防止装置であって、その機能を損なうおそれのある損傷のないものは、①の基準に適合するものとする。

1) 指定自動車等に備えられている突入防止装置と同一の構造を有し、かつ、同一の位置又はそれより後方に備えられた突入防止装置

2) 法第75条の2第1項の規定に基づき指定を受けた特定共通構造部に備えられている突入防止装置

3) 法第75条の3第1項の規定に基づく装置の指定を受けた突入防止装置又はこれに準ずる性能を有する突入防止装置

4) 国土交通大臣が認める識別記号が付されている突入防止装置

③指定自動車等に備えられている突入防止装置又は法第75条の3第1項の規定に基づく装置の指定を受けた突入防止装置のクロスメンバと取付ステーとの間に構造物（スペーサ）が取付けられた突入防止装置であって、次に掲げる全ての要件を満たすものは、②3）の「これに準ずる性能を有する突入防止装置」とする。

1) 自動車を横から見た際、突入防止装置のクロスメンバとステーの間にスペーサを取付けることにより、指定自動車等の突入防止装置の取付位置を水平かつ後方に移動させるもの。

2) 車両中心線に平行なスペーサの長さが250mm以下のもの。

3) スペーサはスチール製であり、かつ、使用する部材の断面は3.2mm以上、両端のプレート部（ステー、突入防止装置のクロスメンバに取付ける部分）は4.5mm以上

のものであること。

4) スペーサの構成部品は強固に溶接されていること。

5) 車両中心面に垂直な位置から見たスペーサ本体の断面は
縦 150mm 以上、横 125mm 以上の寸法を有すること。

6) スペーサの断面形状は「コの字型スチール材」を背中合
わせに接合し、更に両端に取付けのためのプレート部を
接合したものであること。

7) 両端のプレート部は、縦 150mm 以上、横 125mm 以上
の寸法を有すること。

8) 突入防止装置のボルト位置に変更が無いこと。

☛「スペーサ」とは、突入防止装置のクロスメンバとステー
の間に「コの字型スチール材」を背中合わせに接合した取
付部品のこと。

★平成 27 年 7 月 25 日以前に製作された自動車については、
スペーサの規定は適用されない。

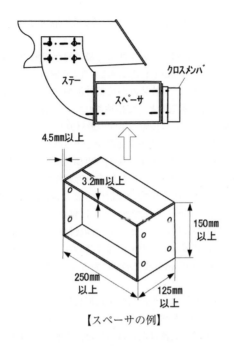

ステー

クロスメンバ

スペーサ

4.5mm以上

3.2mm以上

150mm
以上

250mm
以上

125mm
以上

【スペーサの例】

▶視認等による審査（取付要件）

①自動車（二輪自動車、側車付二輪自動車、カタピラ及びそりを有する軽自動車、大型特殊自動車（ポール・トレーラを除く。）、小型特殊自動車並びに牽引自動車を除く。）に備える突入防止装置は、その性能を損なわないように、かつ、取付位置、取付方法等に関し、視認等その他適切な方法により審査したときに、次の基準に適合するように取付けられていること。

1) 突入防止装置は、空車状態においてその下縁の高さが地上 450mm 以下（油圧・空気圧式、油圧式若しくは空気圧式の緩衝装置又は自動車の積載状態に対応して自動的に車高を調節する装置を備えた自動車以外の自動車にあ

っては地上 500mm 以下）となるように取付けられていること。

2) 突入防止装置は、その平面部の最外縁が後軸の車輪の最外側の内側 100mm までの間にあるよう取付けられていること。ただし、当該装置が後軸の車輪の最外側を超える車体後面の構造部として格納されている場合には、その平面部の最外縁は後軸の車輪の最外側を超えてもよい。

3) 突入防止装置は、その平面部から空車状態において地上 1,500mm 以下にある車体後面（車体後面からの突出量が 50mm 以上のフック、ヒンジ等の附属物を有する自動車にあっては当該附属物の後端から前方 50mm）までの水平距離が 300mm 以下であって、取付けることができる自動車の後端に近い位置となるよう取付けられていること。

4) 突入防止装置は、その平面部の最外縁が後軸の車輪の最外側の内側 100mm までの間にあるよう取付けられていること。

5) 突入防止装置は、当該自動車に取付けた状態のままで、その位置を移動することができる。この場合において、当該突入防止装置は取付けられた位置から意図せず移動しないよう確実に取付けられる構造を有し、かつ、その位置を移動させるための操作は容易に行うことができるものでなければならないものとし、運転者席又は突入防止装置のいずれかの見やすい位置に当該突入防止装置が通常使用される位置を示す記号又はラベルが表示されていること。

【連結装置】：省略
　◆保安基準 19 条　　　◆審査事務規程 7 - 39、8 - 39
　◆細目告示 181 条

【乗車装置】

自動車の乗車装置は、乗車人員が動揺、衝撃等により転落又は転倒することなく、安全な乗車を確保できる構造であること。

◆保安基準 20 条　　◆審査事務規程 7 - 40、8 - 40
◆細目告示 182 条

▶視認等による審査（性能要件）

①自動車の乗車装置は、乗車人員が動揺、衝撃等により転落又は転倒することなく安全な乗車を確保できるものとして構造に関し、次の基準に適合するものであること。

1) 側面にとびら，鎖，ロープ等が備えられていない自動車の助手席であって、肘かけ又は握り手を有するもの
2) バス型自動車の立席であって、つり革、握り棒又は握り手を有するもの
3) リンク式ドア開閉装置にあっては、構造上乗客の足をはさむ等安全な乗車を確保できないおそれのあるものでないこと

②運転者及び運転者助手以外の者の用に供する乗車装置を備えた自動車には、客室を備えること。

③自動車の運転者室及び客室は、必要な換気を得られる構造であること。

▶書面等による審査

①自動車の座席、座席ベルト、頭部後傾抑止装置、年少者用補助乗車装置、天井張り、内張りその他の運転者室及び客室の内装は、細目告示別添 27「内装材料の難燃性の技術基準」に定める基準に適合する難燃性の材料が使用されたものであること。

②次に掲げるものは、①の基準に適合するものとする。

1) 指定自動車等に備えられている内装と同一の材料であっ

て、かつ、同一の位置に使用されているもの
2) 公的試験機関等が実施した試験結果を記載した書面その
他により、難燃性であることが明らかである材料

☛「公的試験機関」とは、国若しくは地方公共団体の附属機
関（国立大学法人及び公立大学を含む。）、公益社団法人、
公益財団法人又はこれに準ずるものであって、当該試験を
行うために必要な組織及び能力を有しているもののこと。

3) 鉄板、アルミ板、FRP、厚さ3mm以上の木製の板（合
板を含む。）及び天然皮革
4) 法第75条の2第1項の規定に基づき指定を受けた特定
共通構造部に備えられている年少者用補助乗車装置又は
これに準ずる性能を有する年少者用補助乗車装置
5) 規定に基づく装置の指定を受けた年少者用補助乗車装置
又はこれに準ずる性能を有する年少者用補助乗車装置

★平成6年3月31日（輸入車は平成7年3月31日）以前に
製作された自動車については、この難燃性材料の使用に関
する基準は適用されない。

☛「難燃性材料」とは、鉄板、アルミ板、FRP、厚さ3mm
以上の木製の板（含：合板）、及び天然皮革などのこと。

③②において、次に掲げるものは、「内装」とされないもの
とする。
1) 車体に固定されていないもの
2) 表面の寸法が長さ293mm又は幅25mmに満たないもの

④専ら乗用の用に供する自動車のインストルメントパネルは、
当該自動車が衝突等による衝撃を受けた場合に、乗車人員

の頭部等に過度の衝撃を与えるおそれの少ない構造であること。（インストルメントパネルの衝撃吸収性）

☛「インストルメントパネル」とは、運転者席及びこれと並列の座席の前方に設けられる計器類等の取付装置のこと。

⑤指定自動車等に備えられているインストルメントパネルと同一の構造を有し、かつ同一の位置に備えられているインストルメントパネルであって、その衝撃吸収の機能を損なうおそれのある損傷等のないものは、④の基準に適合するものとする。

⑥自動車のサンバイザは、当該自動車が衝突等による衝撃を受けた場合において、乗車人員の頭部等に傷害を与えるおそれの少ないものとして、衝撃を吸収する材料で被われているものであって、内部構造物に局所的に硬い接触感のないものであること。

⑦指定自動車等に備えられたサンバイザと同一の構造を有し、かつ、同一の位置に備えられたサンバイザであって、その機能を損なうおそれのある損傷のないものは、⑥の基準に適合するものとする。

⑧衝撃を吸収する材料で被われているサンバイザであって、内部構造物に局部的に硬い接触感のないものは、⑥の基準に適合するものとする。

☛「サンバイザ」とは、車室内に備える太陽光線の直射による運転者席の運転者のげん惑を防止するための装置のこと。

【座席（運転者席）】

自動車の運転者席は、運転に必要な視野を有し、かつ、乗車人員、積載物品等により運転操作を妨げられないものとして、運転者の視野、物品積載装置等との隔壁のある構造であること。

◆保安基準 21 条　　◆審査事務規程 7 - 41、8 - 41
◆細目告示 183 条

▶視認等による審査（性能要件）

①自動車の運転者席は、運転に必要な視野を有し、かつ、乗車人員、積載物品等により運転操作を妨げられないものとして運転者の視野、物品積載装置等との隔壁の構造等に関する基準は、次の各号に掲げるものとする。

1) 普通自動車及び小型自動車であって車両総重量 3.5t 以下のもの、乗用自動車であって車両総重量 3.5t を超えるもの及び軽自動車の運転者席は、運転者が運転者席において、次に掲げる鉛直面により囲まれる範囲内にある障害物（高さ 1m 直径 30cm の円柱をいう。以下同じ。）の少なくとも一部を、鏡等を用いずに直接確認できるものであること。ただし、A ピラー、窓ふき器、後写鏡又はかじ取ハンドルにより確認が妨げられる場合にあっては、この限りでない。

a. 自動車の前面から 2m の距離にある鉛直面
b. 自動車の前面から 2.3m の距離にある鉛直面
c. 自動車の左側面（左ハンドル車にあっては「右側面」）から 0.9m の距離にある鉛直面
d. 自動車の右側面（左ハンドル車にあっては「左側面」）から 0.7m の距離にある鉛直面

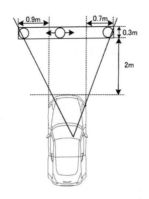

【運転席からの障害物の視認範囲】

☛「**自動車の前面**」とは、車体の前面のことで、この場合、指定自動車等に備えられたものと同一の構造を有し、かつ、同一の位置に備えられた付属物（バンパ、フック、ヒンジ等）はその前端とする。ただし、指定自動車等に後付けされた付属物は除く。

☛「**運転者の視野**」とは、運転者席で自動車に備えられている座席ベルトを装着し、かつ、かじ取ハンドルを握った標準的な運転姿勢をとった状態で着座した者の視認により、前図に示された障害物の一部が直接確認できることをいう。

2) 前項1)a及びbにおける「当該自動車の前面」とは、当該自動車の車体（バンパ、フック、ヒンジ等（指定自動車等に備えられたものと同一の構造を有し、かつ、同一の位置に備えられたものを除く。）の附属物を除く。）の前面とする。

3) 1)に規定する自動車の運転者席は、次に掲げる状態の自動車の運転者席に、自動車に備えられている座席ベルトを装着し、かつ、かじ取ハンドルを握った標準的な運転

姿勢をとった状態で着座した者の視認により、①1)の
aからdの鉛直面により囲まれるいずれかの位置に置か
れた障害物の一部が直接確認できない場合は、①の基準
に適合しないものとする。ただし、Aピラー、窓ふき器、
後写鏡又はかじ取ハンドルにより確認が妨げられる場合
にあっては、この限りでない。

(視認時の条件)
a. 自動車は、平坦な面上に置き、直進状態かつ審査時車両
   状態とする。
b. 自動車のタイヤの空気圧は、規定された値とする。
c. 車高調整装置が装着されている自動車にあっては、標準
   (中立)の位置とする。ただし、車高を任意の位置に保
   持することができる車高調整装置にあっては、車高が最
   高となる位置とする。
d. 運転者席の座席は、次のとおりに調節した位置とする。
 (1)前後に調節できる場合には、中間位置とする。ただし、
   中間位置に調節できない場合には、中間位置より後方で
   あってこれに最も近い調節可能な位置とする。
 (2)上下に調節できる場合には、中間位置とする。ただし、
   中間位置に調節できない場合には、中間位置より下方で
   あってこれに最も近い調節可能な位置とする。
 (3)座席の背もたれの角度が調節できる場合には、鉛直面か
   ら後方に25°の位置とする。ただし、鉛直面から後方に
   25°の位置に調節できない場合には、鉛直面から後方に
   25°の位置より後方であってこれに最も近い調節可能な
   位置とする。
e. 運転者席の座席に座布団又はクッション等を備えている
   場合には、これらのものを取除いた状態とする。
4) 1)に規定する自動車以外の自動車の運転者席は、運転
   に必要な視野を有するものであること。この場合にお

いて、二輪自動車及び側車付二輪自動車以外の自動車
であって、前面ガラスのうち車両中心面と平行な面上
のガラス開口部の下縁より上部であってアイポイント
を通る車両中心線に直交する鉛直面より前方の部分に、
窓ガラスに装着され又は貼り付けられたもの以外の装
飾板（運転者の視野の一部を遮へいする板状のものを
いう。）を備えているものはこの基準に適合しないもの
とする。ただし、次に掲げる部品は装飾板に該当しな
いものとする。

a. サンバイザ

b. 後写鏡及び後方等確認装置

c. 一般乗合旅客自動車運送事業用自動車方向幕及び行先等
を連続表示する電光表示器

d. 一般乗用旅客自動車運送事業用自動車の空車灯及び料金
灯

e. 7-52-1-1　①8）に規定するもの

f. 運転に必要な情報を表示するためのもの

5) 運転者席は、乗車人員、積載物品等により運転操作を妨
げられないものであること。この場合に、次に掲げる運
転者席であってその機能を損なうおそれのある損傷のな
いものは、この基準に適合するものとする。

a. 一般乗合旅客自動車運送事業用自動車の運転者席であっ
て、保護棒又は隔壁を有するもの

☛「**旅客自動車運送事業用自動車**」とは、道路運送法（昭和
26 年法律第 183 号）第 2 条第 3 項の旅客自動車運送事業
の用に供する自動車のこと。

b. 貨物自動車の運転者席であって、運転者席と物品積載
装置との間に隔壁又は保護仕切を有するもの。この場合
に、最大積載量が 500kg 以下の貨物自動車であって、

運転者席の背あてにより積載物品等から保護されると認められるものは、運転者席の背あてを保護仕切りとみなす。

c. かじ取ハンドルの回転角度がかじ取車輪の回転角度の7倍未満である三輪自動車の運転者の座席の右側方に設けられた座席であって、その前縁が運転者の座席の前縁から20cm以上後方にあるもの、又は左側方に設けられた座席であって、その前縁が運転者の座席の前縁より後方にあるもの

☛「三輪自動車」とは、3個の車輪を備える自動車であって、側車付二輪自動車に該当しないもの

② 乗用自動車であって乗車定員10人未満のものは、アイポイントを通る水平面のうちアイポイントを通る鉛直面より前方の部分には、次に掲げるものを除き、光学的な投影（窓ガラス面への投影を目的としたものに限る。）を含む運転視野を妨げるものがないこと。この場合において、スライド機構等を有する運転者席にあっては、運転者席を最後端の位置に調整した状態とし、リクライニング機構を有する運転者席の背もたれにあっては、背もたれを鉛直線から後方に25°にできるだけ近くなるような角度の位置に調整した状態とし、かつ2）d（(2)に限る。）及びeの状態とする。

1）Aピラー

2）室外アンテナ

3）ドアバイザ（他の自動車及び歩行者等が確認できる透明であるものに限る。）

4）側面ガラス分割バー

5）後写鏡（特種用途自動車（路上試験車及び教習車に限る。）及び緊急自動車に備える助手席の乗車人員が視界を確保するための後写鏡を含む。）

6) 後方等確認装置

7) 窓ふき器

8) 固定型及び可動型のベント

9) 窓ガラス面への光学的な運転支援情報の投影

10) 7-55-1-1 ①に掲げるもの

③次に掲げる運転者席であって、その機能を損なうおそれの
ある改造、損傷等のないものは、①及び②の基準に適合す
るものとする。

1) 指定自動車等に備えられた運転者席と同一の構造を有し、
かつ、同一の位置に備えられた運転者席

2) 法第75条の2第1項の規定に基づき指定を受けた特定
共通構造部に備えられている運転者席と同一の構造を有
し、かつ、同一の位置に備えられている運転者席又はこ
れに準ずる性能を有する運転者席

3) 法第75条の3第1項の規定に基づき運転者席について
型式指定を受けた自動車に備えられているものと同一の
構造を有し、かつ、同一の位置に備えられた運転者席又
はこれに準ずる性能を有する運転者席

☛「アイポイント」とは、運転者が運転者席に着座した状態
における運転者の目の位置のこと。

【座席】

座席は、安全に着席できるものとして、着席するのに必要な
空間及び当該座席の向きに関する基準に適合するように設け
られていること。

◆保安基準22条　　◆審査事務規程7－42、8－42

◆細目告示184条

▶視認等による審査（性能要件）

①座席の向きは次に定めるものとする。

　a. 前向きに備える座席とは、運行中に使用する座席であって、車両中心線に平行な鉛直面と座席中心面との角度が左右10度以内となるよう車両の前方に向いているもの

　b. 後向きに備える座席とは、運行中に使用する座席であって、車両中心線に平行な鉛直面と座席中心面との角度が左右10度以内となるよう車両の後方に向いているもの

　c. 横向きに備える座席とは、運行中に使用する座席であって、車両中心線に直交する鉛直面と座席中心面との角度が左右10度以内となるよう車両の側方に向いているもの

☛「座席中心面」とは、座席の中央部を含む鉛直面のこと。

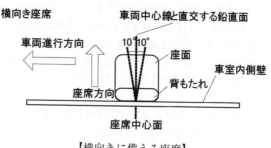

【横向きに備える座席】

1) 自動車の運転者席の幅は、保安基準10条「操縦装置」の各号に掲げる装置（乗車人員、積載物品等により操作を妨げられない装置を除く。）のうち最外側のものまでの範囲とする。この場合に、その最小範囲は、かじ取ハンドルの中心から左右それぞれ200mmまでとする。

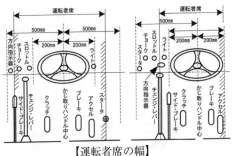
【運転者席の幅】

2) 自動車の運転者以外の者の用に供する座席（またがり式
   の座席、7-41-1(1)及び 7-41-2（6）に規定する座席ベル
   ト及び当該座席ベルトの取付装置を備える座席（乗車定
   員 10 人以上の旅客自動車運送事業用自動車に備えるも
   のを除く。）並びに幼児専用車の幼児用座席を除く。）は、
   1 人につき、幅 400mm 以上の着席するに必要な空間を
   有すること。この場合に、次に掲げるものはこの基準に
   適合しないものとする。

a. 3 席以上連続した座席のうち両端の座席以外の座席であ
   ってその幅が 400mm 未満のもの

b. 3 席以上連続した座席のうち両端の座席以外の座席であ
   って当該座席に隣接する座席に着席するために必要な空
   間以外の空間に幅が 400mm 以上となる空間を車室内に
   有しないもの

c. 3 席以上連続した座席のうち両端の座席であって当該座
   席に隣接する座席に着席するために必要な空間以外の空
   間のうち当該座席面の上方のいずれの位置においても車
   室内に幅 400mm 以上となる空間を有しないもの

＜例1＞3席以上連続した座席のうち両端の座席以外の座席
　であってその幅が400mm未満のもの又は当該座席に隣接
　する座席に着席するために必要な空間以外の空間の幅（b）

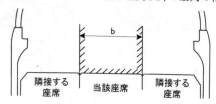

＜例2＞　3席以上連続した座席のうち両端の座席であって
　当該座席に隣接する座席に着席するために必要な空間以外
　の空間の幅（b）

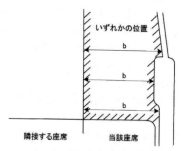

3) 自動車に備える座席は、次に掲げる自動車に備える座席
　を除き、横向きに設けられたものでないこと。
a. 乗車定員10人以上の自動車（立席を有するものに限る。）
b. 車両総重量3.5tを超える貨物の運送の用に供する自動
　車
c. 緊急自動車
d. 車体の形状が患者輸送車及びキャンピング車である自動
　車
e. 大型特殊自動車及び小型特殊自動車

f. 幼児専用車（幼児用座席は除く。）

g. 乗車定員 10 人の福祉タクシー車両

h. 乗車定員 10 人以上の自動車（立席を有するものを除く。）であって車両総重量 10 t を超える自動車（横向きに備えられた座席であって UN R80-04 の規則 7.4 に限る）に適合するものに限る。）

i. 最高速度 20km／h 未満の自動車

☛「緊急自動車」とは、次に掲げる自動車のこと。

①消防自動車

②警察自動車

③検察庁において犯罪捜査のため使用する自動車又は防衛省用自動車であって緊急の出動の用に供するもの

④刑務所その他の矯正施設において緊急警備のため使用する自動車

⑤入国者収容所又は地方入国管理局において容疑者の収容又は被収容者の警備のため使用する自動車

⑥保存血液を販売する医薬品販売業者が保存血液の緊急輸送のため使用する自動車

⑦医療機関が臓器の移植に関する法律（平成 9 年法律第 104 号）の規定により死体（脳死した者の身体を含む。）から摘出された臓器、同法の規定により臓器の摘出をしようとする医師又はその摘出に必要な器材の緊急輸送のため使用する自動車

⑧救急自動車

⑨公共用応急作業自動車

⑩不法に開設された無線局の探査のため総務省において使用する自動車

⑪国土交通大臣が定めるその他の緊急の用に供する自動車

☛「福祉タクシー車両」とは、移動等円滑化のために必要な

旅客施設又は車両等の構造及び設備に関する基準を定める省令（平成18年国土交通省令第111号）第1条第1項第13号に規定する福祉タクシー車両のこと。

②自動車の運転者以外の者の用に供する座席（またがり式の座席を除く。）は、1人につき、大きさが幅380mm以上、奥行400mm以上（非常口付近に設けられる座席にあっては幅380mm以上、奥行250mm以上）であること。＜寸法＞

③間げき並びに座席の幅及び奥行は、次に定めるものとする。

1）間げきは、座席の中央部から左右190mmの間（補助座席にあっては左右150mmの間とし、幼児用座席にあっては左右135mmの間とする。）における当該座席の前縁からその前方の座席の背あての後縁、隔壁等（当該座席への着席を妨げない部分的な突出を除く。）までの最短水平距離とする。この場合に、座席の調整機構は次に掲げる状態とするものとする。

☛「補助座席」とは、容易に折り畳むことができる座席で通路、荷台その他専ら座席の用に供する床面以外の床面に設けられる1人用のもの。ただし、昭和35年3月31日以前に製作された自動車の場合には、容易に折り畳むことができる座席で通路、荷台その他専ら座席の用に供する床面以外の床面に設けられるもの。

☛「容易に折り畳むことができる座席」とは、普段は折り畳んであり、容易に操作することができ、乗員による臨時の使用のために設計された座席。

a. リクライニング機構を有する運転者席等（運転者席、それと一体となって作動する座席及び並列な座席を含む。以下この号において同じ。）にあっては背もたれを当該運転者席等の鉛直面から後方に30°まで倒した状態

b. スライド機構を有する運転者席等にあっては間げきが最小となるように調整した状態。ただし、運転者席と並列な座席の前縁からその前方の隔壁等までの間げきに限り、当該座席とその後方座席との間げきが最小となるように調整した状態でもよいものとする。

c. 運転者席等以外の座席であってリクライニング機構、スライド機構等の調整機構を有するものにあっては間げき（d）が最小となるように調整した状態

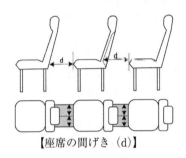

【座席の間げき（d）】

2) 幅は、座席の中央部の前縁から、奥行の方向に200mm離れた位置において、奥行の方向と直角に測った座席の両端縁（肘かけがあるときは肘かけの内縁）の最短水平距離とする。この場合において、分割された部分がそれぞれに位置を調整できる座席であって、一体の状態とし得るものについては、その状態とする。なお、座席面から100mm以上300mm以下の高さに設けられた肘かけについては、座席の内側への張出しは1個の肘かけにつき50mmまでは張り出しても差し支えないものとして取扱う。

3) 奥行は、座席の中央部の前縁から後縁（背あてがあるときは背あての前縁）までの最短水平距離とする。

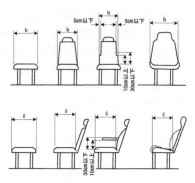

【座席の幅（b）と奥行き（ℓ）】

④専ら乗用の用に供する自動車（二輪自動車、側車付二輪自動車及び最高速度20km/h未満の自動車を除く。）及び貨物の運送の用に供する自動車（最高速度20km/h未満の自動車を除く。）の座席（当該座席の取付装置を含む。）は、当該自動車が衝突等による衝撃を受けた場合において、乗車人員を保護するものとして、構造等に関し、視認等その他適切な方法により審査したときに、⑥の基準に適合するものであること。ただし、次に掲げる座席にあっては、この限りでない。

a. またがり式の座席

b. 容易に折り畳むことができる座席であって、次に掲げるもの

(1)通路に設けられるもの

(2)専ら座席の用に供する床面以外の床面（荷台を除く。）に設けられるもの

c. かじ取ハンドルの回転角度がかじ取車輪の回転角度の7倍未満である三輪自動車の運転者席の側方に設けられる一人用の座席

d. 横向きに備えられた座席

e. 後向きに備えられた座席

f. 非常口附近に備えられた座席

g. 法第47条の2の規定により自動車を点検する場合に取外しを必要とする座席

⑤④の自動車〔乗車定員11人以上の自動車（高速道路等において運行しないものに限る。）及び貨物の運送の用に供する自動車を除く。〕の座席の後面部分は、当該自動車が衝突等による衝撃を受けた場合において、乗車人員を保護するものとして、構造等に関し、視認等その他適切な方法により審査したときに、⑥の基準に適合するものであること。ただし、④aからgに掲げる座席にあっては、この限りでない。

⑥④の自動車の座席及び座席取付装置は、次に掲げるものであって、その機能、強度を損なうおそれのある損傷のないもの及び乗車人員の頭部等に傷害を与えるおそれのある損傷のないものであること。

1) 指定自動車等に備えられている座席及び座席取付装置と同一の構造を有し、かつ、同一の位置に備えられた座席及び座席取付装置

2) 法第75条の2第1項の規定に基づき指定を受けた特定共通構造部に備えられている座席及び座席取付装置又はこれに準ずる性能を有する座席及び座席取付装置

3) 法第75条の3第1項の規定に基づく装置の指定を受けた座席及び座席取付装置又はこれに準ずる性能を有する座席及び座席取付装置

⑦乗車定員11人以上の自動車には、大部分の窓の開放部が有効幅500mm以上、有効高さ300mm以上である場合に限り、その通路に補助座席を設けることができる。この場合において、「大部分の窓」とは側窓総数の3分の2程度以上のものとする。

⑧幼児専用車には、補助座席を幼児用座席として設けることができない。

【補助座席定員】：省略

◆保安基準 22 条の 2　◆審査事務規程 7 - 43、8 - 43
◆細目告示 185 条

【座席ベルト等】

次の各自動車には、当該自動車が衝突等による衝撃を受けた場合に、各表に掲げる座席ごとに、乗車人員が座席の前方に移動することを防止し、又は上半身を過度に前傾することを防止するための座席ベルト及び座席ベルトの取付装置を備えること。

◆保安基準 22 条の 3　◆審査事務規程 7 - 44、8 - 44
◆細目告示 186 条

▶装備要件

①乗車定員 10 人未満の乗用自動車（普通、小型、軽）

座席の種別	座席ベルトの種類
運転者席及び前向きの座席（容易に折りたたむことができる座席で通路に設けられるものを除く。）	第二種座席ベルト
上欄の座席以外の座席	第一種座席ベルト又は第二種座席ベルト

②車両総重量が 3.5t 以下の貨物用自動車（小型、軽）

座席の種別	座席ベルトの種類
a. 運転者席及びこれと並列の座席 b. 自動車の側面に隣接する座席	第二種座席ベルト
上欄の座席以外の座席	第一種座席ベルト又は第二種座席ベルト

- ☛「第二種座席ベルト」とは、３点式座席ベルト等少なくとも乗車人員の腰部の移動を拘束し、かつ、上半身が前方に倒れることを防止することのできるものをいう。
- ☛「第一種座席ベルト」とは、２点式座席ベルト等少なくとも乗車人員の腰部の移動を拘束することのできるものをいう。
- ☛座席ベルト装着義務適用座席の例
  - (注) ❸は３点式を、❷は２点式又は３点式のどちらかを備えること。

車両総重量3.5t以下

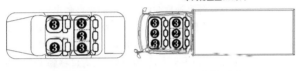

乗用車等　　　　　　　　　　貨物自動車

★自動車の側面に隣接しない座席とは、下図の座席のこと。

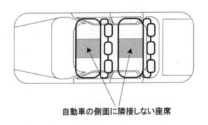

自動車の側面に隣接しない座席

▶**視認等による審査（性能要件）**

①座席ベルトの取付装置は、座席ベルトから受ける荷重等に十分耐え、かつ、取付けられる座席ベルトが有効に作用し、かつ、乗降の支障とならないものとして強度、取付位置等に関する次の基準に適合するものであること。

  1) 当該自動車の衝突等によって座席ベルトから受ける荷重に十分耐えるものであること。

2) 振動、衝撃等によりゆるみ、変形等を生じないようになっていること。

3) 取付けられる座席ベルトが有効に作用する位置に備えられたものであること。

4) 乗降に際し損傷を受けるおそれがなく、かつ、乗降の支障とならない位置に備えられたものであること。

5) 座席ベルトを容易に取付けることができる構造であること。

②装備要件の表の左欄に掲げる自動車（二輪自動車、側車付二輪自動車及び最高速度20km/h未満の自動車を除く。）が衝突等による衝撃を受けた場合において、①の規定の適用を受けない座席（装備要件の座席及び幼児専用車の幼児用座席を除く。）の乗車人員が座席の前方に移動することを防止し、又は上半身を過度に前傾することを防止するために当該自動車に備える座席ベルトの取付装置は①の基準に適合すること。

③次に掲げる座席ベルトの取付装置であって損傷のないものは、①及び②の基準に適合するものとする。

1) 指定自動車等に備えられている座席ベルトの取付装置と同一の構造を有し、かつ、同一の位置に備えられた座席ベルトの取付装置

2) 法第75条の2第1項の規定に基づき指定を受けた特定共通構造部に備えられている座席ベルトの取付装置又はこれに準ずる性能を有する座席ベルトの取付装置

3) 法第75条の3第1項の規定に基づく装置の指定を受けた座席ベルトの取付装置又はこれに準ずる性能を有する座席ベルトの取付装置

④座席ベルトは、当該自動車が衝突等による衝撃を受けた場合において、当該座席ベルトを装着した者に傷害を与えるおそれが少なく、かつ、容易に操作等を行うことができるものとして構造、操作性能等に関する次の基準に適合する

ものであること。
1) 当該自動車が衝突等による衝撃を受けた場合において、
当該座席ベルトを装着した者に傷害を与えるおそれの少
ない構造のものであること。
2) 第二種座席ベルトにあっては、当該自動車が衝突等によ
る衝撃を受けた場合において、当該座席ベルトを装着し
た者が、座席の前方に移動しないようにすることができ、
かつ、上半身を過度に前傾しないようにすることができ
るものであること。
3) 第一種座席ベルトにあっては、当該自動車が衝突等によ
る衝撃を受けた場合において、当該座席ベルトを装着し
た者が座席の前方に移動しないようにすることができる
ものであること。
4) 容易に、着脱することができ、かつ、長さを調整するこ
とができるものであること。
5) 第二種座席ベルト及び運転者席に備える第一種座席ベル
トにあっては、通常の運行において当該座席ベルトを装
着した者がその腰部及び上半身を容易に動かし得る構造
のものであること。
⑤次に掲げる座席ベルトであって装着者に傷害を与えるおそ
れのある損傷、摩擦痕等のないものは、④の基準に適合す
るものとする。
1) 指定自動車等に備えられている座席ベルトと同一の構造
を有し、かつ、同一の位置に備えられた座席ベルト
2) 法第75条の2第1項の規定に基づき型式の指定を受け
た特定共通構造部に備えられている座席ベルト又はこれ
に準ずる性能を有する座席ベルト
3) 法第75条の3第1項の規定に基づく装置の指定を受け
た座席ベルト又はこれに準ずる性能を有する座席ベルト

【座席ベルト非装着時警報装置】

普通乗用自動車、小型自動車、軽自動車で、乗車定員 10 人未満の自動車には、運転者席の座席ベルトが装着されていない場合に、その旨を運転者席の運転者に警報するものとして、座席ベルト非装着時警報装置を備えること。

◆保安基準 22 条の 3
◆審査事務規程 7 − 45、8 − 45
◆細目告示 186 条　　　◆適用関係告示 20 条

▶視認等による審査（性能要件）

①座席ベルトの非装着時警報装置は、警報性能等に関する座席ベルトの規定により非装着時警報装置を備える座席の座席ベルトが装着されていない場合（座席ベルトのバックルが結合されていない状態又は座席ベルト巻取装置から引き出された座席ベルトの長さが 10cm 以下の状態をいう。）にその旨を運転者席の運転者に警報するものであること。この場合において、次の各号に掲げる装置は、この基準に適合しないものとする。なお、警報は表示又は音によるものとし、各々の座席で表示や音色を区分しなくてもよい。

1) 非装着時警報装置を備える座席の座席ベルトが装着されていない状態で電源を投入したときに、当該座席に乗車人員が着座しているかどうかにかかわらず警報を発しない装置。

2) 非装着時警報装置を備える座席の座席ベルトが装着されたときに、（他の座席の座席ベルトと兼用している警報装置の場合には、兼用している全ての座席の座席ベルトが装着されたとき）警報が停止しない装置。

3) 発する警報を運転者席において容易に判別できない装置。

★平成 6 年 3 月 31 日（輸入車は平成 7 年 3 月 31 日）以前に

製作された自動車については、座席ベルト非装着時警報装
置の規定は適用されない。

【頭部後傾抑止装置等】

自動車の座席のうち、運転者席及びこれと並列の座席には、
他の自動車の追突等による衝撃を受けた場合に、乗車人員の
頭部の過度の後傾を有効に抑止し、かつ、乗車人員の頭部等
に傷害を与えるおそれの少ないものとして、構造等に関する
基準に適合する頭部後傾抑止装置（ヘッド・レスト）を備え
ること。ただし、当該座席自体が当該装置と同等の性能を有
するものである場合は、この限りでない。

◆保安基準 22 条の 4
◆審査事務規程 7 － 46、8 － 46
◆細目告示 187 条　　◆適用関係告示 21 条

▶視認等による審査（性能要件）

①頭部後傾抑止装置は、追突等による衝撃を受けた場合にお
　ける当該座席の乗車人員の頭部の保護等に係る性能に関す
　る基準は次に掲げるものであって、その機能、乗車人員の
　頭部等に傷害を与えるおそれのある損傷のないものである
　こと。
1) 指定自動車等に備えられた頭部後傾抑止装置と同一の構造
　を有し、かつ、同一の位置に備えられた頭部後傾抑止装置
2) 法第 75 条の 2 第 1 項の規定に基づき指定を受けた特定共
　通構造部に備えられている頭部後傾抑止装置
3) 法第 75 条の 3 第 1 項の規定に基づく装置の指定を受けた
　頭部後傾抑止装置
4) JIS D 4606「自動車乗員用ヘッドレストレイント」又はこ
　れと同程度以上の規格に適合した頭部後傾抑止装置であ
　って、的確に備えられたもの

★座席のシート・バックがシート一体型ヘッド・レストを構成している構造の場合は、ヘッド・レストを備える必要はない。

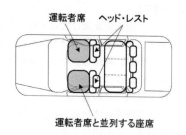

運転者席　ヘッド・レスト

運転者席と並列する座席

【ヘッド・レストを備える必要のある座席の例】

★平成24年6月30日以前に製作された自動車についても、頭部後傾抑止装置の規定が適用される。

【年少者用補助乗車装置等】

乗用自動車には、年少者用補助乗車装置取付具を2個以上備えること。ただし、高齢者、障害者等が移動のための車いすその他の用具を使用したまま車両に乗り込むことが可能な自動車及び運転者席より後方に備えられた座席が回転することにより高齢者、障害者等が円滑に車内に乗り込むことが可能な自動車にあっては、この限りではない。

◆保安基準22条の5　◆審査事務規程7－47、8－47
◆細目告示188条

☛「高齢者、障害者等」とは、高齢者、障害者等の移動等の円滑化の促進に関する法律（平成18年法律第91号）第2条第1号に規定する高齢者、障害者等のこと。
☛「年少者用補助乗車装置取付具」とは、ISOFIX取付装置、

ISOFIX トップテザー取付装置及びサポートレッグ接触面
のこと。

☛「ISOFIX 取付装置」とは、回転防止装置及び車両又は座
席構造部から延びた 2 個の取付部で構成される取付装置の
こと。

☛「ISOFIX トップテザー取付装置」とは、年少者用補助乗
車装置の上部に備える取付具を取付けるために設計された
自動車に備える取付装置のこと。

☛「サポートレッグ接触面」とは、年少者用補助乗車装置の
下部に備える固定具が接触する床面のこと。

▶**視認等による審査（性能要件）**
①年少者用補助乗車装置の取付具は、年少者用補助乗車装置
から受ける荷重等に十分耐え、かつ、取付けられる年少者
用補助乗車装置が有効に作用し、かつ、乗降の支障となら
ないものとして、強度、取付位置等に関する基準に適合す
るものであること。

1) 自動車の衝突等によって年少者用補助乗車装置から受け
る荷重に十分耐えるものであること。

2) 振動、衝撃等によりゆるみ、変形等を生じないものであ
ること。

3) 乗降に際し、損傷を受けるおそれがなく、かつ、乗降の
支障とならない位置に備えられたものであること。

4) 年少者用補助乗車装置を容易に取付けることができる構
造であること。

5) ISOFIX トップテザー取付装置及び当該装置の後方に備
えられた ISOFIX トップテザー取付装置以外の取付装
置には、次のいずれかの表示を行うこと。ただし、審
査事務規程 4-39-2（5）の自動車には適用しない。また、
ISOFIX トップテザー取付装置以外の取付装置を有して
いない場合にあっては、この限りではない。

a. 全ての ISOFIX トップテザー取付装置に、次に定める
様式の例により当該装置が ISOFIX トップテザー取付
装置であることを表示すること。

【ISOFIX トップテザー取付装置の表示様式の例】

b. 全ての ISOFIX トップテザー取付装置以外の取付装置
に、当該装置が ISOFIX トップテザー取付装置として
使用できないことを表示すること。

②次に掲げる年少者用補助乗車装置の取付具であって損傷の
ないものは、前項①の基準に適合するものとする。

1) 指定自動車等に備えられている年少者用補助乗車装置の
取付具と同一の構造を有し、かつ、同一の位置に備えら
れた年少者用補助乗車装置の取付具

2) 法第 75 条の 2 第 1 項の規定に基づき指定を受けた特定
共通構造部に備えられている年少者用補助乗車装置取付
具又はこれに準ずる性能を有する年少者用補助乗車装置
取付具

3) 法第 75 条の 3 第 1 項の規定に基づく装置の指定を受け
た年少者用補助乗車装置の取付具又はこれに準ずる性能
を有する年少者用補助乗車装置の取付具

③年少者用補助乗車装置は、座席ベルト等を損傷しないもの
であり、かつ、当該自動車が衝突等による衝撃を受けた場
合に、当該年少者用補助乗車装置を装着した者に傷害を与

えるおそれが少なく、かつ、容易に着脱することができる
ものとして構造、操作性能等に関する次の基準に適合する
ものであること。（チャイルド・シート本体）

1) 年少者用補助乗車装置を備える座席、座席ベルト及び年
   少者用補助乗車装置取付具を損傷しないものであるこ
   と。

2) 前向き及び後向きのいずれでも使用可能な年少者用補助
   乗車装置には、当該装置が取付けられた状態において視
   認できる場所に次に定める様式による表示を付すこと。
   この場合において、当該様式による表示の文字「M」に
   「(ヵ月)」等と補足してもよいこととする。（参考図）

（参考図）

3) 当該自動車が衝突等による衝撃を受けた場合に、当該年
   少者用補助乗車装置を装着した者に傷害を与えるおそれ
   の少ない構造のものであること。この場合において、年
   少者用補助乗車装置のうち前向きのものであって、年少
   者の前方に衝撃を緩衝する材料で覆われていない硬い構
   造物があるものは、この基準に適合しないものとする。

4) 当該自動車が衝突等による衝撃を受けた場合において、
   当該年少者用補助乗車装置を装着した者及び当該年少者
   用補助乗車装置が審査事務規程 8-41-2(3)の基準に適合す
   る座席ベルト又は次の基準に適合する取付装置により座

席の前方に移動しないようにすることができるものであること。この場合において、自動車のシート・バックにつり掛けることのみにより固定する等、座席ベルト、年少者用補助乗車装置取付具又は当該自動車の衝突等によって年少者用補助乗車装置から受ける荷重に十分耐えられる取付装置により固定できない構造である、又は年少者を容易に装置内に拘束又は定置することが困難である年少者用補助乗車装置は、この基準に適合しないものとする。

a. 当該自動車の衝突等によって年少者用補助乗車装置から受ける荷重に十分耐えるものであること。

b. 衝撃、振動等によりゆるみ、変形等を生じないようになっていること。

5) 容易に着脱ができるものであること。この場合において、緊急時に保護者又は第三者によって容易に救出することができない構造である年少者用補助乗車装置は、この基準に適合しないものとする。

6) 年少者用補助乗車装置の説明書をウェブサイトへの掲載により提供する場合、当該説明書を掲載したウェブサイトのアドレス（二次元コードを含む。）を年少者用補助乗車装置の見やすい場所に表示することにより、容易に確認できるものであること。

④次に掲げる年少者用補助乗車装置であってその機能を損なうおそれのある改造、損傷等のないものは、③の基準に適合するものとする。

1) 指定自動車等に備えられているものと同一の構造を有し、かつ、同一の位置の備えられた年少者用補助乗車装置

2) 法第75条の2第1項の規定に基づき指定を受けた特定共通構造部に備えられている年少者用補助乗車装置と同一の構造を有し、かつ、同一の位置に備えられている年少者用補助乗車装置又はこれに準ずる性能を有する年少者用補助乗車装置

3) 法第75条の3第1項の規定に基づき年少者用補助乗車装
  置について型式指定を受けた自動車に備えられているもの
  と同一の構造を有し、かつ、同一の位置に備えられた年
  少者用補助乗車装置又はこれに準ずる性能を有する年少
  者用補助乗車装置

☛「国土交通省の安全基準に適合した年少者用補助乗車装
  置」（型式指定マーク、又は同等と認められるマーク）は
  次のものをいう。

①国土交通省型式指定マーク（新基準に適合しているもの）

平成14年1月以降、新基準に適合して型式指定を
弊けたチャイルドシートには、図のように基準施行年
月等が表示されます。（下記の図は例です）

2000/01　←─　基準施行年月
UNIVERSAL　←─　汎用型チャイルドシート（注）
9-36kg　←─　対象とする年少者の体重範囲

C-〇〇〇〇　←─　チャイルドシートの記号
　　　　　　　　国土交通省が告示した指定番号

(注) 車両限定型チャイルド・シートの場合は、
　　「SPECIFICVEHICLE」、兼用型チャイルド・シートの場合は、
　　「COMPATIBLE」

②国土交通省型式指定マーク

型式指定を受けたチャイルドシート
（平成10年11月24日以降）

チャイルドシートを示す記号　　　指定番号

③運輸省型式認定マーク（〜平成 10 年 11 月）

型式認定を受けたチャイルドシート
（平成10年11月23日まで）

チャイルドシートを示す記号

指定番号

【通路】：省略
　　◆保安基準 23 条　　　　　◆審査事務規程 7 - 48、8 - 48
　　◆細目告示 189 条

【立席】：省略
　　◆保安基準 24 条　　　　　◆審査事務規程 7 - 49、8 - 49
　　◆細目告示 190 条

【乗降口】：省略
　　◆保安基準 25 条　　　　　◆審査事務規程 7 - 50、8 - 50
　　◆細目告示 191 条

【非常口】：省略
　　◆保安基準 26 条　　　　　◆審査事務規程 7 - 51、8 - 51
　　◆細目告示 192 条

【物品積載装置】：省略
　　◆保安基準 27 条　　　　　◆審査事務規程 7 - 52、8 - 52
　　◆細目告示 193 条

【高圧ガス運送装置】：省略
　　◆保安基準 28 条　　　　　◆審査事務規程 7 - 53、8 - 53
　　◆細目告示 194 条

【窓ガラス】

自動車の窓ガラスは、告示で定める基準に適合する安全ガラスであること。ただし、衝突等により窓ガラスが損傷した場合に、当該ガラスの破片により乗車人員が傷害を受けるおそれの少ないものとして告示で定める場所に備えられたものにあっては、この限りでない。

◆保安基準 29 条　　　◆審査事務規程 7－54、8－54
◆細目告示 195 条

▶視認等による審査（性能要件）

①自動車の窓ガラスは、合わせガラス、強化ガラス、部分強化ガラス、有機ガラス又はガラス－プラスチックであること。ただし、衝突等により窓ガラスが損傷した場合において、当該ガラスの破片により乗車人員が傷害を受けるおそれの少ない場所に備えられたものにあっては、この限りでない。

☛「当該ガラスの破片により乗車人員が傷害を受けるおそれの少ないものとして告示で定める場所」とは、損傷したガラスの破片を容易に通さない隔壁によって運転者席及び客室と仕切られた場所のこと。

☛安全ガラスの種類

・「合わせガラス」とは、2 枚以上の板ガラスをプラスチックを中間膜として接着したガラスで、損傷した場合に、中間膜により破片の大部分が飛び散らないようにしたもの
・「強化ガラス」とは、板ガラスに熱処理を加えることにより、ガラス表面に強い圧縮応力層を形成し、外力の作用及び温度変化に対する強さを増加させるとともに、損傷した場合に、破片が細片になるようにしたもの

・「**有機ガラス**」とは、ポリカーボネート（炭酸エステル結合（カーボネート結合）を主鎖にもつ重合体をいう。）材又はメタクリル樹脂（メタクリル酸メチルを主成分とする共重合体）材等の硬質合成樹脂材のもの
・「**ガラス‐プラスチック**」とは、車外面を板ガラス、合わせガラス又は強化ガラスとし、車室内にプラスチックを接着したもの

②損傷したガラスの破片を容易に通さない隔壁によって運転者席及び客室と仕切られた場所は、①の「乗車人員が傷害を受けるおそれの少ない場所」とされるものとする。
③自動車の前面ガラスは、損傷した場合においても、運転者の視野を確保できるものであり、かつ、容易に貫通されないものであること。

合わせガラス	全面強化ガラス	部分強化ガラス

【前面ガラスの破損状態の例】

☛**現行の国産前面ガラスの記号とマーク例**
＜合わせガラス：ＬＰ＞

		LAMILEX

<部分強化ガラス：Z＞

④自動車の前面ガラス及び側面ガラス（運転者席より後方の
　部分を除く）は、運転者の視野を妨げないものであること。
　又、ひずみ、可視光線の透過率等に関する基準は、次の各
　号に掲げるものとする。

1) 透明で、運転者の視野を妨げるようなひずみのないもの
　であること。

2) 運転者が交通状況を確認するために必要な視野の範囲に
　係る部分における可視光線の透過率が70％以上のもの
　であること。

⑤次の各号に掲げる範囲は④の「運転者席より後方の部分」
　とする。

1) 運転者席より後方の座席等の側面ガラス

2) 側面ガラスのうち、運転者席に備えられている頭部後傾
　抑止装置の前縁（運転者席に頭部後傾抑止装置が備えら
　れていない自動車にあっては、運転者席に備えられてい
　る背あて上部の前縁、運転者席に頭部後傾抑止装置及び
　背あてが備えられていない自動車にあっては、通常の運
　転姿勢にある運転者の頭部の後端）を含み、かつ、車両
　中心線に直交する鉛直面より後方の部分。この場合にお
　いて、スライド機構等を有する運転者席にあっては、運
　転者席を最後端の位置に調整した状態とし、リクライニ
　ング機構を有する運転者席の背もたれにあっては、背も
　たれを鉛直線から後方に25°の角度にできるだけ近くな
　るような角度の位置に調整した状態とする。

⑥次に掲げる窓ガラスであって、その機能を損なうおそれの

ある改造、損傷等のないものは、①、③及び④の基準に適合するものとする。

1) 指定自動車等に備えられている窓ガラスと同一の構造を有し、かつ、同一の位置に備えられている窓ガラス

2) 法第75条の2第1項の規定に基づき指定を受けた特定共通構造部に備えられている窓ガラスと同一の構造を有し、かつ、同一の位置に備えられている窓ガラス又はこれに準ずる性能を有する窓ガラス

3) 法第75条の3第1項の規定に基づき窓ガラスについて型式指定を受けた自動車に備えられているものと同一の構造を有し、かつ、同一の位置に備えられている窓ガラス又はこれに準ずる性能を有する窓ガラス

4) 新規検査、予備検査又は構造等変更検査の際に提示のあった窓ガラスと同一の構造を有し、かつ、同一の位置に備えられた窓ガラス

⑦次の表の左欄に掲げる窓ガラスの部位のうち同表右欄に掲げる記号又はこれらと同程度以上の規格に基づく記号が付されたものであって、その性能を損なう損傷のないものは、①、③及び④の基準に適合するものとする。

窓ガラスの部位	付される記号		
	JISR3211「自動車用安全ガラス」に基づくもの	UN R43-01-S9 に基づくもの	FMVSS No.205 及びこれに基づく ANSZ26.1 の規定によるもの
①②以外の前面ガラス	L,GP	Ⅱ Ⓔ 43R－01, Ⅲ Ⓔ 43R－01, Ⅳ Ⓔ 43R－01, Ⅷ Ⓔ 43R－01, ⅩⅤ Ⓔ 43R－01,	AS1 AS10 (※3) AS14

②最高速度 25km/h を超え 40km/h 未満の 自動車の前面 ガラス	L、Z、T、GP	Ⅰ Ⓔ 43R - 01. Ⅱ Ⓔ 43R - 01. Ⅲ Ⓔ 43R - 01. Ⅳ Ⓔ 43R - 01. Ⅶ Ⓔ 43R - 01.	AS1、 AS2 AS10（※1） AS14
③側面ガラス （運転者席より 後方の部分を除 く。）のうち運 転者が交通状況 を確認するため に必要な視野の 範囲に係る部分	L、L、T、GP、RP	Ⓔ 43R - 01. Ⅵ Ⓔ 43R - 01 Ⅷ Ⓔ 43R - 01（※2） Ⅸ Ⓔ 43R - 01. Ⅹ Ⓔ 43R - 01（※2） Ⅺ Ⓔ 43R - 01. Ⅻ Ⓔ 43R - 01. ⅩⅣ Ⓔ 43R - 01.	AS1、AS2 AS4 AS10（※3） AS14、AS15
④上記①、②及び ③以外の 窓ガラス	L、L、T、GP、RP	Ⓔ 43R - 01 Ⅴ Ⓔ 43R - 01 Ⅵ Ⓔ 43R - 01（※1） Ⅷ Ⓔ 43R - 01 （※1、※2） Ⅸ Ⓔ 43R - 01（※1） Ⅹ Ⓔ 43R - 01 （※1、※2） Ⅺ Ⓔ 43R - 01. Ⅻ Ⓔ 43R - 01（※1） ⅩⅣ Ⓔ 43R-01.	AS1、AS2、 AS3 AS4、AS5、 AS8、AS9 AS10、AS11、 AS12 AS13、AS14、 AS15 AS16

☛「UN R43」とは、窓ガラスに係る協定規則

注1：UN R43-01-S9 に基づくものには、表中に記載のある
　　　ガラスの種類を示すⅠからⅩⅤまでの追加記号のほか、
　　　用途により /A、/B、/C、/L、/M、/P の追加記号が
　　　付される。

注2：※1のガラスを最高速度が40km/hを超える自動車に
　　　備える場合は、前向きガラス以外のガラスに限る。
注3：※2のガラスのうち認可マーク附近の追加記号に
　　　「C」が付されているものは、頭部衝撃のおそれのな
　　　い場所に備えられていること。また、後面ガラスにあ
　　　っては、認可マーク附近の追加記号に「L」（コンバー
　　　チブル車の折りたたみルーフの後部ガラスは「M」で
　　　もよい。）が付されたものであること。
注4：※3は、可視光線の透過率が70％以上のものに限る。

　　L：合わせガラス（Laminated glass）のうち、中間膜の
　　　　耐貫通性能を重視したもので、標準合わせガラスとも
　　　　いう。中間膜は通常0.76mm。
　　Ḷ：合わせガラスのうち、中間膜の接着性能を重視した
　　　　もので、ＨＰＲ合わせガラスともいう。中間膜は通常
　　　　0.38mm。
　　Z：部分強化ガラス（Zone tempered toughened glass）
　　　　のことで、正面ガラスには使用できない。
　　T：強化ガラス（Tempered glass）のこと。

【窓ガラス貼付物等】
前項に規定する窓ガラスには、規定されたもの以外のものが
装着、貼り付け、塗装又は刻印されていないこと。

　◆保安基準29条　　◆審査事務規程7－55、8－55
　◆細目告示195条

▶視認等による審査（性能要件）
①自動車の前面ガラス及び側面ガラスには、次に掲げるもの
　以外のものが装着され、貼り付けられ、塗装され、又は刻印
　されていないこと。ただし、窓ふき器及び自動車製作者が付

したことが明らかである刻印については、この限りでない。

1) 整備命令標章
2) 臨時検査合格標章
3) 検査標章
4) 保安基準適合標章（中央点線のところから二つ折りとしたものに限る。）
5) 自動車損害賠償保障法（昭和30年法律第97号）の保険標章、共済標章又は保険・共済除外標章
6) 道路交通法の故障車両標章

【各種標章】

7) 車室内に備える貼り付け式の後写鏡及び後方等確認装置
8) 道路等に設置された通信設備との通信のための機器、UN R159 00 に適合する装置、道路及び交通状況に係る情報の入手のためのカメラ、一般乗用旅客自動車運送事業用自動車に備える車内を撮影するための防犯カメラ、車両間の距離を測定するための機器、雨滴等を検知して

窓ふき器を自動的に作動させるための感知器、車室内の温度若しくは湿度を検知して空調装置等を自動的に制御するための感知器又は受光量を感知して前照灯、車幅灯等を自動的に作動させるための感知器であって、次に掲げる要件に該当するもの

a. 専ら乗用の用に供する乗車定員9人以下の自動車にあっては、(1)、(2)又は(3)に掲げる範囲に貼り付けられたものであること。

(1) 運転者席の運転者が、UN R43-01-S2 附則18に規定するV1点（以下「V1点」という。）から前方を視認する際、車室内後写鏡により遮へいされる前面ガラスの範囲

(2) 前面ガラスの上縁であって、車両中心面と平行な面上のガラス開口部（ウェザ・ストリップ、モール等と重なる部分及びマスキングが施されている部分を除く。以下同じ。）の実長の20%以内の範囲又は前面ガラスの下縁であって車両中心面と平行な面上のガラス開口部から150mm以内の範囲

(3) UN R43-01-S2 附則18に規定する前面ガラスの試験領域B（以下「試験領域B」という。）及び試験領域Bを前面ガラスの水平方向に拡大した領域以外の範囲

b. 貨物の運送の用に供する車両総重量3.5t以下の自動車にあっては、(1)、(2)又は(3)に掲げる範囲に貼り付けられたものであること。

(1) 運転者席の運転者が、V1点又は UN R43-01-S2 附則3に規定するO点（以下「O点」という。）から前方を視認する際、車室内後写鏡により遮へいされる前面ガラスの範囲

(2) 前面ガラスの上縁であって、車両中心面と平行な面上のガラス開口部の実長の20%以内の範囲又は前面ガラスの下縁であって車両中心面と平行な面上のガラス開口部から150mm以内の範囲

(3)試験領域 B 及び試験領域 B を前面ガラスの水平方向に
拡大した領域以外の範囲又は試験領域 I 及び試験領域 I
を前面ガラスの水平方向に拡大した領域以外の範囲

☛「試験領域 I」とは、UN R43-01 附則 3 に規定する前面ガ
ラスの試験領域 I をいう。ただし、平成 31 年 6 月 30 日以
前に製作された自動車（平成 29 年 7 月 1 日以降の型式指
定自動車、新型届出自動車及び輸入自動車特別取扱自動車
（平成 29 年 6 月 30 日以前の型式指定自動車、新型届出自
動車及び輸入自動車特別取扱自動車から、種別、用途、原
動機の種類及び主要構造、燃料の種類、動力用電源装置の
種類、軸距並びに適合する排出ガス規制値又は低排出ガス
車認定実施要領に定める基準値以外に、型式を区別する事
項に変更がないものを除く。）を除く。）の場合には、JIS
R 3212-1992「自動車用安全ガラス試験方法」の附属書「前
面に使用する安全ガラスの試験領域」に規定する前面ガラ
スの試験領域 I のこと。

9) 公共の電波の受信のために前面ガラスに貼り付けられ、
又は埋め込まれたアンテナであって次に掲げる要件を満
足するもの
a. 専ら乗用の用に供する乗車定員 9 人以下の自動車の前面
ガラスにはり付けられ、又は埋め込まれた場合にあって
は、次に掲げる要件に適合するものであること。
(1)試験領域 A にはり付けられ、又は埋め込まれた場合に
あっては、機器の幅が 0.5mm 以下であり、かつ、3 本
以下であること。

☛「試験領域 A」とは、UN R43-01 附則 21 に規定する前面
ガラスの試験領域 A をいう。ただし、平成 31 年 6 月 30
日以前に製作された自動車（平成 29 年 7 月 1 日以降の型

式指定自動車、新型届出自動車及び輸入自動車特別取扱自動車（平成 29 年 6 月 30 日以前の型式指定自動車、新型届出自動車及び輸入自動車特別取扱自動車から、種別、用途、原動機の種類及び主要構造、燃料の種類、動力用電源装置の種類、軸距並びに適合する排出ガス規制値又は低排出ガス車認定実施要領に定める基準値以外に、型式を区別する事項に変更がないものを除く。）を除く。）の場合には、JIS R 3212-1992「自動車用安全ガラス試験方法」の附属書「前面に使用する安全ガラスの試験領域」に規定する前面ガラスの試験領域 A のこと。

(2)試験領域 B（試験領域 A と重複する領域を除く。）にはり付けられ、又は埋め込まれた場合にあっては、機器の幅が 1.0mm 以下であること。

☞「試験領域 B」とは、UN R43-01 附則 21 に規定する前面ガラスの試験領域 B をいう。ただし、平成 31 年 6 月 30 日以前に製作された自動車（平成 29 年 7 月 1 日以降の型式指定自動車、新型届出自動車及び輸入自動車特別取扱自動車（平成 29 年 6 月 30 日以前の型式指定自動車、新型届出自動車及び輸入自動車特別取扱自動車から、種別、用途、原動機の種類及び主要構造、燃料の種類、動力用電源装置の種類、軸距並びに適合する排出ガス規制値又は低排出ガス車認定実施要領に定める基準値以外に、型式を区別する事項に変更がないものを除く。）を除く。）の場合には、JIS R 3212-1992「自動車用安全ガラス試験方法」の附属書「前面に使用する安全ガラスの試験領域」に規定する前面ガラスの試験領域 B のこと。

b. 貨物の運送の用に供する車両総重量 3.5t 以下の自動車の前面ガラスに貼り付けられ、又は埋め込まれた場合に

あっては、次に掲げる要件に適合するものであること。

(1)試験領域 A にはり付けられ、又は埋め込まれた場合に
あっては、機器の幅が 0.5mm 以下であり、かつ、3 本
以下であること。

(2)試験領域 B（試験領域 A と重複する領域を除く。）には
付けられ、又は埋め込まれた場合にあっては、機器の幅
が 1.0mm 以下であること。

(3)試験領域 I にはり付けられ、又は埋め込まれた場合にあ
っては、機器の幅が 1.0mm 以下であること。

10) 窓ガラスの曇り及び窓ふき器の凍結を防止する機器で
あって、次に掲げる要件に該当するもの

a.専ら乗用の用に供する乗車定員 9 人以下の自動車に備え
る場合にあっては、次の(1)及び(2)に掲げる要件に適合す
るものであること。

(1)窓ガラスの曇りを防止する機器にあっては、前面ガラス
に埋め込まれた形状が直線、ジグザグ又は正弦曲線の電
熱線であり、かつ、試験領域 A に埋め込まれた場合に
あっては機器の幅が 0.03mm 以下で、密度が 8 本 /cm
（導体が水平に埋め込まれた場合にあっては、5 本 /
cm）以下であり、試験領域 B（試験領域 A と重複する
領域を除く。）に埋め込まれた場合にあっては機器の幅
が 0.5mm（合わせガラスの合わせ面に埋め込まれた場
合にあっては、機器の幅が 1.0mm）以下であること。

(2)窓ふき器の凍結を防止する機器にあっては、試験領域 B
及び試験領域 B を前面ガラスの水平方向に拡大した領
域の下端より下方の範囲にはり付けられ、又は埋め込ま
れたものであること。

b.貨物の運送の用に供する車両総重量 3.5t 以下の自動車
に備える場合にあっては、次の(1)から(4)に掲げる要件に
適合するものであること。

(1)窓ガラスの曇りを防止する機器のうち、試験領域 A に

埋め込まれたものにあっては、前面ガラスに埋め込まれた形状が直線、ジグザグ又は正弦曲線の電熱線であり、かつ、機器の幅が0.03mm以下で、密度が8本/cm（導体が水平に埋め込まれた場合にあっては、5本/cm）以下であること。

(2)窓ガラスの曇りを防止する機器のうち、試験領域B（試験領域Aと重複する領域を除く。）に埋め込まれたものにあっては機器の幅が0.5mm（合わせガラスの合わせ面に埋め込まれた場合にあっては、機器の幅が1.0mm）以下であること。

(3)窓ガラスの曇りを防止する機器のうち、試験領域Ⅰに埋め込まれたものにあっては、前面ガラスに埋め込まれた形状が直線、ジグザグ又は正弦曲線の電熱線であり、かつ、機器の幅が0.03mm以下で、密度が8本/cm（導体が水平に埋め込まれた場合にあっては、5本/cm）以下であること。

(4)窓ふき器の凍結を防止する機器にあっては、試験領域B及び試験領域Bを前面ガラスの水平方向に拡大した領域の下端より下方の範囲又は試験領域Ⅰ及び試験領域Ⅰを前面ガラスの水平方向に拡大した領域の下端より下方の範囲にはり付けられ、又は埋め込まれたものであること。

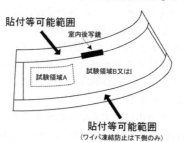

【前面ガラスの張付等の指定に係る告示概要】

11) 駐留軍憲兵隊の発行する自動車の登録に関する標識

12) 装着（窓ガラスに一部又は全部が接触又は密着している状態を含む。）され、貼り付けられ、又は塗装された状態において、透明であるもの。この場合において、運転者が交通状況を確認するために必要な視野の範囲に係る部分にあっては可視光線透過率が 70％以上であることが確保できるものであること。

色	透過率
無色	85 〜 90％
色付き（グレー、ブロンズ、ブルー）	70 〜 85％

【自動車用窓ガラスの可視光線透過率】

13) 自動車、自動車の装置等の盗難を防止するための装置が備えられていることを表示する標識又は自動車の盗難を防止するために窓ガラスに刻印する文字及び記号であって、側面ガラスのうち、標識の上縁の高さ又は刻印する文字及び記号の上縁の高さがその附近のガラス開口部の下縁から 100mm 以下、かつ標識の前縁又は刻印する文字及び記号の前縁がその附近のガラス開口部の後縁から 25mm 以内となるように貼付又は刻印されたもの

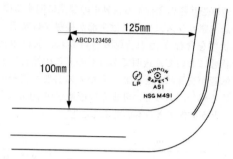

【文字等の刻印の範囲】

14) 法第75条の4第1項の特別な表示、再資源化の適正かつ円滑な実施のために必要となる窓ガラスの分類についての表示及びその他の窓ガラスにかかる情報の表示であって、運転者の視野の確保に支障がない位置に装着（窓ガラスに一部又は全部が接触又は密着している状態を含む。）され、貼り付けられ、塗装され、又は刻印されているもの。

15) 指定自動車等に装着（窓ガラスに一部又は全部が接触又は密着している状態を含む。）され、貼り付けられ又は塗装されているものと同一の構造を有し、かつ同一の位置に装着（窓ガラスに一部又は全部が接触又は密着している状態を含む。）され、貼り付けられ又は塗装されているもの。

16) 1)から15)までに掲げるもののほか、国土交通大臣又は地方運輸局長が指定したもの

②① 12)の「運転者が交通状況を確認するために必要な視野の範囲」とは、次に掲げる範囲（後写鏡及び8-100に規定する鏡その他の装置を確認するために必要な範囲並びに8-100-1ただし書の自動車の窓ガラスのうち8-100-1の障害物を直接確認するために必要な範囲を除く。）以外の範囲

とする。
1) 前面ガラスの上縁で、車両中心線と平行な鉛直面上の
ガラス開口部の実長の 20% 以内の範囲

☛「**ガラス開口部**」とは、ウェザ・ストリップ、モール等と
重なる部分及びマスキングが施されている部分を除いた部
分のこと。

2) 側面ガラスで、自動車の側面に設けられた扉等より上方
に設けられた窓ガラスの範囲
3) 側面ガラスで、自動車の側面に設けられた扉等の下部に
設けられた窓ガラスの範囲（図のAの部分）
③窓ガラスに装着（窓ガラスに一部又は全部が接触又は密着
している状態を含む。）され、貼り付けられ、又は塗装さ
れた状態において、運転者が次に掲げるものを確認できる
ものは、① 12) の「透明である」とされるものとする。
1) 運転者が交通状況を確認するために必要な視野の範囲に
係る部分にあっては、他の自動車、歩行者等
2) ② 1) 及び 2) にあっては、交通信号機
3) ② 3) にあっては、歩行者等

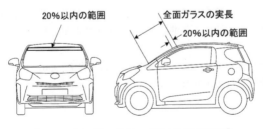

【ガラス開口部の実長の 20% 以内の範囲】

【扉等の下部に設けられた窓ガラスの範囲】

▶テスタ等による審査 ［可視光線透過率測定器］

①前面ガラス及び側面ガラス（運転者席より後方の部分を除く。）のうち、運転者が交通状況を確認するために必要な視野の範囲に係る部分における可視光線透過率が、着色フィルム等が装着（窓ガラスに一部又は全部が接触又は密着している状態を含む。）され、貼り付けられ、又は塗装されたことにより、70％を下回るおそれがあると認められたときは、可視光線透過率測定器を用いて可視光線透過率を計測するものとする。ただし、可視光線透過率が70％を下回ることが明らかである場合には、この限りではない。

【騒音防止装置】

自動車は、騒音を著しく発しないものとして、構造、騒音の大きさ等に関する基準に適合するものであること。

◆保安基準 30 条　　◆審査事務規程 7－56、8－56
◆細目告示 196 条

▶装備要件

①内燃機関を原動機とする自動車には、騒音の発生を有効に抑止するものとして構造、騒音防止性能等に関し、審査事務規程 5-48-2-2 の基準に適合する消音器を備えること。

▶**テスタ等による審査（性能要件）**

①自動車は騒音を多量に発しないものとして、構造、騒音の大きさ等に関する次の基準に適合するものであること。

1) 自動車（2輪自動車、排気管を有しない自動車及び排気管を有する自動車であって停止状態において原動機が作動することがないものを除く。）は、別添9「近接排気騒音の測定方法」に定める方法により測定した近接排気騒音をdBで表した値がそれぞれ次の表の騒音の大きさの欄に掲げる値を超える騒音を発しない構造であること。

【近接排気騒音（単位：dB）】

自動車の種別		騒音の大きさ
普通自動車、小型自動車及び軽自動車（乗車定員10人以下の自動車を除く。）	車両総重量が3.5tを超え、原動機の最高出力が150kWを超えるもの	99
	車両総重量が3.5tを超え、原動機の最高出力が150kW以下のもの	98
	車両総重量が3.5t以下のもの	97
乗車定員10人以下の普通自動車、小型自動車及び軽自動車	車両の後部に原動機を有するもの	100
	車両の後部以外に原動機を有するもの	96
側車付2輪自動車		94

☛「車両の後部に原動機を有するもの」とは、原動機本体の前端を通り、車両中心線に垂直な平面と車両中心線との交点が、最も前方の車軸中心、又は最も後方の車軸中心を含み、車両中心線に垂直な二つの平面と車両中心線とのそれぞれの交点の中心より後方にある自動車をいう。この場合、原動機本体とは、原動機ファン、充電発電機、空気清浄器等の機関に必要な附属装置は取付け、放熱器、消音器、クラッチ、変速機等は取り除いた状態をいう。ただし、ファン、充電発電機、空気清浄器等が原動機から切り離されて別に装着されているものにあっては、それらを除いた状態とする。

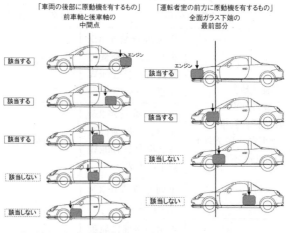

「車両の後部に原動機を有するもの」
前車軸と後車軸の
中間点

「運転者室の前方に原動機を有するもの」
全面ガラス下端の
最前部分

該当する　　エンジン

該当する　　エンジン

該当する

該当する

該当する

該当しない

該当しない

該当しない

該当しない

該当しない

【「車両の後部に原動機を有するもの」の該当判定】

②自動車の発する騒音が前項①に掲げる数値を超えるおそれがあると認められたときは、騒音計等を用いて騒音の大きさを計測するものとする。

③騒音防止装置（側車付二輪自動車、三輪自動車、大型特殊自動車を除く。）の機能を損なう損傷等のないものは、①

の基準に適合するものとする。

▶視認等による審査

①内燃機関を原動機とする自動車が備える消音器が騒音の発生を有効に抑止するものとして、構造、騒音防止性能等に関する次の基準に適合するものであること。

1) 消音器の全部又は一部が取り外されていないこと。

2) 消音器本体が切断されていないこと。

3) 消音器の内部にある騒音低減機構が除去されていないこと。

4) 消音器に破損又は腐食がないこと。

5) 消音器の騒音低減機構を容易に除去できる構造（一酸化炭素等発散防止装置と構造上一体となっている消音器であって、当該一酸化炭素等発散防止装置の点検又は整備のために分解しなければならない構造のものを除く。）でないこと。

②次に掲げるものを除き、消音器本体の外部構造及び内部部品が恒久的方法（溶接、リベット等）により結合されていないもの（例：ボルト止め、ナット止め、接着）は、①5) の規定に適合しないものとする。

1) 消音器本体に装着されている外部構造部品であって、それらを取外しても騒音防止性能に影響のないもの

2) 消音器本体に取付けられた排気バルブを作動させるための制御機構装置

▶書面等による審査

①自動車は、騒音を多量に発しないものとして構造、騒音の大きさ等に関し、書面等その他適切な方法により審査したときに、次の基準に適合するものであること。

1) 側車付二輪自動車、三輪自動車、大型特殊自動車は、細目告示別添 39「定常走行騒音の測定方法」に定める方法により測定した定常走行騒音を dB で表した値が

85dB を超える騒音を発しない構造であること。

2) 新たに運行の用に供しようとする自動車（二輪自動車、側車付二輪自動車、三輪自動車及び大型特殊自動車を除く。）は、UN R51-03-S5 の 6.（6.2.1.2.、6.2.3. 及び 6.3. を除き、6.2.2. にあってはフェーズ 2 に係る要件に限る。）に定める基準に適合する構造であること。この場合において、並行輸入自動車にあっては、当分の間、試験路は乾燥した直線平坦舗装路であってもよい。なお、自動車（専ら乗用の用に供する乗車定員 10 人以上の自動車及び貨物の運送の用に供する自動車のうち車両総重量が 3.5t を超える自動車を除く。）の検査コースにおいて重量計を用いて計測したときの車両重量は、書面等により基準適合性を確認した時点の車両重量の ± 10% の範囲にあればよい。

3) 新たに運行の用に供しようとする二輪自動車は、UNR41-04-S7（令和 3 年 1 月 20 日以降の型式指定自動車以外の二輪自動車にあっては、試験路は ISO10844：1994 に規定された路面であってもよい。）の 6.（6.3. 及び 6.4. を除く。）に適合する構造であること。なお、検査コースにおいて重量計を用いて計測したときの車両重量は、書面等により基準適合性を確認した時点の車両重量の ± 20kg の範囲にあればよい。

②性能要件① 1) の基準に適合する自動車、排気管を有しない自動車又は排気管を有する自動車であって停止状態において原動機が作動しないものは、当分の間、①の基準に適合するものとして取扱うことができる。

③新たに運行の用に供しようとする自動車（① 2) 又は 3) の規定の適用を受けるものに限る。）であって次に掲げるものは、変更内容に応じ、それぞれの規定に適合すること。

1) 原動機の改造（異型式の原動機への換装、総排気量又は最高出力の変更に限る。）又は動力伝達装置の改造

（変速機型式の変更に限る。）を行う場合であって、市
街地加速走行騒音値に影響する改造を行ったもの公的
試験機関又は自動車製作者等において実施された加速
走行騒音試験結果成績表の原本又は写しにより①2）又
は3）に掲げる基準に適合することが確認できること。

☛「市街地加速走行騒音値」とは、UN R41-04 附則3及び
UN R51-03 附則3に規定する「Lurban」の値のこと。

2）消音器の改造を行う場合であって、市街地加速走行騒
音値に影響する改造を行ったもの公的試験機関におい
て実施された加速走行騒音試験結果成績表の原本又は
細目告示別添112「後付消音器の技術基準」Ⅱに基づく
性能等確認済表示により①2）又は3）に掲げる基準に
適合することが確認できること。

3）1-3-1に掲げる騒音カテゴリの変更により市街地加速走
行騒音値の基準値の区分若しくは試験内容が変更とな
るもの（変更後に適用される市街地加速走行騒音値の
基準値に適合していることが確認できるものを除く。）
又は①2）若しくは3）に定める車両重量の範囲を超過
するもの公的試験機関又は自動車製作者等において実
施された加速走行騒音試験結果成績表の原本又は写し
により①2）又は3）に掲げる基準に適合することが確
認できること。

④次に掲げる騒音防止装置（二輪自動車に備えるものにあっ
ては、騒音ラベルを含む。）であって、その機能を損なう
損傷等がなく、かつ、車両重量が①2）又は3）に定める範
囲にあるものは、①2）又は3）の前段の基準に適合するも
のとする。

1）指定自動車等に備えられているものと同一の構造を有
し、かつ、同一の位置に備えられた騒音防止装置

2) 法第75条の2第1項の規定に基づき指定を受けた特定
   共通構造部に備えられている騒音防止装置又はこれに準
   ずる性能を有する騒音防止装置

3) 法第75条の3第1項の規定に基づき装置の指定を受け
   た騒音防止装置又はこれに準ずる性能を有する騒音防止
   装置

⑤内燃機関を原動機とする自動車に備える消音器は、騒音の
  発生を有効に抑止するものとして構造、騒音防止性能等に
  関し、書面等その他適切な方法により審査したときに、加
  速走行騒音を有効に防止するものとして、⑥又は⑧に掲げ
  る自動車に応じ、それぞれに掲げる消音器に該当するもの
  であること。

⑥使用の過程にある自動車であって、当該自動車に備える消
  音器について改造又は交換を行っていないもの

1) 次のいずれかの表示がある消音器

a. 指定自動車等の製作者が、当該指定自動車等に備える消
   音器毎に表示した、当該指定自動車等の製作者の商号又
   は商標。(DPF又は触媒が構造上一体であることが自動
   車製作者等の資料等により確認できる消音器を除く。)
   この場合において、部品番号等の表示であっても、当該
   指定自動車等の製作者の管理下にあることが別途証され
   たものであれば同様に取扱うものとする。なお、複数の
   消音器が一つの部品として一体となっている場合には、
   当該部品として構成されているいずれかの消音器に表示
   されていればよい。

b. 法第75条の2第1項の規定に基づき指定を受けた特定
   共通構造部に備えられている騒音防止装置の消音器に表
   示される同法第75条の4第1項の特別な表示

c. 法第75条の3第1項の規定に基づき装置の指定を受け
   た騒音防止装置の消音器に表示される同法第75条の4
   第1項の特別な表示

d. 細目告示別添 112「後付消音器の技術基準」における性
　能等を確認した機関として次に掲げる機関による後付消
　音器に係る性能等確認済表示
(1)一般財団法人日本自動車研究所
(2)株式会社 JQR
(3)公益財団法人日本自動車輸送技術協会
(4)一般社団法人 JMCA 登録性能確認機関
e. 次に掲げるいずれかの規定に適合する自動車が備える消
　音器に表示される特別な表示
(1)UN R9（側車付 2 輪自動車が発生する騒音に関する規定）
(2)UN R41（2 輪自動車が発生する騒音に関する規定）
(3)UN R51（4 輪以上の自動車が発生する騒音に関する規定）
(4)欧州連合指令 78/1015/EEC（2 輪自動車が発生する騒
　音に関する規定）
(5)欧州連合指令 97/24/EEC（2 輪自動車が発生する騒音
　に関する規定（2 輪自動車の交換用消音器に関する規定
　を含む。））
(6)欧州連合指令 70/157/EEC（4 輪以上の自動車が発生す
　る騒音及び交換用消音器に関する規定）
f. 次に掲げるいずれかの規定に適合する消音器に表示され
　る特別な表示
(1)UN R59（乗車定員 9 人以下の乗用車及び車両総重量
　3.5t 以下の貨物車の交換用消音器に関する規定）
(2)UN R92（2 輪自動車及び側車付 2 輪自動車の交換用消
　音器に関する規定）
(3)欧州連合指令 70/157/EEC（4 輪以上の自動車が発生す
　る騒音及び交換用消音器に関する規定）
(4)欧州連合指令 97/24/EEC（2 輪自動車が発生する騒音
　に関する規定（2 輪自動車の交換用消音器に関する規定
　を含む。））

☞「加速走行騒音試験結果成績表」とは、公的試験機関が実施した加速走行騒音試験の結果を記載した書面のこと。

2) 次のいずれかに該当する自動車が現に備えている消音器

a. 加速走行騒音試験結果成績表（写しをもって代えることができる。）を運行の際に携行することにより、細目告示別添40「加速走行騒音の測定方法」に定める方法により測定した加速走行騒音をdBで表した値が82dB以下であることが明らかである自動車。この場合において、当該加速走行騒音試験結果成績表に記載及び添付された次に掲げる構造・装置等と受検車両の構造・装置等が同一であることを確認するものとする。

(1)車名及び型式原動機の改造により「改」を付した型式以外の型式にあっては、「改」を除く型式）

(2)原動機の型式

(3)最高出力

(4)変速機の種類

(5)消音器の個数

(6)消音器内蔵式の触媒の有無

(7)添付資料中の消音器外観写真

(8)車両総重量（受検車両の車両総重量が加速走行騒音試験結果成績表の試験自動車の車両総重量より重い場合若しくは軽い場合であってその差が試験自動車の車両総重量の-5%以内又は-20kg以内の場合は同一とみなすものとする。）

　　(参考) 受検車両の車両総重量：S1（kg）

　　　　　 試験自動車の車両総重量：S（kg）

　　　　　 0.95S（又は、S-20）≦ S1

b. 騒音防止性能確認標章が貼付された消音器を備える自動車

c. 次に掲げるいずれかの外国の法令に基づく書面（新たに

運行の用に供しようとする自動車の初めての検査及び使用の過程にある自動車の改造等が行われた後の初めての検査の際には原本の提示とし、その後は写しをもって代えることができる。）又は表示を運行の際に携行することにより、⑥1)e.に掲げる規定に適合することが明らかである自動車。ただし、少数生産車にあっては、(3)又は(4)のいずれかに限る。この場合において、受検車両の消音器には、当該自動車の製作者の商号又は商標が表示されていることを確認するものとする。なお、部品番号等の表示であっても、当該自動車の製作者の管理下にあることが別途証されたものであれば同様に取扱うものとする。

(1) COC ペーパー
(2) WVTA ラベル又はプレート
(3) UN R9、UN R41、UN R51 又は 70/157/EEC に基づく認定証（写しをもって代えることができる。）
　　※当該認定証に記載された車両型式の自動車と受検車両は同一と認められるものであること。この場合において、当該認定証の車両型式と同型の自動車であって、受検車両に備える消音器が、当該認定証に係る消音器と同一の構造であり、かつ、同一の位置に備えられていることが明らかであるものは、当該認定証に記載された車両型式の自動車と同一と認められるものとする。
(4) 車両データプレート内又はその近くに表示されている UN R51 に基づく Ⓔ マーク
(5) EU 加盟国の自動車検査証等・EU 加盟国以外の国において生産された自動車の場合には適用しない。

☛「受検車両」とは、検査を受ける自動車のこと。

⑦　⑧の自動車以外の自動車であって、当該自動車に備える

消音器について改造又は交換を行っていないもの

1) 次のいずれかの表示がある消音器

a. 指定自動車等の製作者が、当該指定自動車等に備える消音器毎に表示した、当該指定自動車等の製作者の商号又は商標この場合において、部品番号等の表示であっても、当該指定自動車等の製作者の管理下にあることが別途証されたものであれば同様に取扱うものとする。なお、複数の消音器が一つの部品として一体となっている場合には、当該部品として構成されているいずれかの消音器に表示されていればよい。

b. 法第75条の2第1項の規定に基づき指定を受けた特定共通構造部に備えられている騒音防止装置の消音器に表示される同法第75条の4第1項の特別な表示

c. 法第75条の3第1項の規定に基づき装置の指定を受けた騒音防止装置の消音器に表示される同法第75条の4第1項の特別な表示

d. 細目告示別添112「後付消音器の技術基準」における性能等を確認した機関として次に掲げる機関による後付消音器に係る性能等確認済表示

(1) 一般財団法人日本自動車研究所

(2) JQR

(3) 公益財団法人日本自動車輸送技術協会

(4) 一般社団法人 JMCA 登録性能確認機関

e. 次に掲げるいずれかの規定に適合する自動車が備える消音器に表示される特別な表示

(1) UN R9（側車付二輪自動車が発生する騒音に関する規定）

(2) UN R41（二輪自動車が発生する騒音に関する規定）

(3) UN R51（四輪以上の自動車が発生する騒音に関する規定）

(4) 欧州連合指令 78/1015/EEC（二輪自動車が発生する騒

音に関する規定）

(5)欧州連合指令 97/24/EEC（二輪自動車が発生する騒音
に関する規定（二輪自動車の交換用消音器に関する規定
を含む。））

(6)欧州連合指令 70/157/EEC（四輪以上の自動車が発生す
る騒音及び交換用消音器に関する規定）

f. 次に掲げるいずれかの規定に適合する消音器に表示され
る特別な表示

(1)UN R59（乗車定員 9 人以下の乗用車及び車両総重量
3.5t 以下の貨物車の交換用消音器に関する規定）

(2)UN R92（二輪自動車及び側車付二輪自動車の交換用消
音器に関する規定）

(3)欧州連合指令 70/157/EEC（四輪以上の自動車が発生す
る騒音及び交換用消音器に関する規定）

(4)欧州連合指令 97/24/EEC（二輪自動車が発生する騒音
に関する規定（二輪自動車の交換用消音器に関する規定
を含む。））

2) 次のいずれかに該当する自動車が現に備えている消音器

a. 加速走行騒音試験結果成績表（新たに運行の用に供しよ
うとする自動車の初めての検査及び使用の過程にある自
動車の改造等が行われた後の初めての検査の際には原本
の提示とし、その後は写しをもって代えることができ
る。）を運行の際に携行することにより、細目告示別添
40「加速走行騒音の測定方法」に定める方法により測定
した加速走行騒音を dB で表した値が 82dB 以下である
ことが明らかである自動車。この場合において、当該加
速走行騒音試験結果成績表に記載及び添付された次に掲
げる構造・装置等と受検車両の構造・装置等が同一であ
ることを確認するものとする。ただし、使用の過程にあ
る自動車については、改造等が行われた後の初めての検
査以外の場合にあっては、(1)(2)(5)(7)が同一であることを

確認すればよい。なお、騒音防止性能確認標章が発行されている場合には、当該加速走行騒音試験結果成績表が初めて提示された際、加速走行騒音試験結果成績表に記載された騒音防止性能確認標章確認番号と受検車両の消音器に貼付されている騒音防止性能確認標章の確認番号が一致していることを確認するものとする。

(1)車名及び型式（原動機の改造により「改」を付した型式以外の型式にあっては、「改」を除く型式）

(2)原動機の型式

(3)最高出力

(4)変速機の種類

(5)消音器の個数

(6)消音器内蔵式の触媒の有無

(7)添付資料中の消音器外観写真

(8)車両総重量（受検車両の車両総重量が加速走行騒音試験結果成績表の試験自動車の車両総重量より重い場合若しくは軽い場合であってその差が試験自動車の車両総重量の-5％以内又は-20kg以内の場合は同一とみなすものとする。）

　（参考）　受検車両の車両総重量：S1（kg）

　　　　　　試験自動車の車両総重量：S（kg）

　　　　　　0.95S（又は、S-20）≦ S1

b. 騒音防止性能確認標章が貼付された消音器を備える自動車（使用の過程にある自動車であって、改造等が行われた後の初めての検査以外の場合に限る。）

c. 次に掲げるいずれかの外国の法令に基づく書面（新たに運行の用に供しようとする自動車の初めての検査及び使用の過程にある自動車の改造等が行われた後の初めての検査の際には原本の提示とし、その後は写しをもって代えることができる。）又は表示を運行の際に携行することにより、UN R41-04-S8 に適合することが明らかであ

る自動車。ただし、少数生産車にあっては、(3)又は(4)の
いずれかに限る。この場合において、受検車両の消音器に
は、当該自動車の製作者の商号又は商標が表示されてい
ることを確認するものとする。なお、部品番号等の表
示であっても、当該自動車の製作者の管理下にあること
が別途証されたものであれば同様に取扱うものとする。

(1) COC ペーパー
(2) WVTA ラベル又はプレート
(3) UN R41、UN R51、168/2013/EEC 又は 540/2014/EEC
に基づく認定証（写しをもって代えることができる。）
※当該認定証に記載された車両型式の自動車と受検車両
は同一と認められるものであること。この場合におい
て、当該認定証の車両型式と同型の自動車であって、
受検車両に備える消音器が、当該認定証に係る消音器
と同一の構造であり、かつ、同一の位置に備えられて
いることが明らかであるものは、当該認定証に記載さ
れた車両型式の自動車と同一と認められるものとする。
(4) 車両データプレート内又はその近くに表示されている
UN R41 又は UN R51 に基づく🄴マーク
(5) EU 加盟国の自動車検査証等・EU 加盟国以外の国にお
いて生産された自動車の場合には適用しない。
⑧ 使用の過程にある自動車（二輪自動車又は使用の過程にあ
る二輪自動車を改造した側車付二輪自動車に限る。）であ
って、当該自動車に備える消音器について改造又は交換を
行っていないもの
1) 次のいずれかに該当する消音器であって、その機能を損
なう損傷等のないもの
a. 指定自動車等に備えられているものと同一の構造を有
し、かつ、同一の位置に備えられた消音器
b. 法第75条の2第1項の規定に基づき指定を受けた特定
共通構造部に備えられている騒音防止装置の消音器又は

これに準ずる性能を有する消音器

c. 法第75条の3第1項の規定に基づき装置の指定を受けた騒音防止装置の消音器又はこれに準ずる性能を有する消音器

d. 細目告示別添112「後付消音器の技術基準」に規定する市街地加速走行騒音有効防止後付消音器の基準に適合する消音器

2) 次のいずれかに該当する自動車が現に備えている消音器

a. 加速走行騒音試験結果成績表（改造等が行われた後の初めての検査の際には原本の提示とし、その後は写しをもって代えることができる。）を運行の際に携行することにより、UN R41-04-S7 の 6.1. 及び 6.2. に適合することが明らかである自動車。

b. 次に掲げるいずれかの外国の法令に基づく書面（改造等が行われた後の初めての検査の際には原本の提示とし、その後は写しをもって代えることができる。）又は表示を運行の際に携行することにより、UN R41-04-S7 の 6.1. 及び 6.2. に適合することが明らかである自動車。ただし、少数生産車にあっては、(3)又は(4)のいずれかに限る。この場合において、受検車両の消音器には、当該自動車の製作者の商号又は商標が表示されていることを確認するものとする。なお、部品番号等の表示であっても、当該自動車の製作者の管理下にあることが別途証されたものであれば同様に取扱うものとする。

(1) COC ペーパー
　　※騒音情報欄において、UN R41-04 以降の記載があるものに限る。

(2) WVTA ラベル又はプレート・車両型式認可番号の中に「168/2013」が含まれているものに限る。
　　例：e1*168/2013*12345

(3) UNR41 に基づく認定証（写しをもって代えることがで

きる。）※ UN R41-04 以降のものに限る。
(4)車両データプレート内又はその近くに表示されている
　　UN R41 に基づく®マーク
　　※ UN R41-04 以降のものに限る。
⑨次に掲げるものは、⑤の基準に影響しない消音器の改造と
　する。
　1）指定自動車等に備えられている消音器本体と同一であっ
　　　て、消音器本体と消音器出口側の排気管との接合部の内
　　　径が拡大されていないもの
　2）消音器出口側の排気管に装着する意匠部品（騒音を増大
　　　等させるためのものを除く。）の取付け又は取外し
　3）予めその基準適合性が確認されている消音器（指定自動
　　　車等に備えられている消音器を含む。）であって、排気
　　　管部分への DPF 又は触媒の取付け
⑩使用の過程にある自動車における異型式の原動機への換装
　　（指定自動車等に備えられた消音器等であって、換装後の
　　原動機用の⑤の基準に適合した消音器等とセットで換装し
　　た場合を除く。）は、⑤の基準に適合しなくなるおそれの
　　ある改造として取扱う。なお、この場合における適合性確
　　認については、公的試験機関又は自動車製作者等において
　　実施された加速走行騒音試験結果成績表の原本又はその写
　　しの提示を求め、⑦1）a. 又は⑧2）a. に準じて確認するも
　　のとする。

☛近接排気騒音の測定方法（審査事務規程別添９）について
①試験自動車の状態
　　試験自動車は適当な速度で走行することにより十分暖機さ
　　れている状態であること。
②騒音測定装置等の調整
　1）騒音を測定する装置は、次のいずれかに掲げるものであ
　　　り、使用開始前に十分に暖機し、その後校正を行った上

で使用すること。

a. 騒音計は、JISC1505 − 1988「精密騒音計」によるもの、又はこれと同等の性能を有するものであること。

b. 音量計は、道路運送車両法施行規則第57条第1項第4号に定める技術上の基準に適合しているものであること。

2) 周波数補正回路の特性は、A特性とする。

3) 指示機構の動特性は、「速い動特性（FAST）」を有する騒音計等にあっては、「速い動特性（FAST）」とする。

③原動機回転計

原動機回転計は、自動車に備えられたもの以外のものを用いるものとする。

④測定場所

近接排気騒音の測定場所は、概ね平坦で、車両の外周及びマイクロホンから2m程度の範囲内に壁、ガードレール等の顕著な音響反射物がない場所とする。

⑤測定方法等

1) 自動車は停止状態、変速機の変速位置は中立、クラッチは接続状態とする。ただし、変速機が中立の変速位置を有していない自動車にあっては、駆動輪を地面から浮かせた状態とする。

2) 原動機を最高出力時の回転速度の75％（小型自動車及び軽自動車のうち原動機の最高出力時の回転数が毎分5000回転を超えるものにあっては、50％）の回転速度±3％の回転数に数秒間保持した後、急速に減速し、アイドリングが安定するまでの間の自動車騒音の大きさの最大値を測定することにより行う。なお、原動機の回転数は、車載回転計以外の回転計により測定すること。

3) 過回転防止装置を備えた自動車等の取扱い

原動機の回転数を抑制する装置を備えた自動車（エンジンコントロールユニットに組み込まれたものであって当該装置を容易に解除することができないものに限る。）

であって、当該装置の作動により原動機の回転数が⑤
2）に定める回転数に達しないものについては、原動機
の回転数を抑制する装置が作動する回転数の95％の回
転数を使用するものとする。

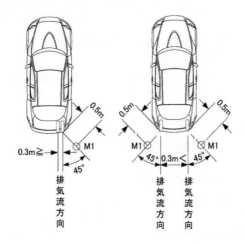

M 1：排気流の方向を含む鉛直面と外側後方 45 ± 10°
　　　に交わる開口部中心を含む鉛直面上で、開口部
　　　中心から 0.5 ± 0.025m 離れた位置
【近接排気騒音の測定方法】

⑥測定値の取扱い
1）測定は2回行い、1dB未満は切り捨てる。
2）2回の測定値の差が2dBを超える場合は、測定値を無
　　効とする。ただし、いずれの測定値も基準値を超える場
　　合には有効とする。
3）2回の測定値（次の4）により補正した場合には、補正
　　後の値）の平均を騒音値とする。
4）測定値の対象とする騒音と暗騒音の測定値の差が3dB

以上10dB 未満の場合には、測定値から次表の補正値を
控除し、3dB 未満の場合には測定値を無効とする。

（単位：dB）

計測値と暗騒音の差	3	4	5	6	7	8	9
補　正　値	3	2		1			

☞定常走行騒音の測定方法（告示別添39）

①騒音測定装置の調整等

　1) 騒音計等は、次のいずれかに掲げるものであり、使用開始
　　前に十分に暖機し、その後校正を行った上で使用すること。

　a. 騒音計は JIS C1509 － 1 － 2005 クラス1によるもの、
　　又はこれと同等の性能を有するものであること。

　b. 音量計は、道路運送車両法施行規則第57条第1項第4
　　に定める技術上の基準に適合しているものであること。

　2) 周波数補正回路の特性は、A特性とする。

　3) 指示機構の動特性は、「速い動特性（FAST）」を有する
　　騒音計等にあっては、「速い動特性（FAST）」とする。

②測定場所及び測定条件

　測定場所及び測定条件は、次の各号に掲げる要件に適合す
　ること。

　1) 騒音測定を行う場所は、できるだけ周囲から反射音によ
　　る影響を受けない場所とし、その場所の暗騒音の大きさは、
　　原則として自動車騒音の大きさより10dB 以上小さくなけれ
　　ばならないこと。

　2) 騒音の大きさの測定は、風速が5m/s 以下の時に行うこと。

【排出ガス等発散防止装置】
【排気管からの排出ガス発散防止装置】

自動車は、運行中、ばい煙、悪臭のあるガス、又は有害なガスを多量に発散しないものであること。この場合に、尿素選択還元型触媒システム又はアンモニア水を用いたNOx低減装置を備えた自動車では、排気管の開口部から排気流の方向に30cm程度離れた位置の排気ガスを鼻に向けて手で煽りながら希釈して嗅いだ際に、アンモニア臭が認められるものは、この基準に適合しないものとする。

◆保安基準 31 条
◆審査事務規程 7 - 57、8 - 57、7 - 58、8 - 58、別添 11
◆細目告示 197 条　　◆適用関係告示 28 条

▶テスタによる審査（性能要件）

①自動車は、排気管から大気中に排出される排出物に含まれる一酸化炭素、炭化水素、窒素酸化物、粒子状物質及び黒煙の発散防止性能に関する次の基準に適合するものであること。

1)［ガソリン・液化石油ガス、アイドリング規制］
ガソリン又は液化石油ガス（LPG）を燃料とする自動車は、原動機を無負荷運転している状態で発生し、排気管から大気中に排出される排出物に含まれる一酸化炭素の容量比で表した測定値（暖機状態の自動車の排気管内にプローブ（一酸化炭素又は炭化水素の測定器の排出ガス採取部）を 60cm 程度挿入して測定したものとする。ただし、プローブを 60cm 程度挿入して測定することが困難な自動車については、外気の混入を防止する措置を講じて測定するものとする。）及び同排出物に含まれる炭化水素のノルマルヘキサン当量による容量比で表した測定値が、次表の自動車の種別に応じ、それぞれ同表の一酸化炭素及び炭化水素

の欄の数値を超えないものであること。なお、一酸化炭素又は炭化水素の測定器は、使用開始前に十分暖機し、1日1回校正を行った上で使用すること。また、当該自動車の排出ガス規制の識別記号が付されている場合は、当該識別記号に係る規制値に基づき判定するものとする。

☛「液化石油ガス」とは、プロパン・ガス又はブタン・ガスを主成分とする液化ガスのこと。

【ガソリン車、LPG車のアイドリング規制値】

自動車の種別	一酸化炭素	炭化水素
2サイクルの原動機を有する自動車	4.5%	7,800ppm
4サイクルの原動機を有する軽自動車	2%	500ppm
上記の自動車以外の自動車	1%	300ppm

ppm：100万分の1

2)[軽油、光吸収係数規制]
軽油を燃料とする普通自動車、小型自動車にあっては、光吸収係数が$0.50m^{-1}$を超えないものであること。なお、当該自動車の排出ガス規制の識別記号が付されている場合は、当該識別記号に係る規制値に基づき判定するものとする。

☛「光吸収係数」とは、別添11「無負荷急加速時に排出される排出ガスの光吸収係数の測定方法」に規定する方法により測定する排出ガスの光吸収係数のこと。

3)[軽油、黒煙汚染度規制（従前規定）]
軽油を燃料とする普通自動車、小型自動車で、従前規定を適用する場合は、黒煙汚染度が25%を超えないものであること。ただし、黒煙汚染度の測定の前に排出ガスの光吸

収係数を測定した場合において、当該光吸収係数のスクリーニング値が0.80m^{-1}を超えないときは、黒煙汚染度25％を超えないものとみなす。なお、この場合において、当該自動車に適用する排出ガス規制に応じ、適用表に掲げる規制値に基づき判定するものとする。

☛「黒煙汚染度」とは、別添12「無負荷急加速黒煙の測定方法」に規定する方法により測定する黒煙による汚染度。

【従前規程に適用されるスクリーニング値】

別添12により測定する場合の 黒煙汚染度の規制値	別添11により測定する場合の 光吸収係数のスクリーニング値
黒煙による汚染度50％	光吸収係数2.76m^{-1}
黒煙による汚染度40％	光吸収係数1.62m^{-1}
黒煙による汚染度35％	光吸収係数1.27m^{-1}
黒煙による汚染度30％	光吸収係数1.01m^{-1}
黒煙による汚染度25％	光吸収係数0.80m^{-1}

【使用過程車に適用される排気ガス規制値】

	排出 ガス	検査方法等	規制値	対象自動車	検査開始等時期
ガソリン及びLPG自動車	CO	アイドリング検査	5.5%	普通自動車 小型自動車	S45-8-1
			4.5%	普通自動車 小型自動車	S47-10-1
			4.5%	軽自動車	S48-10-1
			4.5% 〔2サイクル〕	普通自動車 小型自動車 軽自動車	新型車 H10-10-1 継続生産車 H11-9-1 輸入車 H12-4-1
			2.0% 〔4サイクル〕	軽自動車	
			1.0% 〔4サイクル〕	普通自動車 小型自動車	
	HC		1,200ppm 〔4サイクル〕 7,800ppm 〔2サイクル〕 3,300ppm 〔特殊エンジン〕	乗用車 バス	S50-1-1

	排出ガス	検査方法等	規制値	対象自動車	検査開始等時期
ガソリン及びLPG自動車	HC	アイドリング検査	1,200ppm〔4サイクル〕 7,800ppm〔2サイクル〕 3,300ppm〔特殊エンジン〕	トラック	S50-6-1
			7,800ppm〔2サイクル〕	普通自動車 小型自動車 軽自動車	新型車 H10-10-1 継続生産車 H11-9-1 輸入車 H12-4-1
			300ppm〔4サイクル〕	軽自動車	
			7,800ppm〔2サイクル〕 2,000ppm〔4サイクル〕	普通自動車 小型自動車	

☛無負荷急加速時に排出される排出ガスの光吸収係数の測定方法 ＜審査事務規程 別添11＞

①適用範囲

この技術基準は、軽油を燃料とする自動車を無負荷急加速させた時に発生する排出ガスの光吸収係数の測定に適用する。

②オパシメータの状態

オパシメータは、使用開始前に十分に暖機し、1日1回以上校正を行ったうえで使用すること。なお、排出ガスを採取する前に、プローブ（オパシメータの排出ガス採取部）に滞留した黒煙、その他の排出ガスの光吸収係数に影響を及ぼす物質の掃気を行うこと。

③自動車の状態

自動車は停止状態とし、十分に暖機されていることとする。また、変速機の位置は中立とし、原動機を無負荷の状態とする。

④排出ガスの光吸収係数の測定

1）プローブの挿入

排出ガスの光吸収係数は、自動車の排気管内にプローブを排気管出口径の3倍以上6倍以下の長さまで挿入して測定する。ただし、プローブを排気管出口径の3倍以上6倍以下の長さまで挿入して測定することが困難な自動

車については、外気の混入を防止する措置を講じて測定
するものとする。

2) 自動車の運転条件

a. 無負荷運転を5～6秒行う。

b. 加速ペダルを急速に一杯まで踏み込み、踏み込み始めて
   から2秒間持続した後、加速ペダルを放す。ただし、原動
   機の回転数を自動で測定することができる機能を有するオ
   パシメータを使用して排出ガスの光吸収係数を測定する
   場合には、加速ペダルの踏み込みから最高回転数に達す
   るまでの間、加速ペダルを踏み込めばよいものとする。

c. 排出ガスの採取時期
   排出ガスの採取は、④2）bにおいて加速ペダルを踏み
   込み始めた時から5秒が経過するまでの間行うこと。

d. 採取された排出ガスの光吸収係数の測定方法

(1)排出ガスをオパシメータ内に流入させている間における
   当該排出ガスの光吸収係数の最大値を測定する。

(2)測定の結果、測定値が次表の左欄に掲げる値に応じ、同
   表右欄に掲げる値（以下「閾値」（いきち又はしきい
   ち）という。）以下である場合には、当該測定値を当該
   自動車の排出ガスの光吸収係数とする。

規制値又はスクリーニング値	閾値
光吸収係数0.50m⁻¹	光吸収係数0.40m⁻¹
光吸収係数0.80m⁻¹	光吸収係数0.64m⁻¹
光吸収係数1.01m⁻¹	光吸収係数0.80m⁻¹
光吸収係数1.27m⁻¹	光吸収係数1.01m⁻¹
光吸収係数1.62m⁻¹	光吸収係数1.29m⁻¹
光吸収係数2.76m⁻¹	光吸収係数2.20m⁻¹

(3)上記の測定値が閾値を超える場合には、4秒以上10秒
   以下の間隔をおいて再度測定を行い、その測定値が閾値
   以下である場合には、当該測定値を当該自動車の排出ガ

スの光吸収係数とする。

(4)上記(3)の測定値が閾値を超える場合には、4秒以上10秒以下の間隔をおいて再度測定を行い、これら3回の測定値を平均した値を当該自動車の排出ガスの光吸収係数とする。

(5)排出ガスの光吸収係数を算出するに当たっては、測定値((4)の規定により算出する平均値を含む。）に、小数点以下2位未満の端数があるときは、これを四捨五入する。

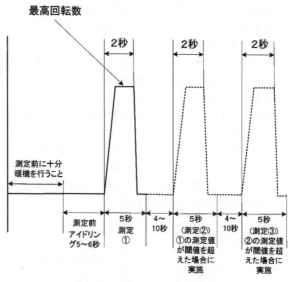

【光吸収係数の測定パターン】

【排気管からの排出ガス発散防止装置の機能維持】

自動車に備えるばい煙、悪臭のあるガス、有害なガス等の発散防止装置は、当該装置及び他の装置の機能を損なわないものとして、構造、機能、性能等に関する基準に適合するものであること。

◆保安基準 31 条　　◆審査事務規程 7 - 59、8 - 59
◆細目告示 197 条

▶視認等による審査（性能要件）
①自動車に備えるばい煙、悪臭のあるガス、有害なガス等の
　発散防止装置の構造、機能、性能等に関する基準は次の各
　号に掲げるものとする。
　1) 原動機の作動中、確実に機能するものであること。なお、
　　次に掲げるもののいずれかに該当するものはこの基準に
　　適合しないものとする。
　a. 触媒等の取付けが確実でないもの又は触媒等に損傷があ
　　るもの
　b. 還元剤等の補給を必要とする触媒等に所要の補給がなさ
　　れていないもの
　c. 触媒等が取り外されているもの
　d. 電子制御式燃料供給装置が機械式燃料供給装置に変更さ
　　れているもの
　e. 電子式速度抑制装置を装着する際に燃料噴射装置のコン
　　トロールユニットを改変したもの（自動車検査証又は登
　　録識別情報等通知書の備考欄に「速度抑制装置付」の記
　　載のあるもの及び装着証明書の提示があるものを除く。）

☛「装着証明書」とは、装着要領書に基づき速度抑制装置を
　装着したことを示す証明書のこと。
☛「装着要領書」とは、道路運送車両の保安基準第 8 条第 4
　項に規定する速度抑制装置の装着要領書について（平成
　15 年 7 月 7 日付け国自技第 68 号）のこと。
☛「触媒等」とは、触媒コンバータ、排出ガス再循環装置、
　酸素センサ、二次空気導入装置、尿素選択還元型触媒システ
　ム、尿素水添加ユニット、尿素水タンク、ディーゼル微粒子
　除去装置（DPF）等をいい、各装置の配管及び配線を含む。

▶書面等による審査

① 7-55 の規定に適合させるために自動車に備えるばい煙、悪臭のあるガス、有害なガス等の発散防止装置は、当該装置及び他の装置の機能を損なわないものとして構造、機能、性能等に関し、書面等その他適切な方法により審査したときに、次の基準に適合するものであること。

1) 当該装置の温度が上昇した場合に、他の装置の機能を損なわないように遮熱板の取付け、その他の適切な措置が施されたものであること。ただし、断続器の型式が無接点式である点火装置を備えた自動車にあっては、この限りではない。なお、次のa) 及びb) に掲げるものはこの基準に適合するものとする。

a. 指定自動車等又は公的試験機関として公益財団法人日本自動車輸送技術協会又は一般財団法人日本車両検査協会が実施した試験の結果を記載した書面により基準に適合することが明らかである自動車に備えられている熱害対策装置等と同一性が、次の(1)及び(2)に適合するもの。

(1)排気管及び触媒コンバータが同一の位置に備えられていること。

(2)触媒コンバータ部分の遮熱板が同一の構造を有すること。

b. 取付けが確実であり、損傷がないもの

2) 当該装置の温度が異常温度以上に上昇した場合又は上昇するおそれのある場合に、その旨を運転者席の運転者に警報する警報装置を備えたものであること。ただし、当該装置の温度が異常温度以上に上昇することを防止する装置を備えた自動車及び断続器の形式が無接点式である点火装置を備えた自動車にあっては、この限りではない。なお、次に掲げるもののいずれかに該当するものはこの基準に適合するものとする。

☛「異常温度」とは、その装置又は他の装置の機能を損なうおそれのある温度のこと。

a. 指定自動車等に備えられている熱害警報装置と同一の構造を有し、かつ、同一の位置に備えられたものであって、損傷がないもの

b. 公的試験機関が証明する書面により基準に適合していることが明らかであるもの

3) 当該装置の機能に支障が生じたときにその旨を運転者席の運転者に警報する装置を備えたものであること。なお、次に掲げるもののいずれかに該当するものはこの基準に適合しないものとする。

a. 電源投入時に警報を発しないもの

b. 電源投入時に発した警報が原動機の始動により停止しないもの

c. 発する警報を運転者席において容易に判断できないもの

d. 尿素選択還元型触媒システムを備えたもの

★［遮熱板の取付け及び熱害警報装置のディーゼル車への適用］

②軽油を燃料とする自動車であって、次の各号に掲げるものは、前項1）に規定する「遮熱板の取付けその他の適切な措置が施されたもの」及び前項2）に規定する「異常温度以上に上昇することを防止する装置を備えた自動車」に該当するものとして取扱うこととする。

1) 後処理装置を用いないもの

2) 酸化触媒のみによる後処理装置を用いるもの

3) 触媒方式による連続再生式ＤＰＦであって次のいずれかに該当するものを用いるもの

a. フィルターの溶損を起こす温度以上に至る粒子状物質の堆積を防止するための強制的なフィルター再生制御を行う構造であり、当該制御機能に支障が生じた場合に、①3）に規定する警報装置が作動するもの

b. 強制的にフィルターを再生させる機能を用いなくともフ

ィルターの溶損を起こす温度以上に至る量の粒子状物質
が堆積しない構造のもの
4) 尿素選択還元型触媒システムを備えたもの

【ブローバイ・ガス還元装置】
内燃機関を原動機とする自動車であってガソリン、液化石油
ガス又は軽油を燃料とする普通自動車、小型自動車及び軽自
動車には、ブローバイ・ガス還元装置を備えること。

◆保安基準 31 条　　◆審査事務規程 7 - 60、8 - 60
◆細目告示 197 条

▶装備要件
①指定自動車等のうちブローバイ・ガスを大気開放する構造
　であって、その構造及び装置が指定自動車等と同一である
　もの
②①以外のブローバイ・ガスを大気開放する構造である普通
　自動車及び小型自動車であって、WHTC モード法により
　運行する場合に発生し、排気管から大気中に排出される排
　出物が審査事務規程 7-58-1-2(1)③の基準に適合するもの

▶視認等による審査（性能要件）
①ブローバイ・ガス還元装置は、炭化水素等の発散を防止す
　るものとして機能、性能等に関し、その取付けが確実であり、
　かつ、損傷のないものであること。

☛「ブローバイ・ガス還元装置」とは、原動機の燃焼室から
　クランクケースに漏れるガスを還元させる装置のこと。
★軽油を燃料とする自動車で、平成 16 年 8 月 31 日以前に製
　作された車両重量 12t 以下の普通・小型のディーゼル自動
　車については、この規定を適用しない。

【燃料蒸発ガス発散防止装置】

普通自動車、小型自動車及び軽自動車で、ガソリンを燃料とするものは、炭化水素の発散を有効に防止するものとして、当該自動車及びその燃料から蒸発する炭化水素の排出量に関し、燃料蒸発ガスの排出を抑制する装置の取付けが確実であり、かつ、損傷がないものであること。

◆保安基準 31 条　　◆審査事務規程 7 - 61、8 - 61
◆細目告示 197 条

【冷房装置の導管等】

自動車の客室内の冷房を行うための装置の導管及び安全装置は、乗車人員に傷害を与えるおそれの少ないものとして、取付位置、取付方法等に関する基準に適合するものであること。

◆保安基準 31 条　　◆審査事務規程 7 - 62、8 - 62
◆細目告示 197 条

▶視認等による審査（性能要件）

①導管（損傷を受けないようにおおいで保護されている部分を除く。）は、客室内に配管されていないこと。

②安全装置は、車室内にガスを噴出しないように取り付けられたものであること。

【排気管】

自動車の排気管は、発散する排気ガス等により、乗車人員等に傷害を与えるおそれが少なく、かつ、制動装置等の機能を阻害しないものとして、取付位置、取付方法等に関する基準に適合するものであること。

◆保安基準 31 条　　◆審査事務規程 7 - 63、8 - 63
◆細目告示 197 条

▶視認等による審査（性能要件）

①排気管は、発散する排気ガス等により自動車登録番号標又は車両番号標の数字等の表示を妨げる位置に開口していないこと。

②排気管は、車室内に配管されていない等、排気ガス等の車室内への侵入により乗車人員に傷害を与えるおそれが少ないよう配管されていること。この場合において、次のいずれかに該当する排気管であって排気ガス等を大気に拡散できるものは、この基準に適合するものとする。

1) 運転者室及び客室並びにこれらと連続した空間の延長又は新設がない自動車に備える排気管であって、指定自動車等に備えられた排気管と同一の構造を有し、かつ、同一の位置に備えられているもの

2) 排気管の開口部の全てが最後部の車軸の中心よりも後方の位置にある排気管

3) 排気管の開口部の全てが自動車の前輪タイヤの最内縁と後輪タイヤの最内縁を結ぶ直線よりも外側の位置にある排気管

4) 貨物の運送の用に供する自動車又は大型特殊自動車に備える排気管であって、排気管の開口部の全てが運転者室及び客室並びにこれらと連続した空間の下部以外の位置にあるもの

5) 排気管の開口部の周辺構造が運転者室及び客室並びにこれらと連続した空間と確実に遮断されている自動車に備える排気管

6) 運転者室及び客室並びにこれらと連続した空間を有していない自動車に備える排気管

③排気管は、接触、発散する排気ガス等により自動車若しく

はその積載物品が発火し又は制動装置、電気装置等の装置の機能を阻害するおそれのないものであること。

④自動車に備える排気管は、他の交通の安全を妨げるおそれのないものであること。この場合において、次のいずれかに該当する排気管にあっては、この基準に適合するものとする。

1) 指定自動車等に備えられた排気管と同一の構造を有し、かつ、同一の位置に備えられている排気管

2) 次に掲げる位置に備えられている排気管

a. 長さ方向

自動車の最後端にならない位置であること。ただし、排気管部分を除いた場合の自動車の最後端からの突出量が水平距離で 50mm 以内の排気管については、この限りでない。

b. 幅方向

自動車の最外側にならない位置であること。

⑤排気管は、確実に取付けられており、かつ、損傷していないこと。

【窒素酸化物排出自動車等の特例】

NOx・PM 法に規定される窒素酸化物排出自動車及び粒子状物質排出自動車は、窒素酸化物排出基準及び粒子状物質排出基準に適合するものであること。

◆保安基準 31 条の 2　◆審査事務規程 7 − 64、8 − 64
◆告示 310 号

☛「自動車 NOx・PM 総量削減法（NOx・PM 法）」とは、自動車から排出される窒素酸化物及び粒子状物質の特定地域における総量の削減等に関する特別措置法のこと。

▶**書面による審査（性能要件）**

①窒素酸化物等排出自動車は、次の1）から4）に掲げる検査であって初めて受けるものの際、表1「窒素酸化物等排出自動車の窒素酸化物及び粒子状物質の排出基準」の車両重量・車両総重量の区分の欄に掲げる自動車に応じ、排気管から大気中に排出される排出物に含まれる窒素酸化物（NOx）及び粒子状物質（PM）の排出量について、排出ガス測定モード欄に掲げる方法により測定した値がNOx・PM法の排出基準（表1）を超えないものであること。

1）新規検査等、予備検査、継続検査又は構造等変更検査であって、特定期日（表2、表3）以降の日が初めて有効期間の満了日として記入された自動車検査証の交付又は返付を受けた日以降に受けるもの。

☛「特定期日」とは、別表9「NOx・PM法の特定期日」の自動車の種別の欄に掲げる自動車に応じ、それぞれ同表の期日の欄に掲げる日のこと。

2）初度登録日が平成14年9月30日以前の窒素酸化物等排出自動車で、窒素酸化物等特定期日において有効な自動車検査証の交付を受けていないものについては、特定期日の翌日以降に初めて受ける新規検査、予備検査、継続検査又は構造等変更検査の際、「窒素酸化物等排出自動車の窒素酸化物及び粒子状物質の排出基準」の車両重量・車両総重量の区分の欄に掲げる自動車に応じ、排気管から大気中に排出される排出物に含まれる窒素酸化物（NOx）及び粒子状物質（PM）の排出量について、それぞれ排出ガス測定モード欄に掲げる方法により測定した値がNOx・PM法の排出基準（表1）を超えないものであること。

☛「**初度登録日**」とは、自動車が初めて法第4条の規定により自動車登録ファイルに登録を受けた日のこと。

3) 窒素酸化物等排出自動車で、平成14年10月1日以降に初度登録を行うものについては、平成14年10月1日以降に初めて受ける新規検査、予備検査、継続検査、又は構造等変更検査の際、「窒素酸化物等排出自動車の窒素酸化物及び粒子状物質の排出基準」の車両重量・車両総重量の区分の欄に掲げる自動車に応じ、排気管から大気中に排出される排出物に含まれる窒素酸化物（NOx）及び粒子状物質（PM）の排出量について、それぞれ排出ガス測定モード欄に掲げる方法により測定した値がNOx・PM法の排出基準（表1）を超えないものであること。

4) 上記1）及び3）の規定の適用に当たり、検査が2種以上あるものについては、いずれかの方法及びそれに対応する窒素酸化物排出基準及び粒子状物質排出基準を選択することができる。

②窒素酸化物特定自動車は、次の1）から3）に掲げる検査であって初めて受けるものの際、排気管から大気中に排出される排出物に含まれる窒素酸化物（NOx）の排出量について、「窒素酸化物等排出自動車の窒素酸化物及び粒子状物質の排出基準」の排出ガス測定モード欄に掲げる方法により測定した値がNOx法の排出基準（表1）を超えないものであること。

1) 新規検査、予備検査、継続検査又は構造等変更検査であって、窒素酸化物特定期日（表2、表3）以降の日が初めて有効期間の満了日として記入された自動車検査証の交付又は返付を受けた日以降に受けるもの

2) 初度登録日が平成5年11月30日以前の窒素酸化物排出自動車で、窒素酸化物特定期日において有効な自動車検

査証の交付を受けていないものについては、特定期日の翌日以降に初めて受ける新規検査、予備検査、継続検査又は構造等変更検査の際、「窒素酸化物等排出自動車の窒素酸化物及び粒子状物質の排出基準」の車両重量・車両総重量の区分の欄に掲げる自動車に応じ、排気管から大気中に排出される排出物に含まれる窒素酸化物の排出量について、それぞれ排出ガス測定モード欄に掲げる方法により測定した値が、それに対応するNOx法の排出基準（表1）を超えないものであること。

3) 上記1) 及び2) の規定の適用に当たり、検査が2種以上あるものについては、いずれかの方法及びそれに対応する窒素酸化物排出基準を選択することができる。

③新規検査又は予備検査（一時抹消登録を受けた自動車に係るものを除く。）における①又は②の適合性については、以下の諸元値又は排出ガス値により判定する。

1) 型式指定自動車であって原動機又は一酸化炭素等発散防止装置の交換及び改造（以下、審査事務規程5-56において「原動機等の変更」という。）若しくは等価慣性重量の標準値の変更が行われていないものについては、完成検査終了証に記載された窒素酸化物及び粒子状物質に係る諸元値又は諸元表等に記載された窒素酸化物及び粒子状物質に係る諸元値

☛「諸元表」とは、自動車型式認証実施要領別添1から別添4の別表又は輸入自動車特別取扱制度別紙の別表に掲げる書面のこと。

☛「自動車型式認証実施要領」とは、自動車型式認証実施要領について（依命通達）（平成10年11月12日付け自審第1252号）別添の自動車型式認証実施要領のこと。

2) 一酸化炭素等発散防止装置を備えた自動車（一酸化炭素

等発散防止装置認定自動車を含む。）であって、原動機
又は一酸化炭素等発散防止装置の交換及び改造若しくは
等価慣性重量の標準値の変更が行われていないものにつ
いては、排出ガス検査終了証等に記載された窒素酸化物
及び粒子状物質に係る諸元値又は諸元表等に記載された
窒素酸化物及び粒子状物質に係る諸元値

3) 輸入自動車特別取扱自動車であって、原動機又は一酸化
炭素等発散防止装置の交換及び改造若しくは等価慣性重
量の標準値の変更が行われていないものについては、輸
入自動車特別取扱届出済書に記載された窒素酸化物及び
粒子状物質に係る諸元値又は車両諸元要目表に記載され
た諸元値

4) 型式指定自動車、一酸化炭素等発散防止装置指定自動車
等及び輸入自動車特別取扱自動車以外の自動車について
は、施行規則第36条第5項及び第6項の規定により提
出された書面に記載された窒素酸化物及び粒子状物質に
係る排出ガス値

☞「一酸化炭素等発散防止装置指定自動車」とは、法第75条
の2第1項の規定によりその型式について指定を受けた一
酸化炭素等発散防止装置を備えた自動車のこと。

5) 型式指定自動車、一酸化炭素等発散防止装置指定自動車
又は輸入自動車特別取扱自動車であって、原動機又は一
酸化炭素等発散防止装置の交換及び改造又は等価慣性重
量の標準値の変更が行われたものについては、公的試験
機関において実施された試験結果を表す書面若しくは自
動車排出ガス試験結果成績表（当該変更前の自動車が①
の基準に適合していない場合は、当該変更後の自動車が
排出基準（表1）の数値を超えないものであることを証
する書面として提出された書面）又は排出ガス低減性能

を向上させる改造の認定実施要領に基づく低減性能向上改造証明書に記載された窒素酸化物及び粒子状物質に係る排出ガス値。ただし、原動機及び一酸化炭素等発散防止装置をガソリン・液化石油ガス6モード、ガソリン・液化石油ガス13モード、ディーゼル6モード又はディーゼル13モードによる諸元値を持つ原動機及び一酸化炭素等発散防止装置に載せ換えた自動車については、当該原動機及び一酸化炭素等発散防止装置が搭載されていた自動車の窒素酸化物及び粒子状物質に係る諸元値で判定することができる。

☞「排出ガス試験結果成績表」とは、公的試験機関が実施した排出ガス試験の結果を記載した書面のこと。
☞「低減性能向上改造証明書」とは、自動車の排出ガス低減性能を向上させる改造の認定実施細目（平成19年3月9日付け国自環第249号）第4の低減性能向上改造証明書のこと。

④新規検査又は予備検査（一時抹消登録を受けた自動車に係るものに限る）、及び継続検査又は構造等変更検査における①の基準への適合性の判定については、以下による。なお、記載文中の「○年○月○日」は窒素酸化物等排出自動車の特定期日、「△年△月△日」は窒素酸化物特定自動車の特定期日を示す。
1) 自動車検査証等の備考欄に次の記載がある自動車については、その記載により判定する。

a. 使用車種規制（NOx・PM）適合
b. この自動車はNOx・PM対策地域内に使用の本拠をおくことができません。

c. この自動車は平成○年○月○日以降の有効期間満了日を超えて NOx・PM 対策地域内に使用の本拠をおくことができません。

d. この自動車は NOx 特定地域内に使用の本拠をおくことができません。また、平成○年○月○日以降の有効期間満了日を超えて NOx・PM 対策地域内に使用の本拠をおくことができません。

e. この自動車は平成△年△月△日以降の有効期間満了日を超えて NOx 特定地域内に使用の本拠をおくことができません。また、平成○年○月○日以降の有効期間満了日を超えて NOx・PM 対策地域内に使用の本拠をおくことができません。

2) 原動機又は一酸化炭素等発散防止装置の交換及び改造が行われた自動車で、当該検査が変更後初めての検査であるものについては、検査を行う自動車が表1の基準を超えないものであることを証する書面を求め、これに記載された排出ガス値により判定する。

3) 車両総重量の変更が行われた自動車で、当該検査が変更後初めての検査であるもの、及び自動車検査証の備考欄に指定自動車であって保安基準31条の2に係る適合性等について記載のないもの並びに次の記載があるものについては、諸元表等に記載された当該自動車の窒素酸化物及び粒子状物質に係る諸元値により判定する。

a. この自動車は NOx・PM 対策地域内に使用の本拠をおくことができないおそれがあります。

b. この自動車は平成○年○月○日以降の有効期間満了日を超えて NOx・PM 対策地域内に使用の本拠をおくことができないおそれがあります。

c. この自動車は NOx 特定地域内に使用の本拠をおくことができないおそれがあります。また、平成○年○月○日以降の有効期間満了日を超えて NOx・PM 対策地域内に使用の本拠をおくことができないおそれがあります。

d. この自動車は平成△年△月△日以降の有効期間満了日を超えて NOx 特定地域内に使用の本拠をおくことができないおそれがあります。また、平成○年○月○日以降の有効期間満了日を超えて NOx・PM 対策地域内に使用の本拠をおくことができないおそれがあります。

⑤排出ガス規制区分別排出基準の適否（表6）に掲げる自動車で排出基準に適合しない自動車のうち、次の自動車は①の基準に適合しているものとする。

1) 型式指定自動車（（5）に規定する自動車を除く。）であって、諸元表等に記載された窒素酸化物（軽油を燃料とする自動車では窒素酸化物及び粒子状物質）に係る諸元値が、排出基準（表1）の平均排出ガス基準の欄に掲げる値以下であるもの

2) 一酸化炭素等発散防止装置指定自動車等であって、諸元表等に記載された窒素酸化物に係る諸元値が、排出基準（表1）の平均排出ガス基準の欄に掲げる値以下であるもの

3) 輸入自動車特別取扱自動車であって、諸元表等に記載された窒素酸化物に係る諸元値が表1の第31条の2告示の基準の欄に掲げる値以下であるもの

4) 型式指定自動車、一酸化炭素等発散防止装置指定自動車及び輸入自動車特別取扱自動車以外の自動車であって、③4）の規定により提出された書面に記載された窒素酸化物に係る排出ガス値が排出基準（表1）の第31条の2告示の基準の欄に掲げる値以下であるもの

5) 原動機又は一酸化炭素等発散防止装置の交換及び改造が行われた自動車又は等価慣性重量の標準値の変更が行われた自動車（新規検査又は予備検査（法第16条の規定による一時抹消登録を受けた自動車に係るものを除く。）において判定する場合に限る。）であって当該自動車の窒素酸化物に係る排出ガス値が排出基準（表1）の

167

第31条の2告示の基準の欄に掲げる値以下であるもの

6) 型式指定自動車、一酸化炭素等発散防止装置指定自動車又は輸入自動車特別取扱自動車（原動機等の変更が行われたものを除く。）であって、諸元表等に記載された窒素酸化物（軽油を燃料とする自動車にあっては窒素酸化物又は粒子状物質）に係る諸元値が排出基準（表1）の平均排出ガス基準の欄に掲げる値（輸入自動車特別取扱自動車にあっては排出基準（表1）の第31条の2告示の基準の欄に掲げる値。）を超えているもの（諸元値を持たないものを含む。）に低減装置評価実施要領の規定に基づき窒素酸化物（軽油を燃料とする自動車にあっては窒素酸化物及び粒子状物質）を低減する優良低減装置として評価・公表された装置を、当該実施要領に基づき装着したもの

7) 型式指定自動車、一酸化炭素等発散防止装置指定自動車又は輸入自動車特別取扱自動車（軽油を燃料とする自動車に限る。）であって、諸元表等に記載された窒素酸化物に係る諸元値が排出基準（表1）の平均排出ガス基準の欄に掲げる値以下であり、かつ、粒子状物質に係る諸元値が排出基準（表1）の平均排出ガス基準の欄に掲げる値を超えるもの（諸元値を持たないものを含む。）に低減装置評価実施要領の規定に基づき粒子状物質を低減する優良低減装置として評価・公表された装置（第2種粒子状物質低減装置を除く。）を、当該実施要領に基づき装着したもの

☛「**低減装置評価実施要領**」とは、窒素酸化物又は粒子状物質を低減させる装置の性能評価実施要領（平成16年国土交通省告示第814号）のこと。

8) 型式指定自動車、一酸化炭素等発散防止装置指定自動車又は輸入自動車特別取扱自動車（軽油を燃料とする自動

車に限る。）であって、諸元表等に記載された粒子状物質に係る諸元値が排出基準（表1）の平均排出ガス基準の欄に掲げる値以下であり、かつ、窒素酸化物に係る諸元値が排出基準（表1）の平均排出ガス基準の欄に掲げる値を超えるものに低減装置評価実施要領の規定に基づき窒素酸化物を低減する優良低減装置として評価・公表された装置を、当該実施要領に基づき装着したもの

9) 型式指定自動車、一酸化炭素等発散防止装置指定自動車又は輸入自動車特別取扱自動車であって、諸元表等に記載された窒素酸化物（軽油を燃料とする自動車にあっては窒素酸化物又は粒子状物質）に係る諸元値が排出基準（表1）の平均排出ガス基準の欄に掲げる値を超えるもの（諸元値がないものを含む。）に低減改造認定実施要領の規定に基づき窒素酸化物（軽油を燃料とする自動車にあっては窒素酸化物及び粒子状物質）を低減する優良低減改造として認定・公表がされた改造を当該実施要領に基づき行い、第4号様式の「優良低減改造証明書」の提示のあるもの

10) 新規検査又は予備検査（法第16条の規定による一時抹消登録を受けた自動車に係るものを除く。）及び特定期日において、車両総重量が2.5tを超える自動車のうち、指定自動車等以外のもの（専ら乗用の用に供する乗車定員10人以下の自動車を除く。）

☛「低減改造認定実施要領」とは、道路運送車両の保安基準第31条の2の規定に適合させるために行う窒素酸化物又は粒子状物質の排出を低減させる改造の認定実施要領（平成17年国土交通省告示第894号）のこと。

⑥次に掲げる自動車は②の基準に適合していないものとする。
1) ガソリン又は液化石油ガスを燃料とする自動車であって

昭和 48 年 11 月 30 日以前に製作された自動車（昭和 48 年 4 月 1 日以降の型式指定自動車を除く。）

2) ガソリン又は液化石油ガスを燃料とする普通自動車又は小型自動車（二輪自動車及び側車付二輪自動車を除く。）であって車両総重量 2.5t 以下のもの及び専ら乗用の用に供する乗車定員 10 人以下の自動車並びに軽自動車（二輪自動車及び側車付二輪自動車を除く。）のうち、昭和 50 年 11 月 30 日〔2 サイクルの原動機を有する軽自動車（専ら乗用の用に供する自動車に限る。）及び輸入自動車にあっては昭和 51 年 3 月 31 日〕以前に製作されたもの。ただし、昭和 50 年 4 月 1 日以降指定を受けた型式指定自動車及び一酸化炭素等発散防止装置認定車を除く。

3) 軽油を燃料とする自動車であって昭和 50 年 3 月 31 日以前に製作された自動車。ただし、昭和 49 年 9 月 1 日以降の型式指定自動車、一酸化炭素等発散防止装置指定自動車及び一酸化炭素等発散防止装置認定自動車を除く。

⑦軽油を燃料とする自動車であって、次に掲げるものは①に掲げる粒子状物質の排出基準に適合しないものとする。

1) 専ら乗用の用に供する乗車定員 10 人以下の自動車であって平成 7 年 8 月 31 日（輸入自動車にあっては平成 8 年 3 月 31 日）以前に製作されたもの（平成 6 年 10 月 1 日以降の型式指定自動車及び一酸化炭素等発散防止装置認定自動車を除く。）

2) 車両総重量 2.5t 以下の自動車であって(1)に係るものを除く。）平成 6 年 8 月 31 日（輸入自動車にあっては平成 7 年 3 月 31 日）以前に製作されたもの（平成 5 年 10 月 1 日以降の型式指定自動車及び一酸化炭素等発散防止装置認定自動車を除く。）

3) 車両総重量 2.5t を超える自動車であって(1)に係るものを除く。）平成 7 年 8 月 31 日（輸入自動車にあっては平

成8年3月31日)以前に製作されたもの(平成6年10月1日以降の型式指定自動車及び一酸化炭素等発散防止装置認定自動車を除く。)

⑧新規検査、予備検査又は構造等変更検査において①の基準に適合するものであることを証する書面の提出があった自動車についての①の基準への適合性の判定は、③、④、⑥及び⑦の規定にかかわらず、当該書面により判定する。

⑨③、④及び⑧の規定により提出された書面により判定する場合は、保安基準第31条第1項の規定に基づき、一酸化炭素及び炭化水素に係る排出ガス値が、審査事務規程7-54の規定若しくは7-55の表に該当する規定に適合するものであること。

⑩法第16条の規定による一時抹消登録を受けた自動車であって、一時抹消登録後5年が経過した自動車の①における初度登録の取扱いは、次のとおりとする。

1) 初度登録年月日が不明のものは、当該自動車の新規検査の申請があった日から5年前の日とする。ただし、5年前の日が平成5年12月1日(車両総重量が3.5tを超え5t以下の自動車にあっては平成8年4月1日)以降のものにあっては平成5年11月30日(車両総重量が3.5tを超え5t以下の自動車にあっては平成8年3月31日)とする。

2) 初度登録年が判明する自動車にあっては、当該自動車の初度登録年の末日とする。

3) 初度登録年月が判明する自動車にあっては、当該自動車の初度登録年月の末日とする。

⑪平成14年10月15日以降に構造等変更検査を受け、自動車検査証の記載事項の変更を行う場合における特定期日については、当該変更が平成14年10月1日以降に行われたものとみなし、当該変更が行われる前の自動車の種別、用途、定員及び車両総重量によるものとする。ただし、法第

67 条第 1 項ただし書の事由により、平成 14 年 10 月 15 日以降に構造等変更検査を受け自動車検査証の記載事項の変更を行う場合であって、当該変更が平成 14 年 9 月 30 日以前に行われたことを証する書面の提出があった場合における特定期日については、この規定にかかわらず、当該変更が平成 14 年 9 月 30 日以前に行われたものとして、当該変更が行われた後の自動車の種別、用途、定員及び車両総重量によるものとする。

⑫自動車 NOx・PM 総量削減法第 13 条第 1 項の指定自動車を出張登録検査用端末設備が設置されていない出張検査場で審査を実施する場合には、事前に再出力された当該自動車の自動車検査証の備考欄の記載により検査を行う。また、この方法によらない場合には、当該自動車の諸元値等により①の基準への適合性について判定を行う。

⑬①の基準に適合していない自動車を、同基準に適合させるため、原動機又は一酸化炭素等発散防止装置の交換及び改造を行った自動車（以下「変更を行った自動車」という。）等については、④2) 等によるほか、以下により取扱う。

1) ④2) 及び⑧に規定する「基準に適合するものであることを証する書面」とは次の書面をいう。

a. 検査を受ける自動車については、公的試験機関において発行された自動車排出ガス試験結果証明書

b. 原動機又は一酸化炭素等発散防止装置の交換及び改造に係る概要説明書及びその図面（①の基準に適合していない自動車を同基準に適合させるため原動機又は一酸化炭素等発散防止装置の交換及び改造を行った自動車に限る。）

2) 1) a の「自動車排出ガス試験結果証明書」とは、様式 14 による証明書並びに当該証明書に係る自動車の原動機及び、原動機又は一酸化炭素等発散防止装置の交換及び改造にかかる部位の写真（①の基準に適合していない自動車を同基準に適合させるため原動機又は一酸化炭

172

素等発散防止装置の交換及び改造を行った自動車に限る。）のこと。

3) 1）の書面により、検査等を受ける自動車については、次により取扱う。

a. 原動機及び、原動機又は一酸化炭素等発散防止装置の交換及び改造にかかる部位が、排出ガス試験時と同一であることを確認する。

b. ①（軽油を燃料とする自動車にあっては窒素酸化物及び粒子状物質）の基準に適合しているものと認められるものにあっては「NOx・PM適合」、②に適合し、①に適合していないものにあっては「NOx・PM不適合」と審査事務規程5-3-16⑷の規定に基づき検査表2の備考欄に記載する。

4) 表7の車種欄に掲げる（ディーゼル6モード規制車）であって、同表の排出ガス規制年欄に掲げる排出ガス規制が適用されるものについて、測定モード欄に掲げる測定法により排出ガス試験を実施した場合における⑨の規定中の一酸化炭素及び炭化水素の基準値の適用にあたっては、同表の排出ガス規制年欄に応じ、それぞれ基準値欄に示す値以下であること。

5) 表7の車種の欄に掲げる自動車であって、同表の排出ガス規制年欄に掲げる排出ガス規制が適用されるものについて、車両構造特性等の理由により6モード法又は13モード法による排出ガス試験が行えず、やむを得ず10モード法又は10・15モード法による排出ガス試験を実施した場合における⑨の規定中の一酸化炭素及び炭化水素の基準値の適用にあたっては、同表の排出ガス規制年欄に応じ、それぞれ同表の基準値欄に示す値以下であること。

表1 【窒素酸化物及び粒子状物質の排出基準】

車両重量 車両総重量 の区分		排出ガス測定モード	排出物	NOx・PM法 ディーゼル車	
				31条の2の告示の基準	平均排出ガス基準
乗用車	車両重量 ~ 1265kg	10,10・15	NOx	0.48g/km	0.25g/km
		6		100ppm	70ppm
		13		3.1g/kWh	2.6g/kWh
		10・15	PM	0.055g/km	0.026g/km
		13		0.13g/kWh	0.04g/kWh
	車両重量 1265kg ~	10,10・15	NOx	0.48g/km	0.25g/km
		6		100ppm	70ppm
		13		3.1g/kWh	2.6g/kWh
		10・15	PM	0.055g/km	0.028g/km
		13		0.13g/kWh	0.04g/kWh

車両総重量の区分	排出ガス測定モード	排出物	NOx法 ディーゼル車		ガソリン車	LPC車
			31条の2の告示の基準	平均排出ガス基準	31条の2の告示の基準	平均排出ガス基準
~ 1700kg	10,10・15	NOx	0.48g/km	0.25g/km	0.48g/km	0.25g/km
	6		100ppm	70ppm	220ppm	160ppm
	13		3.1g/kWh	2.6g/kWh	3.1g/kWh	2.6g/kWh
1701kg ~ 2500kg	10,10・15	NOx	0.98g/km	0.70g/km	0.98g/km	0.70g/km
	6		210ppm	150ppm	360ppm	250ppm
	13		4.6g/kWh	3.4g/kWh	4.6g/kWh	3.4g/kWh
2501kg ~ 3500kg	10,10・15	NOx	2.14g/km	1.53g/km	2.14g/km	1.53g/km
	6		350ppm	260ppm	600ppm	450ppm
	13		6.8g/kWh	5.0g/kWh	6.8g/kWh	5.0g/kWh
3501kg ~ 5000kg	10,10・15	NOx	2.14g/km	1.53g/km	2.14g/km	1.53g/km
	6		350ppm	260ppm	600ppm	450ppm
	13		6.8g/kWh	5.0g/kWh	6.8g/kWh	5.0g/kWh
5001kg ~	10,10・15	NOx	−	−	−	−
	6		520ppm	400ppm	900ppm	690ppm
	13		7.8g/kWh	6.0g/kWh	7.8g/kWh	6.0g/kWh

車両総重量の区分	排出ガス測定モード	排出物	NOx・PM法			
			ディーゼル車		ガソリン車・LPG車	
			31条の2の告示の基準	平均排出ガス基準	31条の2の告示の基準	平均排出ガス基準
~1700kg	10,10・15	NOx	0.48g/km	0.25g/km	0.48g/km	0.25g/km
	6		100ppm	70ppm	220ppm	160ppm
	13		3.1g/kWh	2.6g/kWh	3.1g/kWh	2.6g/kWh
	10・15	PM	0.055g/km	0.026g/km	–	–
	13		0.13g/kWh	0.04g/kWh	–	–
1701kg~2500kg	10,10・15	NOx	0.63g/km	0.40g/km	0.63g/km	0.40g/km
	6		130ppm	100ppm	250ppm	200ppm
	13		3.4g/kWh	2.9g/kWh	3.4g/kWh	2.9g/kWh
	10・15	PM	0.06g/km	0.03g/km	–	–
	13		0.15g/kWh	0.05g/kWh	–	–
2501kg~3500kg	10,10・15	NOx	1.75g/km	1.14g/km	1.75g/km	1.14g/km
	6		340ppm	230ppm	580ppm	390ppm
	13		5.9g/kWh	4.5g/kWh	5.9g/kWh	4.5g/kWh
	10・15	PM	0.07g/km	0.04g/km	–	–
	13		0.175g/kWh	0.09g/kWh	–	–
3501kg~5000kg	10,10・15	NOx	1.75g/km	1.14g/km	1.75g/km	1.14g/km
	6		340ppm	230ppm	580ppm	390ppm
	13		5.9g/kWh	4.5g/kWh	5.9g/kWh	4.5g/kWh
	10・15	PM	0.22g/kWh	0.14g/km	–	–
	13		0.49g/kWh	0.25g/kWh	–	–
5001kg~	10,10・15	NOx	1.75g/km	1.14g/km	1.75g/km	1.14g/km
	6		340ppm	230ppm	580ppm	390ppm
	13		5.9g/kWh	4.5g/kWh	5.9g/kWh	4.5g/kWh
	10・15	PM	0.22g/kWh	0.14g/km	–	–
	13		0.49g/kWh	0.25g/kWh	–	–

(注)「排出ガス測定モード」欄中、「10、10・15」とは、ディーゼル車にあっては、ディーゼル10モード又はディーゼル10・15モードを、ガソリン車・LPG車にあっては、ガソリン10モード又はガソリン10・15モードを、「6」とは、ディーゼル車にあっては、ディーゼル6モードを、ガソリン車・LPG車にあっては、ガソリン6モードを、又、「13」とは、ディーゼル車にあっては、ディーゼル13モードを、ガソリン車・LPG車にあっては、ガソリン13モードをそれぞれいう。

(注)車両総重量の値が複数ある自動車にあっては当該自動車の車両総重量のうち最大のものとする。

表2 【NOx 法による窒素酸化物等特定期日】

自動車の種別	初度登録年月日	特定期日
小型トラック	〜平1年4月1日	平成9年3月31日以前
	平1年4月2日〜	初度登録日から起算し8年間の末日に当たる日

表3 【NOx・PM 法による窒素酸化物等特定期日】

自動車の種別	初度登録年月日	特定期日 （使用可能最終日）
小型トラック	〜平2年9月30日	平成15年9月30日以降の自動車検査証の有効期間満了日
	平2年10月1日〜 平6年9月30日	平成16年9月30日以降の自動車検査証の有効期間満了日
	平6年10月1日〜 平9年9月30日	平成17年9月30日以降の自動車検査証の有効期間満了日
	平9年10月1日〜	初度登録日から起算して8年間の末日に当たる日
ディーゼル乗用車	〜平7年9月30日	平成16年9月30日以降の自動車検査証の有効期間満了日
	平7年10月1日〜 平14年9月30日	初度登録日から起算して9年間の末日に当たる日

▶窒素酸化物等減少装置の機能の維持

①前項①及び②の基準に適合させるために自動車に備える窒素酸化物又は粒子状物質を減少させる装置は、原動機の作動中、確実に機能するものであること。

☞改正自動車 NOx 法（NOx・PM 法）における内容

①「車種規制」とは、自動車 NOx・PM 法の窒素酸化物対策地域及び粒子状物質対策地域（以下「対策地域」という。）に指定された地域で、トラック・バス等（ディーゼル車、ガソリン車、LPG 車）及びディーゼル乗用車に対して車両総重量区分ごとに特別の窒素酸化物排出基準及び粒子状物質排出基準（以下「排出基準」という。）を定めたもので、新規検査、継続検査等の際にはこの基準を超えないものでなければならない。この規制は対策地域（表4）内に使用の本拠の位置を有する新車と現在使用している車について適用される。「使用の本拠の位置」については自動車検査証を参照すること。

②車種規制が連用される対策地域

　対策地域は以下の要件を同時に満たすことを指定の考え方の基本としている。

1) 自動車交通が集中していること。

2) 大気汚染防止法等による従来の措置（工場・事業場に対する排出規制及び自動車1台ごとに対する排出ガス規制等）だけでは、二酸化窒素及び浮遊粒子状物質に係る大気環境基準の確保が困難であること。

(注) 窒素酸化物対策地域と粒子状物質対策地域とは同一のものとなっている。

表4【窒素酸化物及び粒子状物質対策地域】

対策地域（首都圏）	
埼玉県	川越市、熊谷市、川口市、行田市、所沢市、加須市、本庄市、東松山市、岩槻市、春日部市、狭山市、羽生市、鴻巣市、深谷市、上尾市、草加市、越谷市、蕨市、戸田市、入間市、鳩ヶ谷市、朝霞市、志木市、和光市、新座市、桶川市、久喜市、北本市、八潮市、富士見市、上福岡市、三郷市、蓮田市、坂戸市、幸手市、鶴ヶ島市、日高市、吉川市、さいたま市、北足立郡、入間郡大井町、同郡三芳町、比企郡川島町、同郡吉見町、児玉郡上里町、大里郡大里村、同郡岡部町、同郡川本町、同郡花園町、北埼玉郡騎西町、同郡川里町、南埼玉郡及び北葛飾郡
千葉県	千葉市、市川市、船橋市、松戸市、野田市、佐倉市、習志野市、柏市、市原市、流山市、八千代市、我孫子市、鎌ヶ谷市、浦安市、四街道市、白井市及び東葛飾郡
東京都	特別区、八王子市、立川市、武蔵野市、三鷹市、青梅市、府中市、昭島市、調布市、町田市、小金井市、小平市、日野市、東村山市、国分寺市、国立市、福生市、狛江市、東大和市、清瀬市、東久留米市、武蔵村山市、多摩市、稲城市、羽村市、あきる野市、西東京市、西多摩郡瑞穂町及び同郡日の出町
神奈川県	横浜市、川崎市、横須賀市、平塚市、鎌倉市、藤沢市、小田原市、茅ヶ崎市、逗子市、相模原市、三浦市、秦野市、厚木市、大和市、伊勢原市、海老名市、座間市、綾瀬市、三浦郡、高座郡、中郡、足柄上郡中井町、同郡大井町、愛甲郡愛川町及び津久井郡城山町
対策地域（愛知・三重圏）	

177

愛知県	名古屋市、豊橋市、岡崎市、一宮市、瀬戸市、半田市、春日井市、豊川市、津島市、碧南市、刈谷市、豊田市、安城市、西尾市、蒲郡市、犬山市、常滑市、江南市、尾西市、小牧市、稲沢市、東海市、大府市、知多市、知立市、尾張旭市、高浜市、岩倉市、豊明市、日進市、愛知郡、西春日井郡、丹羽郡、葉栗郡、中島郡平和町、海部郡七宝町、同郡美和町、同郡甚目寺町、同郡大治町、同郡蟹江町、同郡十四山村、同郡飛島村、同郡弥富町、同郡佐屋町、同郡佐織町、知多郡阿久比町、同郡東浦町、同郡武豊町、額田郡幸田町、西加茂郡三好町、宝飯郡音羽町、同郡小坂井町及び同郡御津町
三重県	四日市市、桑名市、鈴鹿市、桑名郡長島町、同郡木曽岬町、三重郡楠町、同郡朝日町及び同郡川越町
対策地域（大阪・兵庫圏）	
大阪府	大阪市、堺市、岸和田市、豊中市、池田市、吹田市、泉大津市、高槻市、貝塚市、守口市、枚方市、茨木市、八尾市、泉佐野市、富田林市、寝屋川市、河内長野市、松原市、大東市、和泉市、箕面市、柏原市、羽曳野市、門真市、摂津市、高石市、藤井寺市、東大阪市、泉南市、四條畷市、交野市、大阪狭山市、阪南市、三島郡、泉北郡、泉南郡熊取町　同郡田尻町及び南河内郡美原町
兵庫県	神戸市、姫路市、尼崎市、明石市、西宮市、芦屋巿、伊丹巿、加古川市、宝塚市、高砂市、川西市、加古郡播磨町及び揖保郡太子町

（注）市町村合併があった場合でも区域に変更はない。

③規制対象車は、次の表5に示すトラック、バス、ディーゼル乗用車及びそれらをベースに改造した特種自動車のうち、対策地域に使用の本拠の位置を有するものが規制対象車となる。なお、ガソリン又はLPGを燃料とする乗用車については、車種規制の対象外となっている。

表5【規制対象車の分類】

車種	ナンバープレートの分類番号
普通トラック	1、10~19、100~199
小型トラック	4、40~49、400~499 6、60~69、600~699
大型バス（定員30人以上）	2、20~29、200~299
マイクロバス （定員11人以上30人未満）	2、20~29、200~299
特種自動車 （トラック、バス、ディーゼル車をベースにしたものに限る）	8、80~89、800~899
ディーゼル乗用車 （定員11人未満）	3、30~39、300~399 5、50~59、500~599 7、70~70、700~799

（注）RV には、乗用車タイプ（3，5，7，8ナンバー）と貨
　　　物車タイプ（1，4，8ナンバー）のものがあるが、乗用
　　　車タイプのもの（ディーゼル車に限る）及び貨物車タイ
　　　プのものについては、いわゆる通常のディーゼル乗用車、
　　　トラックと同様に規制の対象となる。

表6 【排出ガス規制区分別排出基準の適否】

車種	車両総重量	燃料	排出ガス規制区分（型式の識別記号）	適・否
乗用車		軽油	ACB-,ADB-,ACC-,ADC-	○
			KM-,KN-,HT-,HU-,KH-,HD-,KE-,HA-,KD-,Y-,X-,Q-,P-,N-,K-, 記号なし	×
		ガソリン・液化石油ガス	全種類	○
トラック・バス	〜1.7t 以下	ガソリン・液化石油ガス	AAA-,ABA-,GJ-,HP-,GG-,HP-, R-	○
			L-,J-,H-, 記号なし	×
		軽油	ACE-,ADE-	○
			KP-,HW-,KE-,HA-,KA-,S-,P-,N-,K-, 記号なし	×
	1.7t 超え 2.5t 以下	ガソリン・液化石油ガス	AAF-,ABF-,GK-,HQ-,GC-,HG-,GA-	○
			T-,L-,J-,H-, 記号なし	×
		軽油	ACF-,ADE-	○
			KQ-,HX-,KJ-,HE-,KF-,HB-,KB-,S-,P-,N-,K-, 記号なし	×
	2.5t 超え 3.5t 以下	ガソリン・液化石油ガス	AAF-,ABF-,GK-,HQ-,GC-,HG-,GA-	○
			T-,L-,J-,H-, 記号なし	×
		軽油	ACF-,ADE-	○
			KR-,HY-,KG-,HC-,KC-,U-,S-,P-,N-,K-, 記号なし	×
	3.5t 超え	ガソリン・液化石油ガス	AAG-,ABG-,GL-,HR-,GE-,H J-,GB-	○
			Z-,T-,M-,J-, 記号なし	×
		軽油	ACG-,ADG-,KS-,HZ-,KR-,H	○
			Y-,KL-,HM-,KK-,HF	
			KC-,W-,U-,P-,N-,K-, 記号なし	×
並行・試作・組立であって車両総重量 2.5t を超えるもの（専ら乗用の用に供する自動車を除く）				

★「○」は適、「×」は否を示す。ただし、「×」となって
いる自動車であっても、型式によっては、NOx 及び PM
の排出量が特に少なく基準に適合するものもある。これに

該当する自動車については、平成14年8月1日以降に受ける最初の車検で車検証の備考欄に基準への適否、使用可能最終日などが記載される。

★平成17年規制以降の自動車排出ガス規制の識別記号は次のとおりである。

【平成17年規制以降の自動車排出ガス規制の識別記号】

排出ガス規制年	1桁目	
	低排出ガス認定	識別記号
平成17年規制	無[※1]	A
	50[※2]	C
	75[※2]	D
	NOx10 + PM10[※3]	B
	NOx10[※3]	N
	PM10[※3]	P
平成18年規制	無	J
平成19年規制	無[※5]	E
	50[※6]	G
	75[※6]	H
平成20年規制	無[※7]	K
平成21年規制[※8]	無（ディーゼル乗用PHPを除く）	L
	無（ディーゼル乗用PHP）	F
	50	M
	75	R
平成22年規制[※9]	無	S

※1　乗用、軽量、中量及び重量車

※2　乗用、軽量、中量車

※3　重量車　　※4　二輪車及び特殊自動車

※5　二輪車、特殊自動車及び軽貨物車

※6　軽貨物車　　※7　特殊自動車

※8　ガソリン車（NOx触媒付直噴）及びディーゼル車（乗用、軽量、中量一部（2.5～3.5t）及び重量車一部（12t～））

※9　ディーゼル車（中量一部（1.7～2.5t）及び重量車一部（3.5～12t））

2桁目		
燃料の別	ハイブリッドの有無	識別記号
ガソリン・LPG	有	A
	無	B
軽油	有(未達成又は不適用)	C
	無(未達成又は不適用)	D
	有(達成(重量車))	J
	無(達成(重量車))	K

3桁目		
用途	重量条件等	識別記号
乗用車	平成17年規制のディーゼル車以外	A
	平成17年規制のディーゼル車(車両重量が1265kg以下)	B
	平成17年規制のディーゼル車(車両重量が1265kg超)	C
貨物乗合	軽自動車	D
	車両総重量が1.7t以下	E
	車両総重量が1.7t超、3.5t以下	F
	車両総重量が3.5t超	G

表7 【車種別排出ガス規制年】

車種	排出ガス規制	測定モード	基準値	
			一酸化炭素(CO)	炭化水素(HC)
軽油を燃料とする普通自動車及び小型自動車であって専ら乗用の用に供する乗車定員10人以下のもの及び車両総重量が1.7t以下のもの	昭和49年度規制〜昭和58年規制	10モード又は10・15モード	3.70g/km	1.08g/km
軽油を燃料とする普通自動車及び小型自動車であって車両総重量が1.7tを超え2.5t以下のもの（専ら乗用の用に供する乗車定員10人以下のものを除く。）	昭和49年度規制〜昭和63年規制			
軽油を燃料とする普通自動車及び小型自動車であって車両総重量が2.5tを超えるもの（専ら乗用の用に供する乗車定員10人以下のものを除く。）	昭和49年度規制〜平成2年規制	ディーゼル13モード	9.20g/kWh	3.80g/kWh

【灯火等の照明部、個数、取付位置等の測定方法】
この測定方法は、自動車の灯火器及び反射器並びに指示装置
の照明部、個数、取付位置等の測定方法について適用する。

　◆**審査事務規程　別添13**　　◆**細目告示　別添94**

①照明部及び反射部の測定方法
　　灯火等の照明部又は反射部（以下「照明部等」という。）
　の上縁、下縁、最外縁等に係る取付位置の基準について、
　実測することにより判定する必要がある場合には、灯火等
　の照明部等を次のとおり取り扱うものとする。この場合に
　おいて、実測する自動車は、平坦かつ水平な路面に設置し、
　空車状態とする。

☛「**灯火等**」とは、道路を照射する又は他の交通に対し灯光
　又は反射光を発することを目的として設計された装置であ
　って、7-62 から 7-91 までに規定する灯火装置及び反射器
　並びに指示装置のこと。

　1）前照灯等の照明部
　　　照明部は、走行用前照灯、すれ違い用前照灯、前部霧灯、
　　後退灯及び側方照射灯の場合には、レンズ部分とする。
　　ただし、有効反射面の開口部（プロジェクター型のもの
　　にあっては内面の集光レンズの開口径）をレンズ面上へ
　　投影した部分が明らかとなる書面等の提出がある場合に
　　は、当該部分として差し支えない。
　2）車幅灯等の照明部
　　　照明部は、車幅灯、前部上側端灯、側方灯、尾灯、後部
　　上側端灯、後部霧灯、駐車灯、制動灯、補助制動灯、方
　　向指示器、補助方向指示器、非常点滅表示灯及び緊急制
　　動表示灯の照明部レンズ部分とする。ただし、直接光が

図面上入射するレンズ部分又は中心光度の98%の光度
となるレンズ部分（次図参照）が明らかとなる書面等の
提出がある場合には、当該部分とすることができる。

☞「**緊急制動表示灯**」とは、急激な減速時に灯火装置を点滅
させる装置をいう。

A：中心光度の98%の光度と
　　なるレンズ部分
B：直接光が図面上入射する
　　レンズ部分

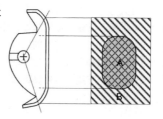

【灯火のレンズ部分】

3) 照明部の大きさ
　「照明部の大きさ」とは、別に定めるもののほか、自動
車の前方又は後方に向けて照射又は表示する灯火器又は
指示装置にあっては、車両中心面に直角な鉛直面への投
影面積とし、自動車の側方に向けて照射又は表示する灯
火又は指示装置にあっては、車両中心面に平行な鉛直面
への投影面積とする。この場合において、不透明なモー
ル等により仕切られた照明部にあっては、当該モール等
に相当する部分の投影面積を除くものとする。
4) 反射器の反射部
　前部反射器、側方反射器及び後部反射器の反射部は、外
からの光を反射するために光学的に設計されたレンズ部
分とする。
5) 反射部の大きさ
　「反射部の大きさ」とは、別に定めるもののほか、自動

車の前方又は後方に向けて反射光を反射する反射器にあっては車両中心面に直角な鉛直面への当該レンズ部分の投影面積とし、自動車の側方に向けて照射又は表示する反射器にあっては車両中心面に平行な鉛直面への当該レンズ部分の投影面積とする。この場合において、不透明なモール等により仕切られた反射部にあっては、当該モール等に相当する部分の投影面積を除くものとする。

②灯火等の照明部等の最外縁に係る自動車の最外側からの距離の測定方法

1) 灯火等の照明部等の最外縁に係る自動車の最外側からの距離についての基準の適用については、側面方向指示器、側方灯等は、自動車の最外側に含めないものとする。

③灯火等の個数の取扱い方法

灯火等の個数の取扱いは、次のとおりとする。

1) 前照灯等の個数

走行用前照灯、すれ違い用前照灯、前部霧灯、側方照射灯については、照明部の数とする。ただし、一つの灯火器内に複数の照明部を有するものであって、当該灯火に係る性能基準（該当する灯火の審査規程を参照）を満たすものであり、かつ、次のいずれかの要件を満たすものは、これを1個とみなすことができる。

a. 車両中心面に直角又は平行な鉛直面への照明部の投影面積が当該照明部の投影に外接する最小四辺形の面積の60%以上のもの〈例1〉

b. 基準軸に直角の方向に測定した2つの隣接する投影面の最短距離が75mm以下のもの〈例2〉

☛「基準軸」とは、光学測定の角度範囲及び灯火等の取付けのための基準方向（H = 0°、V = 0°）として灯火等の製作者が定める灯火等の特性軸のこと。

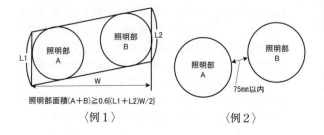

照明部面積(A＋B)≧0.6[(L1＋L2)W/2]

〈例1〉　　　　　　〈例2〉

2) 車幅灯等の個数

　灯火等の個数は、車幅灯、前部上側端灯、昼間走行灯、側方灯、尾灯、後部上側端灯、後部霧灯、駐車灯、制動灯、補助制動灯、後退灯、方向指示器、補助方向指示器、非常点滅表示灯及び緊急制動表示灯については、灯室（反射板等により区切られた光源を納めた部分）の数とする。ただし、次のいずれかの要件を満たす灯火器は、1個とみなすことができる。

a. 灯室が一体となっている灯火器であって、照明部が不透明なモールなどにより仕切られたもの〈例3〉

b. 同一の灯火器内に灯室を2以上有する灯火器であって、車両中心面に直角又は平行な鉛直面への照明部の投影面積が当該照明部の投影に外接する最小四辺形の面積の60％以上のもの、又は基準軸に直角の方向に測定した2つの隣接する投影間の最短距離が75mm以下のもの〈例4〉

c. 同一の機能を有する2個の独立した灯火器であって、照明部の投影面積が当該照明部の投影に外接する最小四辺形の面積の60％以上のもの

d. 補助制動灯のうち、車両中心面上の前後に2個の独立した灯火器を有し、その照明部が同時に点灯せず、かつ、車両の後方から水平に見通した際に、1個の照明部に限って視認することができる構造のもの

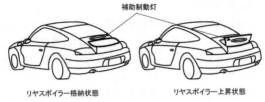

補助制動灯

リヤスポイラー格納状態　　　　リヤスポイラー上昇状態

【補助制動灯】

★2個の独立した灯火例

〈例1：1個とみなす。〉　　〈例2：2個とみなす。〉

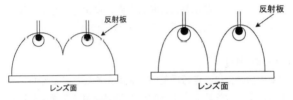

反射板

レンズ面　　　　　　　　　　レンズ面

〈例3：モールに関係なく1個とみなす。〉

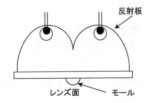

反射板

レンズ面　　モール

〈例4：例2において、以下の場合は1個とみなすことができる。〉

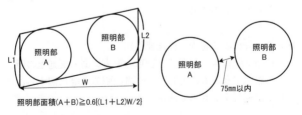

照明部 A　　照明部 B

照明部面積(A＋B)≧0.6[(L1＋L2)W/2]

照明部 A　　照明部 B

75mm以内

186

3) 反射器の個数

反射器の個数は、反射部が連続して構成されている部分の数とする。ただし、一つの灯火器内に連続していないもののうち、次のいずれかの要件を満たすものは、個数を1個とみなすことができる。

a. 型式の指定を受けた装置及び保安装置の型式認定を受けたもの並びにこれに準ずる性能を有するもの

b. 反射部を2以上有するものであって、車両中心面に直角又は平行な鉛直面への反射部の投影面積が当該反射部の投影に外接する最小四辺形の面積の60%以上を占めるもの、又は、基準軸に直角の方向に測定した2つの隣接する投影間の最短距離が75mm以下のもの

【走行用前照灯】

自動車の前面には、走行用前照灯を備えること。ただし、当該装置と同等の性能を有する配光可変型前照灯を備える自動車にあっては、この限りでない。

◆保安基準32条　　　◆審査事務規程7 - 65、8 - 65
◆細目告示198条　　　◆適用関係告示29条

☛「前照灯」とは、走行用前照灯、すれ違い用前照灯及び配光可変型前照灯のこと。

☛「配光可変型前照灯」とは、夜間の走行状態に応じて、自動的に照射光線の光度及びその方向の空間的な分布を調整できる前照灯のこと。

▶テスタ等による審査（性能要件）

①走行用前照灯は、夜間に自動車の前方にある交通上の障害物を確認できるものとして、灯光の明るさ等に関する次の基準に適合するものであること。

1) 走行用前照灯は、その全てを照射したときに、夜間にその前方100mの距離にある交通上の障害物を確認できる性能を有するものであること。この場合において、前照灯試験機（走行用）を用いて、次のa.計測の条件により計測し、b.計測値の判定に掲げる基準に適合するものは、この基準に適合するものとする。

a. 計測の条件

(1)直進姿勢であり、かつ、審査時車両状態

(2)手動式の前照灯照射方向調節装置を備えた自動車にあっては、(1)の状態に対応するように当該装置の操作装置を調節した状態

☛「前照灯照射方向調節装置」とは、前照灯の照射方向を自動車の乗車又は積載の状態に応じて鉛直方向に調節するための装置のこと。

(3)原動機が作動している状態

(4)前照灯試験機（走行用）の受光部と走行用前照灯を正対させた状態

(5)計測に支障をきたすおそれのある場合は、計測する灯火以外の灯器を遮蔽した状態

b. 計測値の判定

(1)走行用前照灯（4灯式にあっては、主走行用ビーム）は、その最高光度点が、前方10mの位置において、走行用前照灯の照明部の中心を含む水平面より100mm上方の平面及び当該水平面より当該照明部中心高さの5分の1下方の平面に挟まれた範囲内にあり、かつ、走行用前照灯の最高光度点における光度が、次に掲げる光度以上であること。

☛「最高光度点」とは、光度が最大となる点のこと。

☛「主走行用ビーム」とは、走行用ビームのうち主たるもの。

☛「4灯式」とは、同時に点灯する4個の走行用前照灯を有するものをいう。

(i) 4灯式以外のもので、すれ違い用前照灯が同時に点灯しない構造のものは、1灯につき 15,000cd。
(ii) 4灯式以外のもので、すれ違い用前照灯が同時に点灯する構造のものは、1灯につき 12,000cd。ただし、12,000cd に満たない場合には、同時に点灯するすれ違い用前照灯との光度の和が 15,000cd であってもよい。
(iii) 4灯式のものは、主走行用ビームの光度が1灯につき 12,000cd、又は他の走行用前照灯との光度の和が 15,000cd。
2) 走行用前照灯の最高光度の合計は、430,000cd を超えないこと。
3) 走行用前照灯の照射光線は、自動車の進行方向を正射するものであること。ただし、曲線道路用配光可変型走行用前照灯にあっては、その照射光線は、直進姿勢において自動車の進行方向を正射するものであればよい。この場合において、前照灯試験機（走行用）を用いて、前項①a計測の条件により自動車を計測したときに、走行用前照灯（4灯式にあっては、主走行用ビーム）の最高光度点が、前方 10m の位置において、走行用前照灯の照明部の中心を含み、かつ、車両中心線と平行な鉛直面より左右にそれぞれ 270mm の鉛直面の範囲内にあるものは、この基準に適合するものとする。

☛「曲線道路用配光可変型走行用前照灯」とは、自動車が進行する道路の曲線部をより強く照射することができる走行用前照灯のこと。

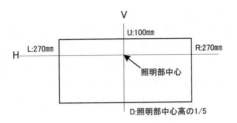

【走行用前照灯の判定値［① b(1)及び3)］関係】

▶視認等による審査

① 走行用前照灯は、夜間に自動車の前方にある交通上の障害物を確認できるものとして、灯光の色等に関し、次の基準に適合するものであること。

1) 走行用前照灯の灯光の色は、白色であること。

2) 走行用前照灯は、灯器が損傷し又はレンズ面が著しく汚損していないこと。

3) 走行用前照灯は、レンズ取付部に緩み、がた等がないこと。

4) 次に掲げる走行用前照灯であって、その機能を損なう損傷等のないものに限り、曲線道路用配光可変型走行用前照灯として使用してもよい。

a. 指定自動車等に備えられたものと同一の構造を有し、かつ、同一の位置に備えられた曲線道路用配光可変型走行用前照灯

b. 法第75条の2第1項の規定に基づき指定を受けた特定共通構造部に備えられている曲線道路用配光可変型走行用前照灯又はこれに準ずる性能を有する曲線道路用配光可変型走行用前照灯

c. 法第75条の3第1項の規定に基づき装置の指定を受けた曲線道路用配光可変型走行用前照灯、又はこれに準ずる性能を有する曲線道路用配光可変型走行用前照灯

▶視認等による審査（取付要件）

①走行用前照灯は、その性能を損なわないように、かつ、取付位置、取付方法等に関し、次の基準に適合するように取り付けられていること。この場合において、走行用前照灯の照明部、個数及び取付位置の測定方法は、別添13「灯火等の照明部、個数、取付位置等の測定方法」によるものとする。

　1) 走行用前照灯の数は、2個又は4個であること。

　2) 4個の格納式走行用前照灯を備える自動車にあっては、1)の規定にかかわらず、4個の走行用前照灯のほか、パッシング用の前照灯を2個備えることができる。

☛「格納式走行用前照灯」とは、その全てが、消灯時に格納することができる走行用前照灯のこと。

☛「パッシング」とは、手動により短い間隔で断続的に点滅する、又は交互に点灯させることにより、警報を発することを目的とする灯火のこと。

　3) 走行用前照灯の点灯操作状態を運転者席の運転者に表示する装置を備えること。

　4) 走行用前照灯は、走行用前照灯を1個備える場合を除き左右同数であり、かつ、前面が左右対称である自動車に備えるものにあっては、車両中心面に対して対称の位置に取り付けられたものであること。

　5) 走行用前照灯は、走行用前照灯の点灯操作を行ったときに、自動車の両側に備える走行用前照灯のうちそれぞれ1個又は全ての走行用前照灯が同時に点灯するものであり、かつ、すれ違い用前照灯の点灯操作を行ったときに全ての走行用前照灯が消灯するものであること。

　6) 走行用前照灯は、車幅灯、尾灯、前部上側端灯、後部上側端灯、番号灯及び側方灯が消灯している場合に点灯で

きない構造であること。ただし、パッシング用の場合に
あっては、この限りでない。

7) 走行用前照灯は、点滅するものでないこと。ただし、パ
   ッシング用の場合にあっては、この限りでない。

8) 走行用前照灯の直射光又は反射光は、当該走行用前照灯
   を備える自動車の運転操作を妨げるものでないこと。

9) 走行用前照灯は、その取付部に緩み、がた等がある等そ
   の照射光線の方向が振動、衝撃等により容易にくるうお
   それのないものであること。

10) 走行用前照灯は、審査事務規程8-62-2に掲げる性能を
    損なわないように取り付けられていること。この場合に、
    灯器のレンズ面等に光軸を変化させるものを貼付するな
    どしており、かつ、これにより配光等に著しい影響を与
    えているものは、この基準に適合しないものとする。

11) 走行用前照灯は、その作動状態及び不作動状態に係る制
    御を自動で行う場合には、次に掲げる要件に適合してい
    ること。

  a. 周囲の光の状態及び対向車又は先行車から発せられる灯
     光又は反射光に反応すること。この場合において、対向
     車とは対向する自動車、原動機付自転車及び自転車を、
     先行車とは先行する自動車及び原動機付自転車とする。

  b. 当該制御を手動により行うことができ、かつ、手動によ
     り解除できること。

  c. 当該制御を自動で行う状態であることを運転者席の運転
     者に表示する装置を備えること。

12) すれ違い用前照灯及び配光可変型前照灯を備えない自動
    車（二輪自動車、側車付二輪自動車、三輪自動車及び大
    型特殊自動車を除く。）に備える走行用前照灯は、当該自
    動車の速度が15km/hを超える場合に夜間において常に
    点灯している構造であること。

②次に掲げる走行用前照灯であってその機能を損なう損傷等

のないものは、①の基準に適合するものとする。

1) 指定自動車等に備えられたものと同一の構造を有し、か
   つ、同一の位置に備えられた走行用前照灯
2) 法第 75 条の 2 第 1 項の規定に基づき指定を受けた特定共
   通構造部に備えられている走行用前照灯と同一の構造を
   有し、かつ、同一の位置に備えられている走行用前照灯
   又はこれに準ずる性能を有する走行用前照灯
3) 法第 75 条の 3 第 1 項の規定に基づき灯火器及び反射器並
   びに指示装置の取付装置について装置の型式の指定を受
   けた自動車に備える走行用前照灯と同一の構造を有し、
   かつ、同一の位置に備えられた走行用前照灯又はこれに
   準ずる性能を有する走行用前照灯

【すれ違い用前照灯】

自動車の前面には、すれ違い用前照灯を備えること。ただし、
配光可変型前照灯であって、灯火の色、明るさ等に関する基
準に適合する走行用前照灯を備えるものにあっては、この限
りでない。

◆保安基準 32 条
◆審査事務規程 7 - 66、8 - 66
◆細目告示 198 条　　　◆適用関係告示 29 条

▶テスタ等による審査（性能要件）

①すれ違い用前照灯は、夜間に自動車の前方にある交通上の
　障害物を確認でき、かつ、その照射光線が他の交通を妨げ
　ないものとして、灯光の色、明るさ等に関する次の基準に
　適合するものであること。

1) すれ違い用前照灯は、その照射光線が他の交通を妨げな
   いものであり、かつ、その全てを同時に照射したとき
   に、夜間にその前方 40m の距離にある交通上の障害物

を確認できる性能を有すること。この場合において、前照灯試験機（すれ違い用）を用いて、次の②1）により計測し、③1）に掲げる基準に適合するものは、この基準に適合するものとする。また、前照灯試験機（すれ違い用）による計測を行うことができない場合にあっては、前照灯試験機（走行用）、スクリーン、壁等を用いて②2）により計測し、③2）に掲げる基準に適合するものは、当分の間、この基準に適合するものとする。

②計測の条件

1）前照灯試験機（すれ違い用）による計測を行うことができる場合

a. 直進姿勢であり、かつ、審査時車両状態

b. 手動式の前照灯照射方向調節装置を備えた自動車にあっては、直進状態に対応するように当該装置の操作装置を調節した状態

c. 原動機が作動している状態

d. 前照灯試験機（すれ違い用）の受光部とすれ違い用前照灯とを正対させた状態

e. 計測に支障をきたすおそれのある場合は、計測する灯火以外の灯器を遮蔽した状態

2）前照灯試験機（すれ違い用）による計測を行うことができない場合

a. 直進姿勢であり、かつ、審査時車両状態

b. 手動式の前照灯照射方向調節装置を備えた自動車にあっては、直進状態に対応するように当該装置の操作装置を調節した状態

c. 原動機が作動している状態

d. 前照灯試験機（走行用）を用いる場合には、当該受光部とすれ違い用前照灯とを正対させた状態

e. 計測に支障をきたすおそれのある場合は、計測する灯火以外の灯器を遮蔽した状態

③計測値の判定

1) 前照灯試験機（すれ違い用）による計測を行うことがで
きる場合

a. カットオフを有するすれ違い用前照灯の場合

(1)エルボー点の位置は、「すれ違い用前照灯の照明部の中
心を含水平面」より下方 0.11° 及び下方 0.86°（当該照明
部の中心の高さが 1 m を超える自動車にあっては、下方
0.41° の平面及び下方 1.16°）の平面と「すれ違い用前照
灯の照明部の中心を含み、かつ、車両中心線と平行な鉛
直面より左右にそれぞれ 1.55° の鉛直面に囲まれた範囲
内、又は、前方 10m の位置において、「すれ違い用前
照灯の照明部の中心を含む水平面」より下方 20mm 及
び下方 150mm（当該照明部の中心の高さが 1 m を超え
る自動車にあっては、下方 70mm 及び下方 200mm）の
直線と「すれ違い用前照灯の照明部の中心を含み、かつ、
車両中心線と平行な鉛直面より左右にそれぞれ 270mm
の直線に囲まれた範囲内にあること。ただし、自動計測
式前照灯試験機により計測を行う場合にあっては、カッ
トオフラインと「すれ違い用前照灯の照明部の中心を含
み、かつ、車両中心線と平行な鉛直面」より右方 1.50°
及び右方 2.50° の鉛直面が交わる 2 つの位置が、「すれ
違い用前照灯の照明部の中心を含む水平面」より下方
0.11° 及び下方 0.86°（当該照明部の中心の高さが 1m を
超える自動車にあっては、下方 0.41° 及び下方 1.16°）の
平面に挟まれた範囲内、又は、前方 10m の位置におい
て、カットオフラインと「すれ違い用前照灯の照明部の
中心を含み、かつ、車両中心線と平行な鉛直面」より右
方 260mm 及び右方 440mm の直線が交わる 2 つの位置
が、「すれ違い用前照灯の照明部の中心を含む水平面」
より下方 20mm 及び下方 150mm（当該照明部の中心の
高さが 1m を超える自動車にあっては、下方 70mm 及び

下方200mm）の直線に挟まれた範囲内にあればよい。

(2)すれ違い用前照灯の光度は、「すれ違い用前照灯の照明部の中心を含む水平面」より下方0.60°（当該照明部の中心の高さが1mを超える自動車にあっては、下方0.90°）の平面と「すれ違い用前照灯の照明部の中心を含み、かつ、車両中心線と平行な鉛直面」より左方1.30°の鉛直面が交わる位置、又は、前方10mの位置において、「すれ違い用前照灯の照明部の中心を含む水平面」より下方110mm（当該照明部の中心の高さが1mを超える自動車にあっては、下方160mm）の直線と「すれ違い用前照灯の照明部の中心を含み、かつ、車両中心線と平行な鉛直面」より左方に230mmの直線が交わる位置において、1灯につき6,400cd以上であること。ただし、自動計測式前照灯試験機により計測を行う場合にあっては、エルボー点又はカットオフラインの位置はa.(1)の条件を満たすが光度が6,400cd未満となる場合に限り、「すれ違い用前照灯の照明部の中心を含む水平面」より下方0.27°及び下方0.93°（当該照明部の中心の高さが1mを超える自動車にあっては、下方0.57°及び下方1.23°）の平面と「すれ違い用前照灯の照明部の中心を含み、かつ、車両中心線と平行な鉛直面」より左方0.30°及び左方2.30°の鉛直面に囲まれた範囲内、又は、前方10mの位置において、「すれ違い用前照灯の照明部の中心を含む水平面」より下方50mm及び下方160mm（当該照明部の中心の高さが1mを超える自動車にあっては、下方100mm及び下方220mm）の直線と「すれ違い用前照灯の照明部の中心を含み、かつ、車両中心線と平行な鉛直面」より左方50mm及び左方400mmの直線に囲まれた範囲内のいずれかの位置において、1灯につき6,400cd以上であればよい。

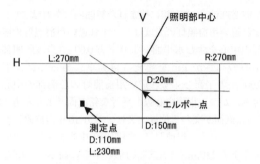

＜照明部の中心の高さが1m以下の場合＞

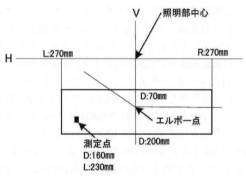

＜照明部の中心の高さが1m超の場合＞

【カットオフラインを有するすれ違い前照灯の判定値
〔③1）a(1)及び(2)関係〕】

b.カットオフラインを有しないすれ違い用前照灯の場合
(1)最高光度点が、照明部の中心を含む水平面より下方にあ
　り、かつ、当該照明部の中心を含み、かつ、車両中心線
　と平行な鉛直面よりも左方にあること。
(2)最高光度点における光度は、1灯につき、6,400cd以上
　であること。

2) 前照灯試験機（すれ違い用）による計測を行うことができない場合

a. カットオフラインを有するすれ違い用前照灯の場合

(1)すれ違い用前照灯をスクリーン（試験機に付属のものを含む。）、壁等に照射することによりエルボー点が1) a(1)に規定する範囲内にあることを目視により確認できること。

(2)1) a(2)に規定する位置（当該位置を指定できない場合には、最高光度点）における光度が、1灯につき、6,400cd以上であること。

b. カットオフラインを有しないすれ違い用前照灯の場合

(1)最高光度点が、1) b(1)に規定する位置にあること。

(2)最高光度点における光度は、1灯につき、6,400cd以上であること。

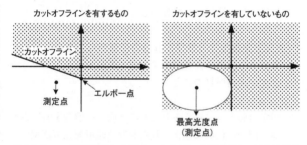

【スクリーン等に照射した場合のすれ違い用前照灯の配光特性】

☛「カットオフライン」とは、すれ違い用前照灯の照射方向を調節する際に用いる光の明暗の区切り線のこと。

☛「エルボー点」とは、カットオフライン上における当該すれ違い用ビームの照射部分の中心及びその近傍にある最大の屈曲点のこと。

▶視認等による審査

①すれ違い用前照灯の灯光の色等は次の基準に適合するもの
　であること。
　1）すれ違い用前照灯の灯光の色は、白色であること。ただ
　　　し、平成17年12月31日以前に製作された自動車につ
　　　いては、すれ違い用前照灯の灯光の色は、白色又は淡黄
　　　色であり、そのすべてが同一であればよい。
　2）すれ違い用前照灯は、灯器が損傷し又はレンズ面が著し
　　　く汚損していないこと。
　3）すれ違い用前照灯は、レンズ取付部に緩み、がた等がな
　　　いこと。
　4）すれ違い用前照灯は、その配光が右側通行用のものでな
　　　いこと。
　5）次に掲げるすれ違い用前照灯であって、その機能を損な
　　　う損傷等のないものにかぎり、曲線道路用配光可変型す
　　　れ違い用前照灯として使用してもよい。

☞「曲線道路用配光可変型すれ違い用前照灯」とは、自動車
　が進行する道路の曲線部をより強く照射することができる
　すれ違い用前照灯のこと。

　a.指定自動車等に備えられたものと同一の構造を有し、か
　　　つ、同一の位置に備えられた曲線道路用配光可変型すれ
　　　違い用前照灯
　b.法第75条の2第1項の規定に基づき指定を受けた特定
　　　共通構造部に備えられている曲線道路用配光可変型すれ
　　　違い用前照灯又はこれに準ずる性能を有する曲線道路用
　　　配光可変型すれ違い用前照灯
　c.法第75条の3第1項の規定に基づき装置の指定を受け
　　　た曲線道路用配光可変型すれ違い用前照灯、又はこれに
　　　準ずる性能を有する曲線道路用配光可変型すれ違い用前
　　　照灯

▶視認等による審査（取付要件）

①すれ違い用前照灯は、その性能を損なわないように、かつ、取付位置、取付方法等に関する次の各号に掲げる基準に適合するものであること。

1) すれ違い用前照灯の数は、2個であること。

2) すれ違い用前照灯は、その照明部の上縁の高さが地上1.2m以下、下縁の高さが地上0.5m以上となるように取り付けられていること。ただし、平成17年12月31日以前に製作された自動車のすれ違い用前照灯は、その照明部の中心の高さが地上1.2m以下であればよい。

3) すれ違い用前照灯は、その照明部の最外縁が自動車の最外側から400mm以内となるように取り付けられていること。

4) 前面が左右対称である自動車に備えるすれ違い用前照灯は、車両中心面に対し対称の位置に取り付けられていること。

5) すれ違い用前照灯の操作装置は、運転者がすれ違い用前照灯の点灯操作を行った場合に、全ての走行用前照灯を消灯する構造であること。

6) 放電灯光源を備えるすれ違い用前照灯は、走行用前照灯が点灯している場合に、消灯できない構造であること。

7) すれ違い用前照灯は、車幅灯、尾灯、前部上側端灯、後部上側端灯、番号灯及び側方灯が消灯している場合に、点灯できない構造であること。ただし、すれ違い用前照灯をパッシングに用いる場合においては、この限りでない。

8) すれ違い用前照灯は、点滅するものでないこと。ただし、パッシングに用いる場合においては、この限りでない。

9) すれ違い用前照灯の直射光又は反射光は、当該すれ違い用前照灯を備える自動車及び他の自動車の運転操作を妨げるものでないこと。

10) すれ違い用前照灯は、その取付部に緩み、がた等がある等、その照射光線の方向が振動、衝撃等により容易にく

るうおそれのないものであること。

11) すれ違い用前照灯は、その性能を損なわないように取付けられていること。この場合において、灯器のレンズ面等に光軸を変化させるものを貼付するなどしており、かつ、これにより配光等に著しい影響を与えているものは、この基準に適合しないものとする。

12) 自動車（二輪自動車、側車付二輪自動車、三輪自動車及び大型特殊自動車を除く。）に備える走行用前照灯及びすれ違い用前照灯は、前照灯の操作装置の操作位置にかかわらず、当該自動車の速度が10km/hを超える場合に夜間において常にいずれかが点灯している構造であること。この場合において、前照灯の操作装置に消灯位置が設定されていないことが確認できる場合には、この基準に適合するものとみなす。

13) すれ違い用前照灯は、7-63-2に掲げる性能を損なわないように取付けられていること。この場合において、灯器のレンズ面等に光軸を変化させるものを貼付するなどしており、かつ、これにより配光等に著しい影響を与えているものは、この基準に適合しないものとする。

14) すれ違い用前照灯及び配光可変型前照灯を備えない自動車（二輪自動車、側車付二輪自動車、三輪自動車及び大型特殊自動車を除く。）に備える走行用前照灯は、当該自動車の速度が15km/hを超える場合に夜間において常に点灯している構造であること。

②次に掲げるすれ違い用前照灯であってその機能を損なう損傷等のないものは、①の基準に適合するものとする。

1) 指定自動車等に備えられたものと同一の構造を有し、かつ、同一の位置に備えられたすれ違い用前照灯

2) 法第75条の2第1項の規定に基づき指定を受けた特定共通構造部に備えられているすれ違い用前照灯と同一の構造を有し、かつ、同一の位置に備えられているすれ違い

用前照灯又はこれに準ずる性能を有するすれ違い用前照
灯

3) 法第75条の3第1項の規定に基づき灯火器及び反射器並
びに指示装置の取付装置について装置の指定を受けた自
動車に備えるすれ違い用前照灯と同一の構造を有し、か
つ、同一の位置に備えられたすれ違い用前照灯又はこれ
に準ずる性能を有するすれ違い用前照灯

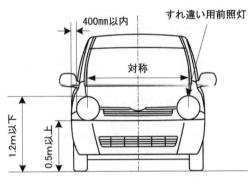

【すれ違い用前照灯の取付位置】

【配光可変型前照灯】

自動車の前面には、配光可変型前照灯を備えることができる。

◆保安基準 32 条

◆審査事務規程 7 - 67、8 - 67

◆細目告示 198 条

▶テスタ等による審査（性能要件）

①配光可変型前照灯は、夜間に自動車の前方にある交通上の
障害物を確認でき、かつ、その照射光線が他の交通を妨げ
ないものとして、灯光の明るさ等に関する次の基準に適合
するものであること。

1) 配光可変型前照灯であって、UN R149-00 の 4. 及び 5.3. 又
   は UN R123-01-S9 の 6.3. 及び 7. に適合する走行用ビー
   ムを発するものは、夜間に当該走行用ビームを照射した
   場合において、当該自動車の前方 100m の距離にある交
   通上の障害物を確認できる性能を有するものであること。

☛「走行用ビーム」とは、走行状態における照射光線のこと。

2) すれ違い用ビームは、他の交通を妨げないものであり、か
   つ、夜間にそれを発する灯火ユニットのすべてを同時に
   照射させたときに、当該自動車の前方 40m の距離にある
   交通上の障害物を確認できる性能を有すること。この場
   合において、前照灯試験機（すれ違い用）を用いて②計
   測の条件 1) により光度等を計測したときに③計測値の判
   定 1) の基準に適合するすれ違い用ビームは、この基準
   に適合するものとする。また、前照灯試験機（すれ違い
   用）による計測を行うことができない場合にあっては、前
   照灯試験機（走行用）、スクリーン、壁等を用いて② 2)
   により光度等を計測したときに③ 2) の基準に適合するす
   れ違い用ビームは、この基準に適合するものとする。

☛「灯火ユニット」とは、配光可変型前照灯から灯光を発す
   ることを目的とする部品のこと。
☛「すれ違い用ビーム」とは、すれ違い状態における照射光
   線のこと。

②計測の条件
1) 前照灯試験機（すれ違い用）による計測を行うことがで
   きる場合
a. 車両が直進姿勢であり、かつ、審査時車両状態。
b. 手動式の前照灯照射方向調節装置を備えた自動車にあっ
   ては、a の状態に対応するように当該装置の操作装置を

調節した状態

c. その原動機が作動している状態

d. 前照灯試験機（すれ違い用）の受光部とすれ違い用ビームを発する灯火ユニットとを正対させた状態であり、かつ、配光可変型前照灯の中立状態と自動作動状態との切替機構を中立とした状態

e. 計測に支障をきたすおそれのある場合には、当該計測する灯火ユニット以外の灯火ユニットを遮蔽した状態

2) 前照灯試験機（すれ違い用）による計測を行うことができない場合

a. 車両が直進姿勢であり、かつ、審査時車両状態

b. 手動式の前照灯照射方向調節装置を備えた自動車にあっては、aの状態に対応するように当該装置の操作装置を調節した状態

c. その原動機が作動している状態

d. 前照灯試験機（走行用）を用いる場合には、当該受光部とすれ違い用ビームを発する灯火ユニットとを正対させた状態であり、かつ、配光可変型前照灯の中立状態と自動作動状態との切替機構を中立とした状態

e. 計測に支障をきたすおそれのある場合には、当該計測する灯火ユニット以外の灯火ユニットを遮蔽した状態

③計測値の判定

1) 前照灯試験機（すれ違い用）による計測を行うことができる場合

a. エルボー点の位置は、「すれ違い用ビームを発する灯火ユニットの照明部の中心を含水平面」より下方 0.11° の平面及び下方 0.86° の平面（当該照明部の中心の高さが 1m を超える自動車にあっては、下方 0.41° の平面及び下方 1.16°）の平面と「すれ違い用ビームを発する灯火ユニットの照明部の中心を含み、かつ、車両中心線と平行な鉛直面」より左右にそれぞれ 1.55° の鉛直面に囲ま

れた範囲内、又は、前方 10m の位置において、「すれ
違い用ビームを発する灯火ユニットの照明部の中心を含
む水平面」より下方 20mm 及び下方 150mm（当該照明
部の中心の高さが 1m を超える自動車にあっては、下
方 70mm 及び下方 200mm）の直線と「すれ違い用ビー
ムを発する灯火ユニットの照明部の中心を含み、かつ、
車両中心線と平行な鉛直面」より左右にそれぞれ
270mm の直線に囲まれた範囲内にあること。ただし、
自動計測式前照灯試験機により計測を行う場合にあって
は、カットオフラインと「すれ違い用ビームを発する灯
火ユニットの照明部の中心を含み、かつ、車両中心線と
平行な鉛直面」より右方 1.50° 及び右方 2.50° の鉛直面が
交わる 2 つの位置が、「すれ違い用ビームを発する灯火
ユニットの照明部の中心を含む水平面」より下方 0.11°
及び下方 0.86°（当該照明部の中心の高さが 1m を超え
る自動車にあっては、下方 0.41° 及び下方 1.16°）の平面
に挟まれた範囲内、又は、前方 10m の位置において、
カットオフラインと「すれ違い用ビームを発する灯火ユ
ニットの照明部の中心を含み、かつ、車両中心線と平行
な鉛直面」より右方 260mm 及び右方 440mm の直線が
交わる 2 つの位置が、「すれ違い用ビームを発する灯火
ユニットの照明部の中心を含む水平面」より下方 20mm
及び下方 150mm（当該照明部の中心の高さが 1m を超
える自動車にあっては、下方 70mm 及び下方 200mm）
の直線に挟まれた範囲内にあればよい。

b. すれ違い用ビームを発する灯火ユニットの光度は、「す
れ違い用ビームを発する灯火ユニットの照明部の中心を
含む水平面より下方 0.60°（当該照明部の中心の高さが
1m を超える自動車にあっては、下方 0.90°）の平面と
「すれ違い用ビームを発する灯火ユニットの照明部の中
心を含み、かつ、車両中心線と平行な鉛直面」より左方

に 1.30°の鉛直面が交わる位置、又は、前方 10m の位置
において、「すれ違い用ビームを発する灯火ユニットの
照明部の中心を含む水平面」より下方 110mm（当該照
明部の中心の高さが 1m を超える自動車にあっては、
下方 160mm）の直線と「すれ違い用ビームを発する灯
火ユニットの照明部の中心を含み、かつ、車両中心線と
平行な鉛直面」より左方 230mm の直線が交わる位置に
おいて、1 個の灯火ユニットごとに 6,400cd 以上である
こと。ただし、自動計測式前照灯試験機により計測を行
う場合にあっては、エルボー点又はカットオフラインの
位置は a の条件を満たすが光度が 6,400cd 未満となる場
合に限り、「すれ違い用ビームを発する灯火ユニットの
照明部の中心を含む水平面」より下方 0.27°及び下方
0.93°（当該照明部の中心の高さが 1m を超える自動車
にあっては、下方 0.57°及び下方 1.23°）の平面と「すれ
違い用ビームを発する灯火ユニットの照明部の中心を含
み、かつ、車両中心線と平行な鉛直面」より左方 0.30°
及び左方 2.30°の鉛直面に囲まれた範囲内、又は、前方
10m の位置において、「すれ違い用ビームを発する灯
火ユニットの照明部の中心を含む水平面」より下方
50mm 及び下方 160mm（当該照明部の中心の高さが
1m を超える自動車にあっては、下方 100mm 及び下方
220mm）の直線と「すれ違い用ビームを発する灯火ユ
ニットの照明部の中心を含み、かつ、車両中心線と平行
な鉛直面」より左方 50mm 及び左方 400mm の直線に囲
まれた範囲内のいずれかの位置において、1 灯につき
6,400cd 以上であればよい。

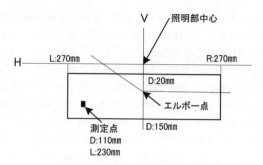

<照明部の中心の高さが1m以下の場合>

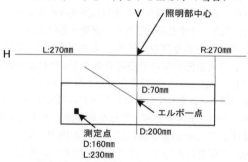

<照明部の中心の高さが1m超の場合>

【すれ違い用ビームの判定値③1) a及びb関係】

2) 前照灯試験機（すれ違い用）による計測を行うことができない場合

a. すれ違い用ビームを前照灯試験機（走行用）、スクリーン、壁等に照射することにより、エルボー点が1) aに規定する範囲内にあることを目視により確認できること。

b. 1) bに規定する位置（当該位置を指定できない場合には、最高光度点）における光度が、1個の灯火ユニットごとに6,400cd以上であること。

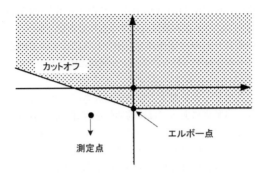

【スクリーン等に照射した場合のすれ違い用ビームの配光特性】

▶ **視認等による審査**

①配光可変型前照灯の灯光の色は、白色であること。

②配光可変型前照灯は、灯器が損傷し、又はレンズ面が著しく汚損していないこと。

③配光可変型前照灯は、レンズ取付部に緩み、がた等がないこと。

▶ **視認等による審査（取付要件）**

①配光可変型前照灯は、その性能を損なわないように、かつ、取付位置、取付方法等に関する次の基準に適合するように取り付けられていること。

　1) 配光可変型前照灯であって走行用ビームを発するものは、走行用ビームを発する場合に照射する灯火ユニットの総最大光度が 430,000cd を超えていないこと。

　2) 配光可変型前照灯であって走行用ビームを発するものは、走行用ビームが自動車の進行方向を正射するものであること。

　3) 走行用ビームを発する灯火ユニットは、走行用ビームの点灯操作を行ったときに、自動車の車両中心線を含む鉛直

面により左側又は右側に区分された部分当たり1個以上の灯火ユニットが同時に点灯するものであり、かつ、すれ違い用ビームの点灯操作を行ったときに、すべての走行用ビームを発する灯火ユニットが同時に消灯するものであること。

4) 走行用ビームを発する格納式灯火ユニットが4個備えられた自動車にあっては、前照灯を点灯しなければならない場合以外の場合において、パッシングを目的として備えられた補助灯火ユニットは、格納式灯火ユニットが上昇した場合には点灯しないものであること。

5) すれ違い用ビームを発する灯火ユニットに放電灯を用いる場合において、当該灯火ユニットは、走行用ビームが点灯している間、消灯しないものであること。

6) 自動車の車両中心線を含む鉛直面を挟んで左右対称に配置された2つのすれ違い用ビームを発する灯火ユニットは、すれ違い状態の配光形態において、少なくとも1組がその見かけの表面の上縁の位置が地上から1,200mm以下であり、かつ、下縁の位置が地上から500mm以上となるように取り付けられていること。

7) 配光可変型前照灯に補助灯火ユニットを備える場合には、補助灯火ユニットは、その位置に最も近い位置にある灯火ユニットから水平方向に140mm以下（図中のEによる。）及び鉛直方向に400mm以下（図中のDによる。）の位置に配置されていること。この場合において、2つの補助灯火ユニットを自動車の車両中心線を含む鉛直面を挟んで対称に配置したときは、当該灯火ユニットから水平方向に200mm以下（図中のCによる。）の位置にあればよいものとする。

8) 上記7) に規定する補助灯火ユニットは、いずれも、地上から250mm以上（図中のFによる。）、1,200mm以下（図中のGによる。）の位置に配置されていること。

9) すれ違い状態の配光形態において、すれ違い用ビームを
発する灯火ユニットの見かけの表面の外縁は、車両の
最外側から車両中心線側に 400mm 以下（図中の A によ
る。）の位置にあること。

10) 灯火ユニットの基準軸の方向の見かけの表面の内端の距離
は、600mm 以上（図中の B による。）であること。また、全
幅が 1,300mm 未満である場合にあっては、400mm 以上で
あること。ただし、専ら乗用の用に供する自動車であって
乗車定員が 10 人未満であるもの及び貨物の運送の用に供
する自動車であって車両総重量が 3.5t 未満であるもの並び
にこれらの形状に類するものにあってはこの限りではない。

11) 配光可変型前照灯は、車幅灯、尾灯、前部上側端灯、後
部上側端灯、番号灯及び側方灯が消灯している場合には、
点灯できないものであること。ただし、パッシング用の
場合にあっては、この限りでない。

12) 配光可変型前照灯のすべての灯火ユニットは点滅するも
のでないこと。ただし、パッシング用の場合にあっては、
この限りでない。

13) 配光可変型前照灯の直射光又は反射光は、当該配光可変
型前照灯を備える自動車の運転操作を妨げるものでない
こと。

14) 配光可変型前照灯は、その取付部に緩み、がた等がある
ことにより、その照射光線の方向が振動、衝撃等のため
に容易に変化するおそれのないものであること。

15) 配光可変型前照灯は、その性能を損なわないように取り
付けられていること。この場合において、灯器のレンズ
面等に光軸を変化させるものを貼付するなどすることに
より配光等が著しい影響を受けているものは、この基準
に適合しないものとする。

16) 配光可変型前照灯は、走行用ビームの点灯操作状態を運
転者席の運転者に表示する装置を備えたものであること。

17) 配光可変型前照灯の配光制御信号の異常な作動を検知したときに、その旨を運転者席の運転者に警報する非点滅式の視覚的な警報装置を備えたものであること。

18) 配光可変用前照灯は、その作動状態及び不作動状態に係る制御を自動で行う場合には、次に掲げる要件に適合していること。

a. 周囲の光の状態及び対向車又は先行車から発せられる灯光又は反射光に反応すること。この場合において、対向車とは対向する自動車、原動機付自転車及び自転車を、先行車とは先行する自動車及び原動機付自転車とする。

b. 当該制御を手動により行うことができ、かつ、手動により解除できること。

c. 当該制御を自動で行う状態であることを運転者席の運転者に表示する装置を備えること。

19) 配光可変型前照灯は、前照灯の操作装置の操作位置にかかわらず、当該自動車の速度が10km/hを超える場合に夜間において常にいずれかが点灯している構造であること。この場合において、前照灯の操作装置に消灯位置が設定されていないことが確認できる場合には、この基準に適合するものとみなす。

②次に掲げる配光可変型前照灯であってその機能を損なう損傷等のないものは、①の基準に適合するものとする。

1) 指定自動車等に備えられたものと同一の構造を有し、かつ、同一の位置に備えられた配光可変型前照灯

2) 法第75条の2第1項の規定に基づき指定を受けた特定共通構造部に備えられている配光可変型前照灯と同一の構造を有し、かつ、同一の位置に備えられている配光可変型前照灯又はこれに準ずる性能を有する配光可変型前照灯

3) 法第75条の3第1項の規定に基づき灯火器及び反射器並びに指示装置の取付装置について型式の指定を受けた自

動車に備える配光可変型前照灯と同一の構造を有し、か
つ、同一の位置に備えられた配光可変型前照灯又はこれ
に準ずる性能を有する配光可変型前照灯

☛「**配光制御信号**」とは、照射光線の光度及びその方向の空
間的な分布を制御するために入力される信号のこと。

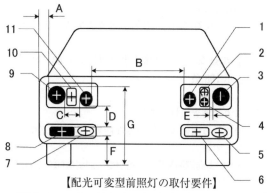

【配光可変型前照灯の取付要件】

（灯火ユニットの見かけの表面、図中１から11の例）
A．特定の配光形態において同時に照射される灯火ユニット
（➕マーク）

3及び 9：対称的に配置される２個の灯火ユニット

1及び11：対称的に配置される２個の灯火ユニット

4及び 8：２個の補助灯火ユニット
B．特定の配光形態において照射されない灯火ユニット
（⊞マーク）

2及び10：対称的に配置される２個の灯火ユニット

5　　　 ：補助灯火ユニット

6及び7：対称的に配置される２個の灯火ユニット
②次に掲げる配光可変型前照灯であってその機能を損なう損
傷等のないものは、前項①の基準に適合するものとする。

1) 指定自動車等に備えられたものと同一の構造を有し、か
   つ、同一の位置に備えられた配光可変型前照灯
2) 灯火器及び反射器並びに指示装置の取付装置について型式
   の指定を受けた自動車に備える配光可変型前照灯と同一の
   構造を有し、かつ、同一の位置に備えられた配光可変型前
   照灯又はこれに準ずる性能を有する配光可変型前照灯

【前照灯照射方向調節装置】

自動車には、前照灯照射方向調節装置を備えることができる。

◆保安基準 32 条　　◆審査事務規程 7 − 68、8 − 68
◆細目告示 198 条

▶視認等による審査（性能要件）

①前照灯の照射方向の調節に係る性能等に関する基準は、次
　のとおりとする。
　1) 前照灯照射方向調節装置は、前照灯の照射方向を左右に調節
　　することができないものであること。
　2) 手動式の前照灯照射方向調節装置は、運転者が運転者席にお
　　いて容易に、かつ、適切に操作できるものであること。この
　　場合において、手動式の前照灯照射方向調節装置であって、
　　運転者が運転者席に着座した状態で著しく無理な姿勢をとら
　　ずに見える位置に、文字、数字又は記号からなる直進姿勢で
　　あり、かつ、検査時車両状態及び乗車又は積載に係る主な
　　状態に対応する操作装置の調節位置を容易に判別できるよう
　　に表示していないものは、この基準に適合しないものとする。
②次に掲げる前照灯照射方向調節装置であって、その機能を
　損なう損傷等のないものは、前項①の基準に適合するもの
　とする。
　1) 指定自動車等に備えられたものと同一の構造を有し、か
　　つ、同一の位置に備えられた前照灯照射方向調節装置

2) 法第75条の2第1項の規定に基づき指定を受けた特定共通構造部に備えられている前照灯照射方向調節装置と同一の構造を有し、かつ、同一の位置に備えられている前照灯照射方向調節装置又はこれに準ずる性能を有する前照灯照射方向調節装置

3) 法第75条の3第1項の灯火器及び反射器並びに指示装置の取付装置について、装置の指定を受けた自動車に備える前照灯照射方向調節装置と同一の構造を有し、かつ、同一の位置に備えられた前照灯照射方向調節装置、又はこれに準ずる性能を有する前照灯照射方向調節装置

【前照灯洗浄器】

自動車に備える前照灯には、前照灯洗浄器を備えることができる。ただし、配光可変型前照灯であって、灯光の明るさ等が灯火ユニットの光源の目標光束の総和が自動車の車両中心線を含む鉛直面により左側又は右側に備えられた当該灯火ユニットについて 2,000lm（ルーメン）を超えるものには、前照灯洗浄器を備えること。

◆保安基準 32 条　　◆審査事務規程 7 - 69、8 - 69
◆細目告示 198 条

☛「目標光束の総和」とは、配光可変型前照灯の中立状態と自動作動状態との切替機構を中立とした基本すれ違い状態において、灯火ユニットの照明部の中心を含み、かつ、水平面から下方 0.8°の平面並びに車両中心線と平行な鉛直面より右側 6°の鉛直面及び左側 4°の鉛直面並びに地上面に囲まれた範囲内にカットオフを有する場合の光の総量のこと。

▶視認等による審査（性能要件）
①前照灯洗浄器は、前照灯のレンズ面の外側が汚染された場

合において、当該部分を洗浄することにより前照灯の光度を回復できるものとして、洗浄性能等に関する次の基準に適合するものであること。

1) 前照灯洗浄器は、走行中の振動、衝撃等により損傷を生じ、又は作動するものでないこと。

2) 前照灯洗浄器は、鋭利な外向きの突起を有する等歩行者等に接触した場合において、歩行者等に傷害を与えるおそれのあるものでないこと。

②次に掲げる前照灯洗浄器であってその機能を損なう損傷等のないものは、①の基準に適するものとする。

1) 指定自動車等に備えられたものと同一の構造を有し、かつ、同一の位置に備えられた前照灯洗浄器

2) 法第75条の2第1項の規定に基づき指定を受けた特定共通構造部に備えられている前照灯洗浄器又はこれに準ずる性能を有する前照灯洗浄器

3) 法第75条の3第1項の規定に基づき装置の指定を受けた前照灯洗浄器又はこれに準ずる性能を有する前照灯洗浄器

▶視認等による審査（取付要件）

①前照灯洗浄器は、その性能を損なわないように、かつ、取付位置、取付方法等に関する次の基準に適合するように取り付いていること。

1) 前照灯洗浄器は、運転者が運転者席において容易に操作できるものであること。

2) 前照灯洗浄器は、灯火装置及び反射器並びに指示装置の性能を損なわないように取り付けられていること。

②次に掲げる前照灯洗浄器及び前照灯洗浄器取付装置であってその機能を損なう損傷等のないものは、①の基準に適合するものとする。

1) 指定自動車等に備えられたものと同一の構造を有し、か

つ、同一の位置に備えられた前照灯洗浄器及び前照灯洗
浄器取付装置

2) 法第75条の2第1項の規定に基づき指定を受けた特定
共通構造部に備えられている前照灯洗浄器及び前照灯洗
浄器取付装置又はこれに準ずる性能を有する前照灯洗浄
器及び前照灯洗浄器取付装置

3) 法第75条の3第1項の装置の指定を受けた前照灯洗浄
器及び前照灯洗浄器取付装置又はこれに準ずる性能を有す
る前照灯洗浄器及び前照灯洗浄器取付装置

【前部霧灯】

自動車の前面には、前部霧灯を備えることができる。

◆保安基準33条　　◆審査事務規程7－70、8－70
◆細目告示199条

▶視認等による審査（性能要件）

①前部霧灯は、霧等により視界が制限されている場合におい
て、自動車の前方を照らす照度を増加させ、かつ、その照
射光線が他の交通を妨げないものとして、灯光の色、明る
さ等に関する次の基準に適合するものであること。

1) 前部霧灯は、白色又は淡黄色であり、その全てが同一で
あること。

2) 前部霧灯は、灯器が損傷し又はレンズ面が著しく汚損し
ていないこと。

3) 前部霧灯は、レンズ取付部に緩み、がた等がないこと。

②次に掲げる前部霧灯であって、その機能を損なう損傷等の
ないものは、前項①の基準に適合するものとする。

1) 指定自動車等に備えられているものと同一の構造を有し、
かつ、同一の位置に備えられた前部霧灯

2) 法第75条の2第1項の規定に基づき指定を受けた特定共

通構造部に備えられている前部霧灯又はこれに準ずる性
能を有する前部霧灯

3) 法第75条の3第1項の装置の指定を受けた前部霧灯又は
これに準ずる性能を有する前部霧灯

▶視認等による審査（取付要件）

①前部霧灯は、その性能を損なわないように、かつ、取付位
置、取付方法等に関する次の基準に適合するように取り付け
ていること。

1) 前部霧灯は、同時に3個以上点灯しないように取り付け
られていること。

2) 前部霧灯は、その照明部の上縁の高さが地上0.8m以下で
あって、すれ違い用前照灯の照明部の上縁を含む水平面
以下、下縁の高さが地上0.25m以上となるように取り
付けられていること。

3) 前部霧灯の照明部の最外縁は、自動車の最外側から
400mm以内となるように取り付けられていること。

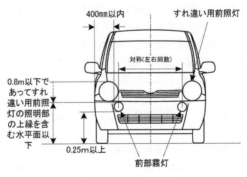

【前部霧灯の取付位置】

4) 前部霧灯の照明部は、前部霧灯の中心を通り自動車の進
行方向に直交する水平線を含む、水平面より上方5°の

217

平面及び下方5°の平面並びに前部霧灯の中心を含む、自動車の進行方向に平行な鉛直面より前部霧灯の内側方向10°の平面及び前部霧灯の外側方向45°の平面により囲まれる範囲において、すべての位置から見通すことができるように取り付けられていること。ただし、自動車の構造上、すべての位置から見通すことができるように取り付けることができない場合にあっては、可能な限り見通すことができる位置に取り付けられていること。

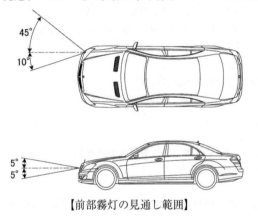

【前部霧灯の見通し範囲】

5) 前部霧灯の点灯操作状態を運転者席の運転者に表示する装置を備えること。

6) 前部霧灯は、前部霧灯を1個備える場合を除き左右同数であり、かつ、前面が左右対称である自動車に備えるものにあっては、車両中心面に対して対称の位置に取り付けられたものであること。

7) 前部霧灯は、その取付部に緩み、がた等がある等その照射光線の方向が振動、衝撃等により容易にくるうおそれのないものであること。

8) 前部霧灯は、走行用前照灯及びすれ違い用前照灯の点灯状

218

態にかかわらず、点灯及び消灯できるものであること。

9) 前部霧灯は、車幅灯、尾灯、前部上側端灯、後部上側端灯、番号灯及び側方灯が消灯している場合に点灯できない構造であること。ただし、パッシングに用いる場合にあっては、この限りでない。

10) 前部霧灯は、点滅するものでないこと。ただし、パッシング用の場合にあっては、この限りでない。

11) 前部霧灯の直射光又は反射光は、当該前部霧灯を備える自動車及び他の自動車の運転操作を妨げるものでないこと。

12) 前部霧灯は、灯器の取付部に緩み、がたがない等その性能を損なわないように取り付けられていること。

【前部霧灯照射方向調節装置】

自動車には、前部霧灯照射方向調節装置を備えることができる。

◆保安基準 33 条　　◆審査事務規程 7 - 71、8 - 71
◆細目告示 199 条

☛「前部霧灯照射方向調節装置」とは、前部霧灯の照射方向を自動車の乗車又は積載の状態に応じて鉛直方向に調節するための装置のこと。

▶視認等による審査（性能要件）

①前部霧灯照射方向調節装置は、前部霧灯の照射方向の調節に係る性能に関する次の基準に適合するものであること。

1) 前部霧灯照射方向調節装置は、前部霧灯の照射方向を左右に調節できないものであること。

2) 手動式の前部霧灯照射方向調節装置は、運転者が運転者席において容易に、かつ、適切に操作できるものであること。この場合において、運転者が運転者席に着席した

状態で著しく無理な姿勢を取らずに操作できる位置に操作装置が備えられておらず、かつ、審査時車両状態及び乗車状態又は積載状態に対応する操作装置の調節位置を容易に判別できるように表示していないものは、この基準に適合しないものとする。

【側方照射灯】

自動車の前面の両側又は両側面の前部には、側方照射灯を1個ずつ備えることができる。

◆保安基準33条の2
◆審査事務規程 7－72、8－72
◆細目告示 200条

▶視認等による審査（性能要件）

①側方照射灯は、自動車が右左折又は進路の変更をする場合において、当該自動車の進行方向にある交通上の障害物を確認でき、かつ、その照射光線が他の交通を妨げないものとして、灯光の色、明るさ等に関する次の基準に適合するものであること。

1) 側方照射灯の光度は、16,800cd以下であること。

2) 側方照射灯は、その照射光線の主光軸が、取付部より後方の地面、左側に備えるものにあっては取付部より右方の地面、右側に備えるものにあっては取付部より左方の地面を照射しないものであること。

3) 側方照射灯の灯光の色は、白色であること。

4) 側方照射灯は、灯器が損傷し又はレンズ面が著しく汚損したものでないこと。

②次に掲げる側方照射灯であってその機能を損なう損傷等のないものは、前項①の基準に適合するものとする。

1) 指定自動車等に備えられたものと同一の構造を有し、か

つ、同一の位置に備えられた側方照射灯

2) 法第75条の2第1項の規定に基づき指定を受けた特定共通構造部に備えられている側方照射灯又はこれに準ずる性能を有する側方照射灯

3) 法第75条の3第1項の規定に基づき装置の指定を受けた側方照射灯又はこれに準ずる性能を有する側方照射灯

▶視認等による審査（取付要件）

①側方照射灯は、その性能を損なわないように、かつ、取付位置、取付方法等に関する次の基準に適合するように取り付いていること。

1) 側方照射灯は、すれ違い用前照灯又は走行用前照灯が点灯している場合にのみ点灯する構造であること。

2) 自動車の各側の側方照射灯は、同じ側の方向指示器が作動する場合又はかじ取装置が直進状態から同じ側に向けられた場合に限り作動する構造であること。ただし、後退灯が作動した場合には、方向指示器の作動又はかじ取装置の向きにかかわらず、自動車の両側に備える側方照射灯を作動させることができる。

★平成21年3月31日以前に製作された乗車定員10人未満の乗用自動車及び車両総重量3.5t以下の貨物自動車については、側方照射灯の点灯に関し、方向指示器が作動している場合に限り、方向を指示している側のもののみが点灯する構造であればよい。

3) 側方照射灯は、方向指示器の作動が解除された場合又はかじ取装置の操舵角が直進状態に戻った場合には、自動的に作動が停止する構造であること。ただし、前号ただし書きの規定に基づき作動する側方照射灯にあっては、後退灯の作動が解除された場合に自動的に側方照射灯の作動が停止する構造であること。

4) 側方照射灯は、その照明部の下縁の高さが地上 0.25m 以上、上縁の高さが地上 0.9m 以下であって、すれ違い用前照灯の照明部の上縁を含む水平面以下となるように取付けられていること。

★平成 21 年 3 月 31 日以前に製作された乗車定員 10 人未満の乗用自動車については、その照明部の上縁の高さがすれ違い用前照灯の照明部の上縁を含む水平面以下であればよい。
★平成 8 年 1 月 31 日以前に製作された自動車の側方照射灯は、その照明部の中心の高さがすれ違い用前照灯の照明部の中心を含む水平面以下であればよい。

5) 側方照射灯は、車両中心面の両側に 1 個ずつ取付けられていること。

★平成 21 年 3 月 31 日以前に製作された乗車定員 10 人未満の乗用自動車については、400mm 以内の規定は適用しない。

6) 側方照射灯の照明部の最後縁は、自動車の前端から 1 m までの間にあること。

★平成 21 年 3 月 31 日以前に製作された乗車定員 10 人未満の乗用自動車については、側方照射灯の照明部の最前縁は、自動車の前端から 2.5m までの間にあればよい。

7) 側方照射灯は、その照射光線の方向が振動、衝撃等により容易にくるうおそれのないものであること。
8) 側方照射灯は、点滅するものでないこと。
9) 側方照射灯の直射光又は反射光は、当該側方照射灯を備える自動車及び他の自動車の運転操作を妨げるものでないこと。

10) 側方照射灯は、灯器の取付部及びレンズ取付部に緩み、がたがない等その性能を損なわないように取り付けられていること。

② 次に掲げる側方照射灯であってその機能を損なう損傷等がないものは、前項①の基準に適合するものとする。

1) 指定自動車等に備えられたものと同一の構造を有し、かつ、同一の位置に備えられた側方照射灯

2) 法第75条の2第1項の規定に基づき指定を受けた特定共通構造部に備えられている側方照射灯と同一の構造を有し、かつ、同一の位置に備えられている側方照射灯又はこれに準ずる性能を有する側方照射灯

3) 法第75条の3第1項の規定に基づき灯火器及び反射器並びに指示装置の取付装置としての指定を受けた自動車に備える側方照射灯と同一の構造を有し、かつ、同一の位置に備えられた側方照射灯

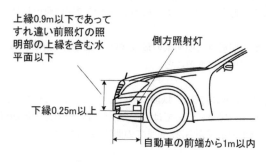

【側方照射灯の取付位置】

【低速走行時側方照射灯】
自動車の側面には、低速走行時側方照射灯を備えることができる。

◆保安基準33条の3　◆審査事務規程7－73、8－73
◆細目告示200条の2

▶視認等による審査（性能要件）

①低速走行時側方照射灯は、自動車が次に定める速度以下の
　速度で走行する場合において、当該自動車の側方にある交
　通上の障害物を確認でき、かつ、その照射光線が他の交通
　を妨げないものであること。

　1）変速装置を前進の位置に操作している状態にあっては、
　　　最高速度15km/h。

②低速走行時側方照射灯であって、速度、灯光の色、明るさ
　等に関し、視認等その他適切な方法により審査した場合に、
　次の基準に適合するものは①の基準に適合するものとする。

　1）低速走行時側方照射灯の照射光線は、他の交通を妨げな
　　　いものであること。

　2）低速走行時側方照射灯の灯光の色は、白色であること。

　3）低速走行時側方照射灯は、灯器が損傷し、又はレンズ面
　　　が著しく汚損しているものでないこと。

③次に掲げる低速走行時側方照射灯であって、その機能を損
　なう損傷等のないものは、①の基準に適合するものとする。

　1）指定自動車等に備えられているものと同一の構造を有し、
　　　かつ、同一の位置に備えられた低速走行時側方照射灯

　2）法第75条の2第1項の規定に基づき指定を受けた特定
　　　共通構造部に備えられている低速走行時側方照射灯又は
　　　これに準ずる性能を有する低速走行時側方照射灯

　3）法第75条の3第1項の規定に基づき装置の指定を受け
　　　た低速走行時側方照射灯又はこれに準ずる性能を有する
　　　低速走行時側方照射灯

▶視認等による審査（取付要件）

①低速走行時側方照射灯は、その性能を損なわないように、
　かつ、取付位置、取付方法等に関し、次の基準に適合する
　ように取付けられていること。この場合において、低速走
　行時側方照射灯の照明部の取扱いは、別添13によるもの

とする。

1) 低速走行時側方照射灯の数は、2個以下であること。

2) 低速走行時側方照射灯は、自動車の側面に下方に向けて取付けられていること。

3) 低速走行時側方照射灯を、2個備える場合にあっては、車両中心面の両側に1個ずつ取付けられていること。

4) 低速走行時側方照射灯は、前照灯が点灯していない場合、点灯できない構造であること。

5) 低速走行時側方照射灯は、次のaからcまでの要件を一つ以上満たす場合に限り自動的に点灯するものとすること。

a. 変速装置を前進の位置に操作しており、かつ、原動機の始動装置を始動の位置に操作した状態（アイドリングストップ対応自動車等にあっては、原動機自動停止に続いて原動機が始動した状態を除く。）において、自動車の速度が15km/h以下の場合

b. 変速装置を後退の位置に操作している場合

c. 自動車の周辺状況について必要な視界を運転者に与えるため、必要な画像情報を撮影する装置が作動しており、かつ、変速装置を前進の位置に操作した状態において、自動車の速度が15km/h以下の場合

6) 低速走行時側方照射灯は、変速装置を前進の位置に操作した状態において、自動車の速度が15km/hを超えた場合には、消灯する構造であること。

7) 低速走行時側方照射灯は、点滅するものでないこと。

8) 低速走行時側方照射灯の直射光又は反射光は、当該低速走行時側方照射灯を備える自動車及び他の自動車の運転操作を妨げるものでないこと。

9) 低速走行時側方照射灯は、灯器の取付部及びレンズ取付部に緩み、がたがない等7-73-2に掲げる性能を損なわないように取付いていること。

②次に掲げる低速走行時側方照射灯であって、その機能を損

なう損傷等のないものは、①の基準に適合するものとする。

1) 指定自動車等に備えられているものと同一の構造を有し、かつ、同一の位置に備えられた低速走行時側方照射灯

2) 法第75条の2第1項の規定に基づき指定を受けた特定共通構造部に備えられている低速走行時側方照射灯と同一の構造を有し、かつ、同一の位置に備えられている低速走行時側方照射灯又はこれに準ずる性能を有する低速走行時側方照射灯

3) 法第75条の3第1項の規定に基づき灯火器及び反射器並びに指示装置の取付装置について装置の指定を受けた自動車に備える低速走行時側方照射灯と同一の構造を有し、かつ、同一の位置に備えられた低速走行時側方照射灯又はこれに準ずる性能を有する低速走行時側方照射灯

【車幅灯】

自動車の前面の両側には、車幅灯を備えること。

◆保安基準 34 条　　　◆審査事務規程 7 − 74、8 − 74

◆細目告示 201 条

▶視認等による審査（性能要件）

①車幅灯は、夜間に自動車の前方にある他の交通に当該自動車の幅を示すことができ、かつ、その照射光線が他の交通を妨げないものとして、灯光の色、明るさ等に関する次の基準に適合するものであること。

1) 車幅灯は、夜間にその前方 300m の距離から点灯を確認できるものであり、かつ、その照射光線は、他の交通を妨げないものであること。この場合において、その光源が 5W 以上 30W 以下で照明部の大きさが 15cm² 以上であり、かつ、その機能が正常である車幅灯は、この基準に適合するものとする。

2) 車幅灯の灯光の色は、白色であること。ただし、方向指示器、非常点滅表示灯又は側方灯と構造上一体となっているもの、又は兼用のものにあっては、橙色であってもよい。

3) 車幅灯の照明部は、車幅灯の中心を通り自動車の進行方向に直交する水平線を含む水平面より上方15°の平面及び下方15°の平面、並びに車幅灯の中心を含む自動車の進行方向に平行な鉛直面より車幅灯の内側方向45°の平面及び車幅灯の外側方向80°の平面により囲まれる範囲においてすべての位置から見通すことができるものであること。

4) 車幅灯は、灯器が損傷し、又はレンズ面が著しく汚損しているものでないこと。

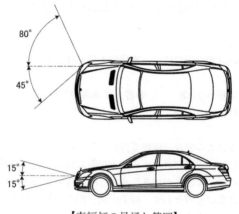

80°
45°
15°
15°

【車幅灯の見通し範囲】

②次に掲げる車幅灯であって、その機能を損なう損傷等のないものは、前項①の基準に適合するものとする。

1) 指定自動車等に備えられているものと同一の構造を有し、かつ、同一の位置に備えられた車幅灯

2) 法第75条の2第1項の規定に基づき指定を受けた特定共

227

通構造部に備えられている車幅灯又はこれに準ずる性能
を有する車幅灯

3) 法第 75 条の 3 第 1 項の規定に基づき装置の指定を受けた
車幅灯又はこれに準ずる性能を有する車幅灯

★上記規定① 2) のただし書の規定による橙色の灯光の色に
ついて、視認により橙色でないおそれがあると認められる
ときは、別添 13 に規定する方法に基づき測定した色度座
標の値が、橙色として定められた範囲内にあるものは同規
定に適合するものとする。

☛「**色度座標**」とは、国際照明委員会（CIE）規格 15.2. に定
める色度座標（x.y）のこと。

▶**視認等による審査（取付要件）**
①車幅灯は、その性能を損なわないように、かつ、取付位置、
取付方法等に関する次の基準に適合するように取り付けら
れていること。この場合において、車幅灯の照明部、個数
及び取付位置の測定方法は、別添 13 によるものとする。

1) 車幅灯の数は、2 個又は 4 個であること。

2) 車幅灯は、その照明部の上縁の高さが地上 2.1m 以下、下縁の
高さが地上 0.25m 以上となるように取り付けられていること。

3) 車幅灯の照明部の最外縁は、自動車の最外側から 400mm
以内（被牽引自動車にあっては、150mm 以内）となるよ
うに取り付けられていること。

4) 前面の両側に備える車幅灯は、車両中心面に対して対称の位置
に取り付けられたものであること。ただし、前面が左右対称
でない自動車に備える車幅灯にあっては、この限りでない。

5) 車幅灯の点灯操作状態を運転者席の運転者に表示する装
置を備えること。ただし、車幅灯と連動して点灯する運
転者席及びこれと並列の座席の前方に設けられる計器類

を備える自動車にあっては、この限りでない。

6) 次の自動車に備える車幅灯は、前照灯又は前部霧灯が点灯している場合に消灯できない構造であること。

a. 大型特殊自動車、農耕作業用小型特殊自動車及び除雪、土木作業その他特別な用途に使用される自動車で地方運輸局長の指定するものであって、その自動車の構造上自動車の最外側から400mm以内にすれ違い用前照灯を取付けることができないもの

☛「農耕作業用小型特殊自動車」とは、道路運送車両法施行規則（昭和26年運輸省令第74号）別表第1小型特殊自動車の項第2号に掲げる自動車

b. 大型特殊自動車、小型特殊自動車及び除雪、土木作業その他特別な用途に使用される自動車で地方運輸局長の指定するものであって、その自動車の構造上自動車の最外側から400mm以内に前部霧灯を取付けることができないもの

7) 車幅灯は、尾灯、前部上側端灯、後部上側端灯、側方灯及び番号灯と同時に点灯及び消灯できる構造であること。ただし、駐車灯と兼用の車幅灯及び駐車灯と兼用の尾灯並びに車幅灯、尾灯及び側方灯と兼用の駐車灯を備える場合は、この限りでない。

8) 車幅灯は、点滅するものでないこと。

9) 車幅灯の直射光又は反射光は、当該車幅灯を備える自動車及び他の自動車の運転操作を妨げるものでないこと。

10) 方向指示器又は非常点滅表示灯と兼用の前面の両側に備える車幅灯（白色のものに限る。）は、方向指示器又は非常点滅表示灯を作動させている場合においては、6）から8）までの基準にかかわらず、方向の指示をしている側のもの又は両側のものが消灯する構造であってもよい。

11) 方向指示器又は非常点滅表示灯と兼用の前面の両側に備
える車幅灯（橙色のものに限る。）は、方向指示器又は
非常点滅表示灯を作動させている場合には、方向の指示
をしている側のもの又は両側のものが消灯する構造であ
ること。

12) 車幅灯は、灯器の取付部及びレンズ取付部に緩み、がた
がない等その性能を損なわないように取り付けられてい
ること。

②次に掲げる車幅灯であってその機能を損なう損傷等のない
ものは、①の基準に適合するものとする。

1) 指定自動車等に備えられたものと同一の構造を有し、か
つ、同一の位置に備えられた車幅灯

2) 法第75条の2第1項の規定に基づき指定を受けた特定共
通構造部に備えられている車幅灯と同一の構造を有し、
かつ、同一の位置に備えられている車幅灯又はこれに準
ずる性能を有する車幅灯

3) 法第75条の3第1項の規定に基づき灯火器及び反射器並
びに指示装置の取付装置について装置の指定を受けた自
動車に備える車幅灯と同一の構造を有し、かつ、同一の
位置に備えられた車幅灯又はこれに準ずる性能を有する
車幅灯

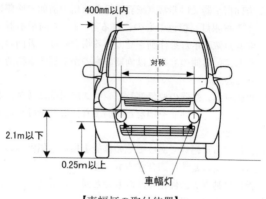

【車幅灯の取付位置】

【前部上側端灯】

自動車の前面の両側には、前部上側端灯を備えることができる。

　◆保安基準 34 条の 2　◆審査事務規程 7 - 75、8 - 75
　◆細目告示 202 条

☛「前部上側端灯」とは、取付位置が車両の前部若しくは後部又は上部若しくは下部にかかわらず、前方に側端を表示する灯火のこと。

▶視認等による審査（性能要件）

①前部上側端灯は、夜間に自動車の前方にある他の交通に当該自動車の高さ及び幅を示すことができ、かつ、その照射光線が他の交通を妨げないものとして、灯光の色、明るさ等に関する次の基準に適合するものであること。

1）前部上側端灯は、夜間にその前方 300m の距離から点灯を確認できるものであり、かつ、その照射光線は、他の交通を妨げないものであること。この場合において、そ

の光源が 5 W 以上 30W 以下で照明部の大きさが 15cm²
以上であり、かつ、その機能が正常である前部上側端灯
は、この基準に適合するものとする。

★前部上側端灯の光度は 300cd 以下のものであること。

［保安基準 42 条　灯火等の制限］

2）前部上側端灯の灯光の色は、白色であること。

3）前部上側端灯は、灯器が損傷し、又はレンズ面が著しく
汚損しているものでないこと。

②次に掲げる前部上側端灯であって、その機能を損なう損傷
等のないものは、前項①の基準に適合するものとする。

1）指定自動車等に備えられているものと同一の構造を有し、
かつ、同一の位置に備えられた前部上側端灯

2）法第 75 条の 2 第 1 項の規定に基づき指定を受けた特定共
通構造部に備えられている前部上側端灯又はこれに準ず
る性能を有する前部上側端灯

3）法第 75 条の 3 第 1 項の規定に基づき装置の指定を受けた
前部上側端灯又はこれに準ずる性能を有する前部上側端
灯

▶**視認等による審査（取付要件）**

①前部上側端灯は、その性能を損なわないように、かつ、取付
位置、取付方法等に関する次の基準に適合するように取り
付けられていること。この場合において、前部上側端灯の照
明部、個数及び取付位置の測定方法は、別添 13 によるもの
とする。

1）前部上側端灯は、その照明部の上縁の高さが前面ガラスの最上
端を含む水平面以上となるように取り付けられていること。
ただし、前部上側端灯を 4 個備える場合には、上側 2 個
の照明部上縁高さが前面ガラスの最上端を含む水平面以
上となる位置に取り付けられ、かつ、上側 2 個の照明部

上縁と下側 2 個の照明部下縁の垂直方向の距離が自動車の構造上可能な限り離れた位置に取り付けられていること。また、下側の照明部の最前縁と自動車の後端からの距離が 400mm 以内であり、かつ、可能な限り自動車の後端に近付けて取り付けられていること。

2) 前部上側端灯の照明部の最外縁は、自動車の最外側から 400mm 以内となるように取り付けられていること。

3) 前面の両側に備える前部上側端灯は、車両中心面に対して対称の位置に取り付けられたものであること。ただし前面が左右対称でない自動車に備える前部上側端灯にあっては、この限りではない。

4) 前部上側端灯は、その照明部と車幅灯の照明部を車両中心面に直交する鉛直面に投影したときに 200mm 以上離れるような位置に取り付けられていること。

5) 前部上側端灯の照明部は、前部上側端灯の中心を通り自動車の進行方向に直交する水平線を含む、水平面より上方 15° の平面（前部上側端灯の H 面の高さが地上 2.1m を超えるように取付けられている場合にあっては、上方 5° の平面）及び下方 15° の平面並びに前部上側端灯の中心を含む、自動車の進行方向に平行な鉛直面及び当該鉛直面より前部上側端灯の外側方向 80° の平面により囲まれる範囲においてすべての位置から見通すことができるものであること。この場合において、「全ての位置から見通すことができる」とは、別添 13 の 3.4. の規定により審査したときに、対象となる照明部のうち、少なくとも 8-72-2 (1)① に規定する照明部の大きさを有する部分を見通せることをいう。ただし、自動車の構造上、すべての位置から見通すことができるように取り付けることができない場合にあっては、別添 13 の 3.4. の規定により審査したときに、可能な限り見通すことができる位置に取り付けられていること。

☛「H面」とは、灯火器の基準中心（灯火等の製作者が定める基準軸と発光面との交点をいう。）を含む水平面のこと。

6) 前部上側端灯は、車幅灯が点灯している場合に消灯できない構造であること。
7) 前部上側端灯は、点滅するものでないこと。
8) 前部上側端灯の直射光又は反射光は、当該前部上側端灯を備える自動車及び他の自動車の運転操作を妨げるものでないこと。
9) 前部上側端灯は、灯器の取付部及びレンズ取付部に緩み、がたがない等その性能を損なわないように取り付けられていること。

【昼間走行灯（デイタイムランニングランプ）】
自動車の前面には、昼間走行灯を備えることができる。

◆保安基準34条の3
◆審査事務規程7 - 76、8 - 76
◆細目告示202条の2

▶視認等による審査（性能要件）
①昼間走行灯は、昼間に自動車の前方にある他の交通からの視認性を向上させ、かつ、その照射光線が他の交通を妨げないものとして、灯光の色、明るさ等に関し、視認等その他適切な方法により審査したときに、次の基準に適合するものであること。
1) 昼間走行灯の光度は、1,440cd 以下であること。
2) 昼間走行灯の照射光線は、他の交通を妨げないものであること。
3) 昼間走行灯の灯光の色は、白色であること。
4) 昼間走行灯は、灯器が損傷し、又はレンズ面が著しく汚

損していないこと。

5) 昼間走行灯は、レンズ取付部に緩み、がた等がないこと。

6) 昼間走行灯の照明部の大きさは、25cm² 以上 200cm² 以下であること。

②次に掲げる昼間走行灯であって、その機能を損なう損傷等のないものは、前項①の基準に適合するものとする。

1) 指定自動車等に備えられているものと同一の構造を有し、かつ、同一の位置に備えられた昼間走行灯

2) 規定に基づき指定を受けた特定共通構造部に備えられている昼間走行灯又はこれに準ずる性能を有する昼間走行灯

3) 規定に基づき装置の指定を受けた昼間走行灯又はこれに準ずる性能を有する昼間走行灯

▶視認等による審査（取付要件）

①昼間走行灯の取付位置、取付方法等に関する基準は、次の各号に掲げる基準とする。この場合において、昼間走行灯の照明部、個数及び取付位置の測定方法は、別添 13 によるものとする。

1) 昼間走行灯の数は、2個であること。

2) 昼間走行灯は、その照明部の最内縁において 600mm（幅が 1,300mm 未満の自動車にあっては、400mm）以上の間隔を有するものであること。

3) 昼間走行灯は、その照明部の下縁の高さが地上 250mm以上、上縁の高さが地上 1,500mm 以下となるように取り付けられていること。

4) 前面が左右対称である自動車に備える昼間走行灯は、車両中心面に対し対称の位置に取り付けられていること。

5) 昼間走行灯の照明部は、昼間走行灯の中心を通り自動車の進行方向に直交する水平線を含む、水平面より上方 10°の平面及び下方 10°の平面並びに昼間走行灯の中心を含む、自動車の進行方向に平行な鉛直面より昼間走行

235

灯の内側方向 20° の平面及び昼間走行灯の外側方向 20°
の平面により囲まれる範囲においてすべての位置から見
通すことができるものであること。
6) 原動機の操作装置が始動の位置にないとき及び前部霧灯
又は前照灯が点灯しているときは、昼間走行灯は自動的
に消灯するように取り付けられなければならない。ただ
し、道路交通法第 52 条第 1 項の規定により前照灯を点
灯しなければならない場合以外の場合において、専ら手
動により走行用前照灯を短い間隔で断続的に点滅する、
又は交互に点灯させる場合にあっては、この限りでない。
7) 昼間走行灯は、点滅するものでないこと。
8) 昼間走行灯の直射光又は反射光は、当該昼間走行灯を備
える自動車及び他の自動車の運転操作を妨げるものでな
いこと。
9) 自動車の前面に備える方向指示器と昼間走行灯との距離
が 40mm 以下である場合にあっては、方向指示器の作
動中、当該方向指示器と同じ側の昼間走行灯は、消灯す
るか、又は光度が低下する構造であってもよい。
10) 方向指示器が昼間走行灯との兼用式である場合にあっ
ては、方向指示器の作動中、当該方向指示器と同じ側
の昼間走行灯は消灯する構造であること。
11) 昼間走行灯は、灯器の取付部及びレンズ取付部に緩み、
がたがない等第 1 項に掲げる性能を損なわないように
取り付けられていること。

【前部反射器】：省略
　◆保安基準 35 条　　　◆審査事務規程 7 − 77、8 − 77
　◆細目告示 203 条

【側方灯及び側方反射器】：省略
　◆保安基準 35 条の 2

◆審査事務規程 7 - 78、7 - 79、8 - 78、8 - 79
◆細目告示 204 条

【番号灯】
自動車の後面には、番号灯を備えること。

◆保安基準 36 条　　　◆審査事務規程 7 - 80、8 - 80
◆細目告示 205 条

▶視認等による審査（性能要件）
①番号灯は、夜間に自動車登録番号標、臨時運行許可番号標、
　回送運行許可番号標又は車両番号標の番号等を確認できる
　ものとして、灯光の色、明るさ等に関する基準に適合する
　ものであること。
　1) 番号灯は、夜間後方 20m の距離から自動車登録番号標、
　　臨時運行許可番号標、回送運行許可番号標又は車両番号
　　標の数字等の表示を確認できるものであること。この場
　　合において、次のいずれかに該当する番号灯は、この基
　　準に適合するものとする。
　a. 自動車に備える番号灯にあっては、番号灯試験器を用い
　　て計測した番号標板面の照度が 8 ルクス（lx）以上のも
　　の又は UNR148-00 の 4. 及び 5.11.（クラス 2a 及び 2b
　　に係るものに限る。）若しくは UN R4-00-S19 の 9.（ク
　　ラス 2a 及び 2b に係るものに限る。）に基づく番号標板
　　面の輝度が 2cd/m² 以上のものであり、その機能が正常
　　であるもの。

☛「UN R4」とは、番号灯に係る協定規則

　2) 番号灯の灯光の色は、白色であること。
　3) 番号灯は、灯器が損傷し、又はレンズ面が著しく汚損

237

している若しくは一部が点灯しないものでないこと。

②次に掲げる番号灯であってその機能を損なう損傷等のない
ものは、前項①の基準に適合するものとする。

1) 指定自動車等に備えられている番号灯と同一の構造を
有し、かつ、同一の位置に備えられた番号灯

2) 法第75条の2第1項の規定に基づき指定を受けた特定
共通構造部に備えられている番号灯又はこれに準ずる
性能を有する番号灯

3) 法第75条の3第1項の規定に基づき装置の指定を受け
た番号灯又はこれに準ずる性能を有する番号灯

4) 施行規則第11条第3項に適合すると認められた後面に
備えられた字光式自動車登録番号標

▶**視認等による審査（取付要件）**

①番号灯は、その性能を損なわないように、かつ、取付位置、
取付方法等に関する次の基準に適合するように取り付けら
れていること。

1) 番号灯は、運転者席において消灯できない構造又は前照
灯、前部霧灯若しくは車幅灯のいずれかが点灯している
場合に消灯できない構造であること。ただし、パッシン
グにより、前照灯又は前部霧灯を点灯させる場合に、番
号灯が点灯しない装置を備えることができる。

2) 番号灯は、点滅しないものであること。

3) 番号灯の直射光又は反射光は、当該番号灯を備える自動
車及び他の自動車の運転操作を妨げるものでないこと。

4) 番号灯は、灯器の取付部及びレンズ取付部に緩み、がた
がない等その性能を損なわないように取り付けられてい
ること。

②次に掲げる番号灯であってその機能を損なう損傷等のない
ものは、前項①の基準に適合するものとする。

1) 指定自動車等に備えられたものと同一の構造を有し、か

つ、同一の位置に備えられた番号灯

2) 法第 75 条の 2 第 1 項の規定に基づき指定を受けた特定
   共通構造部に備えられている番号灯と同一の構造を有し、
   かつ、同一の位置に備えられている番号灯又はこれに準
   ずる性能を有する番号灯

3) 法第 75 条の 3 第 1 項の規定に基づき灯火器及び反射器
   並びに指示装置の取付装置について装置の指定を受けた
   自動車に備える番号灯と同一の構造を有し、かつ、同一
   の位置に備えられた番号灯又はこれに準ずる性能を有す
   る番号灯

【尾灯】

自動車の後面の両側には、尾灯を備えること。

◆保安基準 37 条　　◆審査事務規程 7 - 81、8 - 81
◆細目告示 206 条

▶視認等による審査（性能要件）

①尾灯は、夜間に自動車の後方にある他の交通に当該自動車
　の幅を示すことができ、かつ、その照射光線が他の交通を
　妨げないものとして、灯光の色、明るさ等に関する次の基
　準に適合するものであること。この場合において、尾灯の
　照明部の取扱いは、別添 13 によるものとする。

1) 尾灯は、夜間にその後方 300m の距離から点灯を確認できる
   ものであり、かつ、その照射光線は、他の交通を妨げない
   ものであること。この場合において、その光源が 5W 以上
   で照明部の大きさが 15cm^2 以上であり、かつ、その機能
   が正常である尾灯は、この基準に適合するものとする。

★平成 18 年 1 月 1 日以降に製作された自動車に備える尾灯
　にあっては、光源が 5 W 以上 30W 以下で照明部の大きさ

が 15cm² 以上であること。

★尾灯の光度は 300cd 以下のものであること。ただし、平成 17 年 12 月 31 日以前に製作された自動車は、300cd を超えてもよい。　　　　　　　　　［保安基準 42 条　灯火等の制限］

2) 尾灯の灯光の色は、赤色であること。

3) 尾灯の照明部は、尾灯の中心を通り自動車の進行方向に直交する水平線を含む、水平面より上方 15°の平面及び下方 15°の平面並びに尾灯の中心を含む、自動車の進行方向に平行な鉛直面より尾灯の内側方向 45°の平面及び尾灯の外側方向 80°の平面により囲まれる範囲において全ての位置から見通すことができるものであること。

★平成 17 年 12 月 31 日以前に製作された自動車については、この見通し範囲の規定は適用されない。

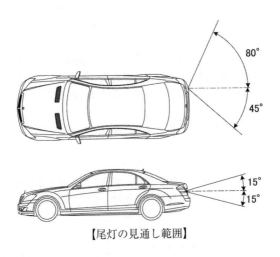

【尾灯の見通し範囲】

▶視認等による審査（取付要件）

①尾灯は、その性能を損なわないように、かつ、取付位置、取付方法等に関する次の基準に適合するように取り付けられていること。この場合において、尾灯の照明部、個数及び取付位置の測定方法は、別添13によるものとする。

1) 尾灯は、運転者席において消灯できない構造又は前照灯、前部霧灯若しくは車幅灯のいずれかが点灯している場合に消灯できない構造であること。

2) 尾灯は、その照明部の上縁の高さが地上2.1m以下、下縁の高さが地上0.35m以上となるように取り付けられていること。

★平成17年12月31日以前に製作された自動車の尾灯については、その照明部の上縁の高さが地上2.1m以下であればよい。

3) 後面の両側に備える尾灯にあっては、最外側にあるものの照明部の最外縁は、自動車の最外側から400mm以内となるように取り付けられていること。

4) 後面の両側に備える尾灯は、車両中心面に対して対称の位置に取り付けられたものであること。ただし、後面が左右対称でない自動車に備える尾灯にあっては、この限りでない。

5) 尾灯の点灯操作状態を運転者席の運転者に表示する装置を備えること。

6) 尾灯は、点滅するものでないこと。

7) 尾灯の直射光又は反射光は、当該尾灯を備える自動車及び他の自動車の運転操作を妨げるものでないこと。

8) 尾灯は、自動車の前方を照射しないように取り付けられていること。

9) 二輪自動車、側車付二輪自動車並びにカタピラ及びそりを有する軽自動車以外の自動車に備える方向指示器又は

非常点滅表示灯と兼用の尾灯は、方向指示器又は非常点
　　滅表示灯を作動させている場合においては、①1)及び
　　6)の基準にかかわらず、方向の指示をしている側のもの
　　又は両側のものが消灯する構造であってもよい。
10) 尾灯は、灯器の取付部及びレンズ取付部に緩み、がたが
　　ない等その性能を損なわないように取り付けられている
　　こと。
②次に掲げる尾灯であってその機能を損なう損傷等のないも
　のは、前項①の基準に適合するものとする。
　1) 指定自動車等に備えられたものと同一の構造を有し、か
　　つ、同一の位置に備えられた尾灯
　2) 法第75条の2第1項の規定に基づき指定を受けた特定共
　　通構造部に備えられている尾灯と同一の構造を有し、か
　　つ、同一の位置に備えられている尾灯又はこれに準ずる
　　性能を有する尾灯
　3) 法第75条の3第1項の規定に基づき灯火器及び反射器並
　　びに指示装置の取付装置について装置の指定を受けた自
　　動車に備える尾灯と同一の構造を有し、かつ、同一の位
　　置に備えられた尾灯又はこれに準ずる性能を有する尾灯

【後部霧灯】
自動車の後面には、後部霧灯を備えることができる。

　◆保安基準37条の2　◆審査事務規程7－82、8－82
　◆細目告示207条

▶視認等による審査（性能要件）
①後部霧灯は、霧等により視界が制限されている場合におい
　て、自動車の後方にある他の交通からの視認性を向上させ、
　かつ、その照射光線が他の交通を妨げないものとして、灯
　光の色、明るさ等に関する次の基準に適合するものである

こと。この場合において、後部霧灯の照明部の取扱いは、別添94によるものとする。

1) 後部霧灯の照射光線は、他の交通を妨げないものであること。この場合において、その光源が35W以下で照明部の大きさが140cm²以下であり、かつ、その機能が正常である後部霧灯は、この基準に適合するものとする。

★平成17年12月31日以前に製作された自動車の後部霧灯の光度は、尾灯の光度を超えるものであること。
★後部霧灯の光度は300cd以下のものであること。

[保安基準 42条 灯火等の制限]

2) 後部霧灯の灯光の色は、赤色であること。
3) 後部霧灯は、灯器が損傷し又はレンズ面が著しく汚損しているものでないこと。

②次に掲げる後部霧灯であって、その機能を損なう損傷等のないものは、前項①の基準に適合するものとする。

1) 指定自動車等に備えられているものと同一の構造を有し、かつ、同一の位置に備えられた後部霧灯
2) 法第75条の2第1項の規定に基づき指定を受けた特定共通構造部に備えられている後部霧灯又はこれに準ずる性能を有する後部霧灯
3) 法第75条の3第1項の規定に基づき装置の指定を受けた後部霧灯又はこれに準ずる性能を有する後部霧灯

▶視認等による審査（取付要件）

①後部霧灯は、その性能を損なわないように、かつ、取付位置、取付方法等に関する次の基準に適合するように取り付けられていること。

1) 後部霧灯の数は、2個以下であること。
2) 後部霧灯は、前照灯又は前部霧灯が点灯している場合にのみ点灯できる構造であり、かつ、前照灯又は前部霧灯

のいずれが点灯している場合においても消灯できる構造
であること。
3) 後部霧灯は、次のいずれかの要件に適合する構造であること。
 a. 原動機を停止し、かつ、運転者席の扉を開放した場合に、
   後部霧灯の点灯操作装置が点灯位置にあるときは、その
   旨を運転者席の運転者に音により警報すること。
 b. 前照灯又は前部霧灯を消灯した場合にあっても点灯して
   いるときは、尾灯は点灯しており、かつ、尾灯を消灯し
   た後、前照灯又は前部霧灯を点灯した場合には、再度、
   後部霧灯の点灯操作を行うまで消灯していること。
4) 後部霧灯は，その照明部の上縁の高さが地上1m以下、下
   縁の高さが地上0.25m以上となるように取り付けられて
   いること。
5) 後部霧灯の照明部は、制動灯の照明部から100mm以上離
   れていること。

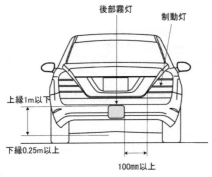

【後部霧灯の取付位置】

6) 後部霧灯の照明部は、後部霧灯の中心を通り自動車の進
   行方向に直交する水平線を含む、水平面より上方5°の
   平面及び下方5°の平面並びに後部霧灯の中心を含む、

自動車の進行方向に平行な鉛直面より後部霧灯の内側方向25°の平面及び後部霧灯の外側方向25°の平面により囲まれる範囲においてすべての位置から見通すことができるように取り付けられていること。ただし、自動車の構造上、すべての位置から見通すことができるように取り付けることができない場合にあっては、可能な限り見通すことができる位置に取り付けられていること。

★平成17年12月31日以前に製作された自動車については、この見通し範囲の規定は適用されない。

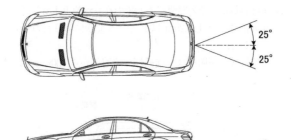

【後部霧灯の見通し範囲】

7) 後部霧灯を1個備える場合にあっては、当該後部霧灯の中心が車両中心面上又はこれより右側の位置となるように取り付けられていること。
8) 後部霧灯の点灯操作状態を運転者席の運転者に表示する装置を備えること。
9) 後部霧灯は、点滅するものでないこと。
10) 後部霧灯の直射光又は反射光は、当該後部霧灯を備える自動車及び他の自動車の運転操作を妨げるものでないこと。

11) 後部霧灯は、前方を照射しないように取り付けられていること。

12) 後部霧灯は、灯器の取付部及びレンズ取付部に緩み、がたがない等その性能を損なわないように取り付けられていること。

②次に掲げる後部霧灯であってその機能を損なう損傷等のないものは、前項①の基準に適合するものとする。

1) 指定自動車等に備えられたものと同一の構造を有し、かつ、同一の位置に備えられた後部霧灯

2) 法第75条の2第1項の規定に基づき指定を受けた特定共通構造部に備えられている後部霧灯と同一の構造を有し、かつ、同一の位置に備えられている後部霧灯又はこれに準ずる性能を有する後部霧灯

3) 法第75条の3第1項の規定に基づき灯火器及び反射器並びに指示装置の取付装置について装置の指定を受けた自動車に備える後部霧灯と同一の構造を有し、かつ、同一の位置に備えられた後部霧灯又はこれに準ずる性能を有する後部霧灯

【駐車灯】

自動車の前面及び後面の両側又はその両側面には、駐車灯を備えることができる。

◆保安基準37条の3　◆審査事務規程7 − 83、8 − 83
◆細目告示208条

▶視認等による審査（性能要件）

①駐車灯は、夜間に駐車している自動車の存在を他の交通に示すことができ、かつ、その照射光線が他の交通を妨げないものとして、灯光の色、明るさ等に関する次の基準に適合するものであること。

1) 駐車灯は、前面に備える駐車灯にあっては夜間前方150mの距離から、後面に備える駐車灯にあっては夜間後方150mの距離から、両側面に備えるものにあっては夜間前方150mの距離及び夜間後方150mの距離から点灯を確認できるものであり、かつ、その照射光線は、他の交通を妨げないものであること。この場合において、その光源が3W以上30W以下で照明部の大きさが10cm²以上であり、かつ、その機能が正常である駐車灯は、この基準に適合するものとする。

★前面及び両側面に備える駐車灯の光度は300cd以下のものであること。　　　　［保安基準 42条　灯火等の制限］

2) 駐車灯の灯光の色は、前面に備えるものにあっては白色、後面に備えるものにあっては赤色、両側面に備えるものにあっては自動車の進行方向が白色であり、かつ、自動車の後退方向が赤色であること。ただし、側方灯又は自動車の両側面に備える方向指示器と構造上一体となっている駐車灯にあっては、橙色であってもよい。

3) 前面又は後面に備える駐車灯の照明部は、駐車灯の中心を通り自動車の進行方向に直交する水平線を含む、水平面より上方15°の平面及び下方15°の平面並びに駐車灯の中心を含む、自動車の進行方向に平行な鉛直面及び当該鉛直面より駐車灯の外側方向45°の平面により囲まれる範囲においてすべての位置から見通すことができるものであること。

4) 両側面に備える駐車灯の照明部は、駐車灯の中心を通り自動車の進行方向に直交する水平線を含む、水平面より上方15°の平面及び下方15°の平面並びに駐車灯の中心を含む、自動車の進行方向に平行な鉛直面及び当該鉛直面より駐車灯の外側前方向45°の鉛直面により囲まれる範囲並びに駐車灯の中心を通り自動車の進行方向に直行する水平線を含む、

水平面より上方15°の平面及び下方15°の平面並びに駐車灯の中心を含む、自動車の進行方向に平行な鉛直面及び当該鉛直面より駐車灯の外側後方向45°の鉛直面により囲まれる範囲においてすべての位置から見通すことができるものであること。

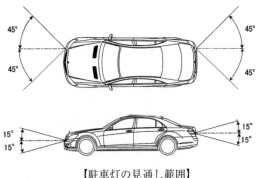

【駐車灯の見通し範囲】

5) 駐車灯は、灯器が損傷し又はレンズ面が著しく汚損しているものでないこと。

② 次に掲げる駐車灯であって、その機能を損なう損傷等のないものは、前項①の基準に適合するものとする。

1) 指定自動車等に備えられているものと同一の構造を有し、かつ、同一の位置に備えられた駐車灯

2) 法第75条の2第1項の規定に基づき指定を受けた特定共通構造部に備えられている駐車灯又はこれに準ずる性能を有する駐車灯

3) 法第75条の3第1項の規定に基づき装置の指定を受けた駐車灯又はこれに準ずる性能を有する駐車灯

③ 前項①2) の規定による赤色又は橙色の灯光の色について、視認により赤色又は橙色でないおそれがあると認められるときは、別添13に規定する方法に基づき測定した色度座

標の値が、赤色又は橙色として定められた範囲内にあるものは同規定に適合するものとする。

▶視認等による審査（取付要件）

①駐車灯は、その性能を損なわないように、かつ、取付位置、取付方法等に関する次の基準に適合するように取り付けられていること。この場合において、駐車灯の照明部、個数及び取付位置の測定方法は、別添13によるものとする。

1) 前面又は後面の両側に備える駐車灯の照明部の最外縁は、自動車の最外側から400mm以内となるように取り付けられていること。

2) 前面又は後面の両側に備える駐車灯は、車両中心面に対して対称の位置に取り付けられたものであること。ただし、前面又は後面が左右対称でない自動車に備える駐車灯にあっては、この限りでない。

3) 後面に備える駐車灯は、そのすべてが同時に点灯するものであること。ただし、長さ6m以上又は幅2m以上の自動車以外の自動車にあっては、左側又は右側の駐車灯のみ点灯する構造とすることができる。

4) 前面に備える駐車灯は、後面に備える駐車灯が点灯している場合にのみ点灯する構造であること。

5) 原動機の回転が停止している状態において点灯することができるものであること。

6) 駐車灯は、点滅するものでないこと。

7) 駐車灯の直射光又は反射光は、当該駐車灯を備える自動車及び他の自動車の運転操作を妨げるものでないこと。

8) その灯光の色が赤色である駐車灯は、前方を照射しないように取り付けられていること。

9) 駐車灯は、灯器の取付部及びレンズ取付部に緩み、がたがない等その性能（駐車灯のH面の高さが地上0.75m未満となるように取付けられている場合にあっては、「下方15°」とあるのは「下方5°」とする。）を損なわないように取付けら

れていること。ただし、自動車の構造上、すべての位置から
見通すことができるように取付けることができない場合にあ
っては、可能な限り見通すことができる位置に取付けられて
いること。

10) 駐車灯は、時間の経過により自動的に消灯しない構造で
あること。この場合において、時間の経過により自動的
に消灯する構造であることが明らかな駐車灯は、この基
準に適合しないものとする。

②次に掲げる駐車灯であってその機能を損なう損傷等のない
ものは、前項①の基準に適合するものとする。

1) 指定自動車等に備えられたものと同一の構造を有し、か
つ、同一の位置に備えられた駐車灯

2) 法第75条の2第1項の規定に基づき指定を受けた特定共
通構造部に備えられている駐車灯と同一の構造を有し、
かつ、同一の位置に備えられている駐車灯又はこれに準
ずる性能を有する駐車灯

3) 法第75条の3第1項の規定に基づき灯火器及び反射器並
びに指示装置の取付装置について装置の指定を受けた自
動車に備える駐車灯と同一の構造を有し、かつ、同一の
位置に備えられた駐車灯又はこれに準ずる性能を有する
駐車灯

【後部上側端灯】
自動車には、後部上側端灯を備えることができる。

◆保安基準37条の4 ◆審査事務規程7-84、8-84
◆細目告示209条

▶視認等による審査（性能要件）
①後部上側端灯は、夜間に自動車の後方にある他の交通に当
該自動車の高さ及び幅を示すことができ、かつ、その照射

250

光線が他の交通を妨げないものとして、灯光の色、明るさ
等に関する次の基準に適合するものであること。

☛「後部上側端灯」とは、取付位置が車両の上部又は下部で
あるかにかかわらず、後方に側端を表示する灯火のこと。

1) 後部上側端灯は、夜間にその後方 300m の距離から点灯
を確認できるものであり、かつ、その照射光線は、他の
交通を妨げないものであること。この場合において、そ
の光源が 5 W 以上 30W 以下で照明部の大きさが 15cm²
以上であり、かつ、その機能が正常である後部上側端灯
は、この基準に適合するものとする。
2) 後部上側端灯の灯光の色は、赤色であること。
3) 後部上側端灯は、灯器が損傷し、又はレンズ面が著しく
汚損しているものでないこと。
②次に掲げる後部上側端灯であって、その機能を損なう損傷
等のないものは、前項①の基準に適合するものとする。
1) 指定自動車等に備えられているものと同一の構造を有し、
かつ、同一の位置に備えられた後部上側端灯
2) 法第 75 条の 2 第 1 項の規定に基づき指定を受けた特定共
通構造部に備えられている後部上側端灯又はこれに準ず
る性能を有する後部上側端灯
3) 法第 75 条の 3 第 1 項の規定に基づき装置の指定を受けた後
部上側端灯又はこれに準ずる性能を有する後部上側端灯
③前項① 2) の規定による赤色の灯光の色について、視認によ
り赤色でないおそれがあると認められるときは、別添 13 に規
定する方法に基づき測定した色度座標の値が、赤色として定
められた範囲内にあるものは同規定に適合するものとする。

▶視認等による審査（取付要件）
①後部上側端灯は、その性能を損なわないように、かつ、取
付位置、取付方法等に関する次の基準に適合するように取

り付けられていること。この場合において、後部上側端灯の照明部、個数及び取付位置の測定方法は、別添94によるものとする。

1) 後部上側端灯は、取付けることができる最高の高さに取付けられていること。ただし、後部上側端灯を4個備える場合には、上側2個が取付けられる最高の高さに取付けられ、かつ、上側2個の照明部上縁と下側2個の照明部下縁の垂直方向の距離が自動車の構造上可能な限り離れた位置に取付けられていること。

2) 後部上側端灯の照明部の最外縁は、自動車の最外側から400mm以内となるように取付けられていること。

3) 両側に備える後部上側端灯は、車両中心面に対して対称の位置に取付けられたものであること。ただし、左右対称でない自動車に備える後部上側端灯にあっては、この限りでない。

4) 後部上側端灯は、その照明部と尾灯の照明部を車両中心面に直交する鉛直面に投影したときに200mm以上離れるような位置に取付けられていること。

5) 後部上側端灯の照明部は、後部上側端灯の中心を通り自動車の進行方向に直交する水平線を含む、水平面より上方15°の平面（後部上側端灯のH面の高さが地上2.1mを超えるように取付けられている場合にあっては、上方5°の平面）及び下方15°の平面並びに後部上側端灯の中心を含む、自動車の進行方向に平行な鉛直面及び当該鉛直面より後部上側端灯の外側方向80°の平面により囲まれる範囲において全ての位置から見通すことができるものであること。ただし、自動車の構造上、全ての位置から見通すことができるように取付けることができない場合にあっては、可能な限り見通すことができる位置に取付けられていること。

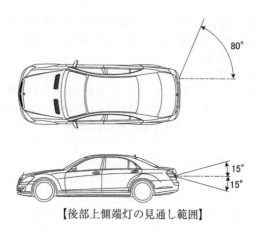

【後部上側端灯の見通し範囲】

6) 後部上側端灯は、尾灯が点灯している場合に消灯できない構造であること。

7) 後部上側端灯は、点滅するものでないこと。

8) 後部上側端灯の直射光又は反射光は、当該後部上側端灯を備える自動車及び他の自動車の運転操作を妨げるものでないこと。

9) 後部上側端灯は、その照射光が自動車の前方を照射しないように取り付けられていること。

10) 後部上側端灯は、灯器の取付部及びレンズ取付部に緩み、がたがない等その性能を損なわないように取り付けられていること。

②次に掲げる後部上側端灯であってその機能を損なう損傷等のないものは、前項①の基準に適合するものとする。

1) 指定自動車等に備えられたものと同一の構造を有し、かつ、同一の位置に備えられた後部上側端灯

2) 法第75条の2第1項の規定に基づき指定を受けた特定共通構造部に備えられている後部上側端灯と同一の構造を有し、かつ、同一の位置に備えられている後部上側端灯

又はこれに準ずる性能を有する後部上側端灯

3) 法第75条の3第1項の規定に基づき灯火器及び反射器並びに指示装置の取付装置について装置の指定を受けた自動車に備える後部上側端灯と同一の構造を有し、かつ、同一の位置に備えられた後部上側端灯又はこれに準ずる性能を有する後部上側端灯

【後部反射器】

自動車の後面には、後部反射器を備えること。

◆保安基準 38 条　　◆審査事務規程 7 − 85、8 − 85
◆細目告示 210 条

▶視認等による審査（性能要件）

①後部反射器は、夜間に自動車の後方にある他の交通に当該自動車の幅を示すことができるものとして、反射光の色、明るさ、反射部の形状等に関する次の基準に適合するものであること。この場合において、後部反射器の反射部の取扱いは、別添 13 によるものとする。

1) 後部反射器（被牽引自動車に備えるものを除く。）の反射部は、三角形以外の形状であること。

2) 後部反射器は、夜間にその後方 150m の距離から走行用前照灯（その全てを照射したときに、夜間にその前方 100m の距離にある交通上の障害物を確認できる性能を有する走行用前照灯に限る。）で照射した場合にその反射光を照射位置から確認できるものであること。この場合において、その反射部の大きさが 10cm² 以上である後部反射器は、この基準に適合するとものする。

3) 後部反射器による反射光の色は、赤色であること。

4) 後部反射器は、反射器が損傷し、又は反射面が著しく汚損しているものでないこと。

②次に掲げる後部反射器であって、その機能を損なう損傷等のないものは、前項①の基準に適合するものとする。

1）指定自動車等に備えられているものと同一の構造を有し、かつ、同一の位置に備えられた後部反射器

2）法第75条の2第1項の規定に基づき指定を受けた特定共通構造部に備えられている後部反射器又はこれに準ずる性能を有する後部反射器

3）法第75条の3第1項の規定に基づき装置の指定を受けた後部反射器又はこれに準ずる性能を有する後部反射器

▶視認等による審査（取付要件）

①後部反射器は、その性能を損なわないように、かつ、取付位置、取付方法等に関する次の基準に適合するように取り付けられていること。

1）後部反射器は、その反射部の上縁の高さが地上1.5m以下、下縁の高さが地上0.25m以上となるように取り付けられていること。

2）最外側にある後部反射器の反射部は、その最外縁が自動車の最外側から400mm以内となるように取付けられていること。

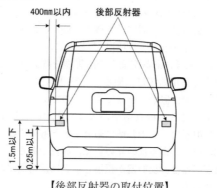

【後部反射器の取付位置】

3) 後面の両側に備える後部反射器は、車両中心面に対して対称の位置に取付けられたものであること（後面が左右対称でない自動車の後部反射器を除く。）。

4) 後部反射器の反射部は、後部反射器の中心を通り自動車の進行方向に直交する水平線を含む、水平面より上方10°の平面及び下方10°の平面並びに後部反射器の中心を含む、自動車の進行方向に平行な鉛直面より後部反射器の内側方向30°の平面及び後部反射器の外側方向30°の平面により囲まれる範囲において全ての位置から見通すことができるように取付けられていること。ただし、自動車の構造上、全ての位置から見通すことができるように取付けることができない場合にあっては、可能な限り見通すことができる位置に取付けられていること。

★平成17年12月31日以前に製作された自動車については、この見通し範囲の規定は適用されない。

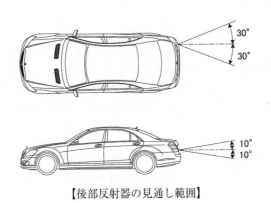

【後部反射器の見通し範囲】

5) 後部反射器は、自動車の前方に表示しないように取付けられていること。

6) 後部反射器は、その取付部及びレンズ取付部に緩み、が

たがない等その性能を損なわないように取付けられていること。

【大型後部反射器】：省略
　　◆保安基準38条の2　◆審査事務規程7 – 86、8 – 86
　　◆細目告示211条

【再帰反射材】：省略
　　◆保安基準38条の3　◆審査事務規程7 – 87、8 – 87
　　◆細目告示211条の2

【制動灯】
自動車の後面の両側には、制動灯を備えること。

　　◆保安基準39条　　　◆審査事務規程7 – 88、8 – 88
　　◆細目告示212条

▶視認等による審査（性能要件）
①制動灯は、自動車の後方にある他の交通に当該自動車が主
　制動装置又は補助制動装置を操作していることを示すこと
　ができ、かつ、その照射光線が他の交通を妨げないものと
　して、灯光の色、明るさ等に関する次の基準に適合するも
　のであること。

☛「補助制動装置」とは、リターダ、排気ブレーキその他主
　制動装置を補助し、走行中の自動車を減速するための制動
　装置のこと。

1) 制動灯は、昼間にその後方100mの距離から点灯を確認で
　　きるものであり、かつ、その照射光線は、他の交通を妨げ
　　ないものであること。この場合において、その光源が15W

以上 60W 以下で照明部の大きさが 20cm² 以上であり、か
つ、その機能が正常である制動灯は、この基準に適合する
ものとする。

★平成 18 年 1 月 1 日以降に製作された自動車に備える制動灯
は、光源が 15W 以上 60W 以下で照明部の大きさが 20cm²
以上であればよい。

2) 尾灯又は後部上側端灯と兼用の制動灯は、同時に点灯し
たときの光度が尾灯のみ又は後部上側端灯のみを点灯し
たときの光度の 5 倍以上となる構造であること。

3) 制動灯の灯光の色は、赤色であること。

4) 制動灯の照明部は、制動灯の中心を通り自動車の進行方
向に直交する水平線を含む、水平面より上方 15°の平面
及び下方 15°の平面並びに制動灯の中心を含む、自動車
の進行方向に平行な鉛直面より制動灯の内側方向 45°の
平面及び制動灯の外側方向 45°の平面により囲まれる範
囲において全ての位置から見通すことができるものであ
ること。

5) 制動灯は、灯器が損傷し、又はレンズ面が著しく汚損し
ているものでないこと。

②次に掲げる制動灯であって、その機能を損なう損傷等のな
いものは、①の基準に適合するものとする。

1) 指定自動車等に備えられているものと同一の構造を有し、
かつ、同一の位置に備えられた制動灯

2) 法第 75 条の 2 第 1 項の規定に基づき指定を受けた特定
共通構造部に備えられている制動灯又はこれに準ずる性
能を有する制動灯

3) 法第 75 条の 3 第 1 項の規定に基づき装置の指定を受け
た制動灯又はこれに準ずる性能を有する制動灯

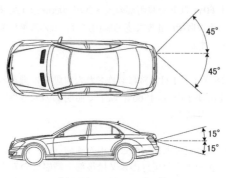

【制動灯の見通し範囲】

▶視認等による審査（取付要件）

①制動灯は、その性能を損なわないように、かつ、取付位置、取付方法等に関する次の基準に適合するように取り付けられていること。この場合において、制動灯の照明部、個数及び取付位置の測定方法は、別添13によるものとする。

1) 制動灯は、制動装置がUN R13-11-S18の5.2.1.30.若しくは5.2.2.22.又はUN R13H-01-S3の5.2.22.に定める制動信号を発する場合に点灯する構造であること。ただし、審査事務規程7-15-4又は7-19-4の規定によりUN R13が適用されない自動車に備える制動灯にあっては、運転者が主制動装置若しくは補助制動装置を操作している場合又は加速装置の解除により制動効果を発生させる電気式回生制動装置が作動した際に平成25年8月30日付け国土交通省告示第826号による改正前の細目告示別添12「乗用車の制動装置の技術基準」3.2.22.4.に定める制動灯及び補助制動灯点灯用制動信号が発せられた場合にのみ点灯する構造であること。この場合において、空車状態の自動車について乾燥した平たんな舗装路面において80km/h（最高速度が80km/h未満の自動車にあっては、

その最高速度）から減速した場合の減速能力が 2.2m/s²
以下である補助制動装置にあっては、操作中に制動灯が
点灯しない構造とすることができる。なお、視認等によ
り運転者が主制動装置を作動させたとき以外の作動状況
の確認ができない場合には、審査を省略することができ
る。

2) 制動灯は、その照明部の上縁の高さが地上 2.1m 以下、下
  線の高さが地上 0.35m 以上となるように取り付けられ
  ていること。

☛「UN R13」とは、トラック、バス及びトレーラの制動装
  置に係る協定規則
☛「UN R13H」とは、乗用車の制動装置に係る協定規則

★平成 17 年 12 月 31 日以前に製作された自動車の制動灯は、
  その照明部の上縁の高さが地上 2.1m 以下であればよい。

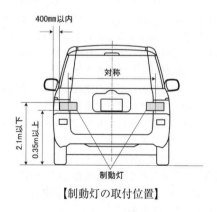

【制動灯の取付位置】

3) 後面の両側に備える制動灯にあっては、最外側にあるも
  のの照明部の最外縁は、自動車の最外側から 400mm 以

内となるように取付けられていること。

4) 後面の両側に備える制動灯は、車両中心面に対して対称の位置に取付けられたものであること。ただし、後面が左右対称でない自動車に備える制動灯にあっては、この限りでない。

5) 制動灯は、点滅するものでないこと。ただし、運転者異常時対応システムが当該自動車の制動装置を操作している場合にあっては、この限りでない。

6) 制動灯の直射光又は反射光は、当該制動灯を備える自動車及び他の自動車の運転操作を妨げるものでないこと。

7) 制動灯は、自動車の前方を照射しないように取り付けられていること。

8) 制動灯は、灯器の取付部及びレンズ取付部に緩み、がたがない等の性能（制動灯のH面の高さが地上0.75m未満となるように取付けられている場合にあっては、「下方15°」とあるのは「下方5°」とし、「内側方向45°」とあるのは「内側方向20°」とする。）を損なわないように取付けられていること。ただし、自動車の構造上、全ての位置から見通すことができるように取付けることができない場合にあっては、可能な限り見通すことができる位置に取付けられていること。

②次に掲げる制動灯であってその機能を損なう損傷等のないものは、前項①の基準に適合するものとする。

1) 指定自動車等に備えられたものと同一の構造を有し、かつ、同一の位置に備えられた制動灯

2) 法第75条の2第1項の規定に基づき指定を受けた特定共通構造部に備えられている制動灯と同一の構造を有し、かつ、同一の位置に備えられている制動灯又はこれに準ずる性能を有する制動灯

3) 法第75条の3第1項の規定に基づき規定に基づき灯火器及び反射器並びに指示装置の取付装置について装置の指

定を受けた自動車に備える制動灯と同一の構造を有し、かつ、同一の位置に備えられた制動灯又はこれに準ずる性能を有する制動灯

【補助制動灯】
乗車定員 10 人未満の乗用自動車及び車両総重量 3.5t 以下の貨物自動車（バン型の自動車に限る）の後面には、補助制動灯を備えること。

◆保安基準 39 条の 2　◆審査事務規程 7 - 89、8 - 89
◆細目告示 213 条

▶視認等による審査（性能要件）
① 補助制動灯は、自動車の後方にある他の交通に当該自動車が主制動装置又は補助制動装置を操作していることを示すことができ、かつ、その照射光線が他の交通を妨げないものとして、灯光の色、明るさ等に関する次の基準に適合するものであること。
1) 補助制動灯の照射光線は、他の交通を妨げないものであること。
2) 補助制動灯の灯光の色は、赤色であること。
3) 補助制動灯の照明部は、補助制動灯の中心を通り自動車の進行方向に直交する水平線を含む、水平面より上方 10°の平面及び下方 5°の平面並びに補助制動灯の中心を含む、自動車の進行方向に平行な鉛直面より補助制動灯の内側方向 10°の平面及び補助制動灯の外側方向 10°の平面により囲まれる範囲においてすべての位置から見通すことができるものであること。ただし、二輪自動車及び幅 0.8m 以下の側車付二輪自動車の後面の中心に備えるものにあっては、補助制動灯の中心を通り自動車の進行方向に直交する水平面を含む、水平面より上方 10°

の平面及び下方5°の平面並びに補助制動灯の中心を含む、自動車の進行方向に平行な鉛直面から左右にそれぞれ10°の平面より囲まれる範囲において全ての位置から見通すことができるものであればよい。この場合において、「全ての位置から見通すことができる」とは、別添13「灯火等の照明部、個数、取付位置等の測定方法」3.4.の規定により審査したときに、対象となる照明部のうち、少なくとも1)及び2)に規定する性能を損なわない部分を見通せることをいう。

4) 補助制動灯は、灯器が損傷し、又はレンズ面が著しく汚損しているものでないこと。

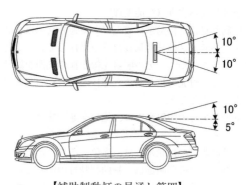

【補助制動灯の見通し範囲】

② 次に掲げる補助制動灯であって、その機能を損なう損傷等のないものは、前項①の基準に適合するものとする。

1) 指定自動車等に備えられているものと同一の構造を有し、かつ、同一の位置に備えられた補助制動灯

2) 法第75条の2第1項の規定に基づき指定を受けた特定共通構造部に備えられている補助制動灯又はこれに準ずる性能を有する補助制動灯

3) 法第 75 条の 3 第 1 項の規定に基づき装置の指定を受けた
   補助制動灯又はこれに準ずる性能を有する補助制動灯

▶ **視認等による審査（取付要件）**

① 補助制動灯は、その性能を損なわないように、かつ、取付
位置、取付方法等に関する次の基準に適合するように取付
けられていること。この場合において、補助制動灯の照明
部、個数及び取付位置の測定方法は、別添 13 によるもの
とする。

 1) 補助制動灯の数は、1 個であること。ただし、次の第 3)
    号ただし書の規定により車両中心面の両側に 1 個ずつ取
    り付ける場合にあっては、この限りでない。

 2) 補助制動灯は、その照明部の下縁の高さが地上 0.85m 以
    上又は後面ガラスの最下端の取付部（これに相当する部
    分を含む。）の下方 0.15m より上方であって、制動灯の
    照明部の上線を含む水平面以上となるように取付けられ
    ていること。

★ 平成 17 年 12 月 31 日以前に製作された自動車の補助制動
   灯については、この取付高さの規定は適用されない。

 3) 補助制動灯の照明部の中心は、車両中心面上にあること。
    ただし、自動車の構造上その照明部の中心を車両中心面
    上に取り付けることができないものにあっては、照明部
    の中心を車両中心面から 150mm までの間に取り付ける
    か、又は補助制動灯を車両中心面の両側に 1 個ずつ取り
    付けることができる。この場合において、両側に備える
    補助制動灯の取付位置は、取り付けることのできる車両
    中心面に最も近い位置であること。
    なお、次に掲げるものは、「自動車の構造上その照明部
    の中心を車両中心面上に取付けることができないもの」

の例とする。

a. バン型構造の扉を固定する金具により、補助制動灯の照明部の中心を車両中心面上に備えることができないもの

b. 扉の上方に補助制動灯の照明部の中心を備えることができる部分が無く、かつ、扉が開くことで車両中心面附近が分割されるもの

（参考図）

〈a. の例〉　　　　　〈b. の例〉

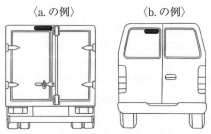

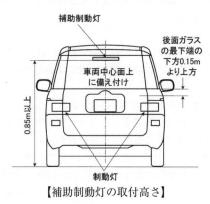

【補助制動灯の取付高さ】

4）補助制動灯は、尾灯と兼用でないこと。

5）補助制動灯は、制動灯が点灯する場合のみ点灯する構造であること。

6) 補助制動灯は、点滅するものでないこと。

7) 補助制動灯の直射光又は反射光は、当該補助制動灯を備える自動車及び他の自動車の運転操作を妨げるものでないこと。

8) 補助制動灯は、自動車の前方を照射しないように取り付けられていること。

9) 補助制動灯は、灯器の取付部及びレンズ取付部に緩み、がたがない等その性能を損なわないように取り付けられていること。ただし、自動車の構造上、前項① 3) に規定する範囲において、すべての位置から見通すことができるように取り付けることができない場合にあっては、別添13の3.4.の規定により審査したときに、可能な限り見通すことができる位置に取り付けられていること。

②次に掲げる補助制動灯であってその機能を損なう損傷等のないものは、前項①の基準に適合するものとする。

1) 指定自動車等に備えられたものと同一の構造を有し、かつ、同一の位置に備えられた補助制動灯

2) 法第75条の3第1項の規定に基づき指定を受けた特定共通構造部に備えられている補助制動灯と同一の構造を有し、かつ、同一の位置に備えられている補助制動灯又はこれに準ずる性能を有する補助制動灯

3) 法第75条の3第1項の規定に基づき灯火器及び反射器並びに指示装置の取付装置について装置の指定を受けた自動車に備える補助制動灯と同一の構造を有し、かつ、同一の位置に備えられた補助制動灯又はこれに準ずる性能を有する補助制動灯

【後退灯】

自動車には、後退灯を備えること。

◆保安基準 40 条　　　◆審査事務規程 7 - 90、8 - 90
◆細目告示 214 条　　　◆適用関係告示 44 条

▶視認等による審査（性能要件）

①後退灯は、自動車の後方にある他の交通に当該自動車が後
退していることを示すことができ、かつ、その照射光線が
他の交通を妨げないものとして、灯光の色、明るさ等に関
する次の基準に適合するものであること。

　1）後退灯は、昼間にその後方 100m の距離から点灯を確認
　　できるものであり、かつ、その照射光線は、他の交通を
　　妨げないものであること。この場合において、その光源
　　が 15W 以上 75W 以下で照明部の大きさが 20cm² 以上
　　であり、かつ、その機能が正常である後退灯は、この基
　　準に適合するものとする。

★平成 17 年 12 月 31 日以前に製作された自動車の後退灯は、
　その光度が 5,000cd 以下であればよい。ただし、主として
　後方を照射するための後退灯にあっては 300cd 以下とする。

　2）後退灯の灯光の色は、白色であること。

　3）後退灯は、灯器が損傷し又はレンズ面が著しく汚損して
　　いるものでないこと。

②次に掲げる後退灯であって、その機能を損なう損傷等のな
いものは、前項①の基準に適合するものとする。

　1）指定自動車等に備えられているものと同一の構造を有し、
　　かつ、同一の位置に備えられた後退灯

　2）法第 75 条の 2 第 1 項の規定に基づき指定を受けた特定共
　　通構造部に備えられている後退灯又はこれに準ずる性能
　　を有する後退灯

　3）法第 75 条の 3 第 1 項の規定に基づき装置の指定を受けた

後退灯又はこれに準ずる性能を有する後退灯

▶視認等による審査（取付要件）

①後退灯は、その性能を損なわないように、かつ、取付位置、取付方法等に関する次の基準に適合するように取り付けられていること。

　1）自動車に備える後退灯の数は、1個又は2個とする。

★平成27年12月31日以前に製作された自動車の後退灯は、1個であってもよい。

　2）後退灯は、自動車の後面に後方に向けて取り付けられていること。

　3）後退灯は、その照明部の上縁の高さが地上1.2m以下、下縁の高さが0.25m以上となるように取り付けられていること。

★平成22年12月31日以前に製作された自動車については、この取付高さの規定は適用されない。

　4）後退灯は、変速装置を後退の位置に操作しており、かつ、原動機の操作装置が始動の位置にある場合にのみ点灯する構造であること。

　5）自動車の後面に備える後退灯の照明部は、次に掲げる区分に応じ、それぞれに定める平面により囲まれる範囲において全ての位置から見通すことができるように取付けられていること。この場合において、「全ての位置から見通すことができる」とは、別添13の3.4.の規定により審査したときに、対象となる照明部のうち、少なくとも前項①1）に規定する照明部の大きさを有する部分を見通せることをいう。ただし、自動車の構造上、全ての位置から見通すことができるように取付けることができな

い場合にあっては、別添13の3.4.の規定により審査したときに、可能な限り見通すことができる位置に取付けられていること。また、後退灯を自動車の側面に取付ける場合にあっては、その基準軸が車両中心線を含む鉛直面と平行な当該灯火の取付部を含む鉛直面に対して15°以内の傾斜で側方に水平又は下方に向いているものは前段の基準に適合するものとする。

a. 後退灯を1個備える場合

後退灯の中心を通り自動車の進行方向に直交する水平線を含む、水平面より上方15°の平面及び下方5°の平面並びに後退灯の中心を含む、自動車の進行方向に平行な鉛直面より後退灯の内側方向45°の平面及び後退灯の外側方向45°の平面

b. 後退灯を2個以上備える場合

車両中心面に対して対称な位置に取り付けられているものについては、後退灯の中心を通り自動車の進行方向に直交する水平線を含む、水平面より上方15°の平面及び下方5°の平面並びに後退灯の中心を含む、自動車の進行方向に平行な鉛直面より後退灯の内側方向30°の平面及び後退灯の外側方向45°の平面

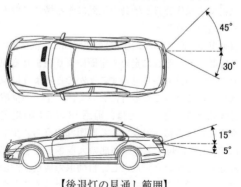

【後退灯の見通し範囲】

269

6) 後退灯は、後面に２個以上の後退灯が取り付けられている場合において、少なくとも２個が車両中心面に対して対称の位置に取り付けられたものであること。ただし、後面が左右対称でない自動車の後退灯にあっては、この限りでない。

★平成 17 年 12 月 31 日以前に製作された自動車については、この左右対称の規定は適用されない。

7) 後退灯は、点滅するものでないこと。
8) 後退灯の直射光又は反射光は、当該後退灯を備える自動車及び他の自動車の運転操作を妨げるものでないこと。
9) 後退灯は、灯器の取付部及びレンズ取付部に緩み、がたがない等その性能を損なわないように取り付けられていること。
②次に掲げる後退灯であってその機能を損なう損傷等のないものは、前項①の基準に適合するものとする。
1) 指定自動車等に備えられたものと同一の構造を有し、かつ、同一の位置に備えられた後退灯
2) 法第 75 条の 2 第 1 項の規定に基づき指定を受けた特定共通構造部に備えられている後退灯と同一の構造を有し、かつ、同一の位置に備えられている後退灯又はこれに準ずる性能を有する後退灯
3) 法第 75 条の 3 第 1 項の規定に基づき灯火器及び反射器並びに指示装置の取付装置について装置の指定を受けた自動車に備える後退灯と同一の構造を有し、かつ、同一の位置に備えられた後退灯又はこれに準ずる性能を有する後退灯

【方向指示器】

自動車には、方向指示器を備えること。

◆保安基準 41 条

◆審査事務規程 7 – 91、8 – 91

◆細目告示 215 条

◆適用関係告示 45 条

▶視認等による審査（性能要件）

①方向指示器は、自動車が右左折又は進路の変更をすることを他の交通に示すことができ、かつ、その照射光線が他の交通を妨げないものとして、灯光の色、明るさ等に関する次の基準に適合するものであること。この場合において、方向指示器の照明部の取扱いは、別添 13 によるものとする。

1) 方向指示器は、方向の指示を表示する方向 100m の位置から、昼間において点灯を確認できるものであり、かつ、その照射光線は、他の交通を妨げないものであること。この場合において、次の表 1 に掲げる要件を満たす方向指示器であり、かつ、その性能が正常であるものは、この基準に適合するものとする。

★自動車の前面又は後面に備える方向指示器は、100m の位置、乗用自動車の両側面に備える方向指示器は、30m の位置から確認できる性能が必要。

★平成 17 年 12 月 31 日以前に製作された自動車については、表 1 における「光源の W 数」の上限値（30W 以下又は 60W 以下）の規定は適用されない。

表1 【方向指示器の光源と照明部の面積】

方向指示器の種類	自動車の種類	要件	
		光源のW数	照明部の面積
前方又は後方に対して表示するための方向指示器	長さ6m未満の自動車	15W以上60W以下	20cm² 以上
両側面に備える方向指示器（点灯確認距離30mのもの）	長さ6m未満の自動車	3W以上30W以下	10cm² 以上（※1）
両側面に備える方向指示器（点灯確認距離100mのもの）	全車	15W以上60W以下	40cm² 以上（※1）

※1：各照明部の車両中心線上の鉛直面への投影面積及びそれと45°に交わる鉛直面への投影面積をいう。

2) 方向指示器の灯光の色は、橙色であること。

3) 方向指示器の照明部は、表2の左欄に掲げる方向指示器の種別に応じ、同表の右欄に掲げる範囲において全ての位置から見通すことができるものであること。この場合において、「全ての位置から見通すことができる」とは、別添13「灯火等の照明部、個数、取付位置等の測定方法」3.4.の規定により審査したときに、対象となる照明部のうち、少なくとも 1) に規定する照明部の面積を有する部分を見通せることをいう。

4) 方向指示器は、灯器が損傷し又はレンズ面が著しく汚損しているものでないこと。

表2【方向指示器の種類と照明部の見通し範囲】

方向指示器の種類	見通し範囲
二輪自動車及び側車付二輪自動車以外の自動車の前面又は後面に備える方向指示器	方向指示器の中心を通り自動車の進行方向に直交する水平線を含む、水平面より上方15°の平面及び下方15°の平面並びに方向指示器の中心を含む、自動車の進行方向に平行な鉛直面より方向指示器の内側方向45°の平面及び方向指示器の外側方向80°の平面により囲まれる範囲。ただし、方向指示器のH面の高さが地上0.75m未満となるように取付けられている場合にあっては、下方は5°まで、H面より下方の内側については20°までの範囲としてもよい。
二輪自動車及び側車付二輪自動車以外の自動車の両側面に備える方向指示器(点灯確認距離100m以外のもの)	方向指示器の中心を通り自動車の進行方向に直交する水平線を含む、水平面より上方15°の平面及び下方15°の平面並びに方向指示器の中心を含む、自動車の進行方向に平行な鉛直面であって方向指示器の中心より後方にあるものより方向指示器の外側方向5°の平面及び方向指示器の外側方向60°の平面により囲まれる範囲。ただし、方向指示器のH面の高さが地上0.75m未満となるように取付けられている場合にあっては、下方は5°まで、H面より下方の内側については20°までの範囲としてもよい。

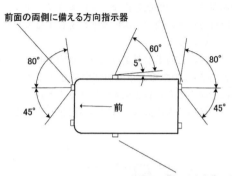

通常の視認角度

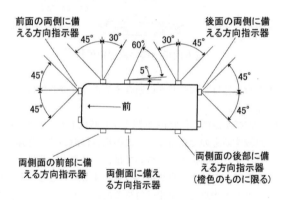

側方灯が補完している場合の視認角度

【方向指示器の照明部の見通し範囲】

274

▶視認等による審査（取付要件）

①方向指示器は、その性能を損なわないように、かつ、取付位置、取付方法等に関する次の基準に適合するように取り付けられていること。

　1）自動車には、方向指示器を自動車の車両中心線上の前方及び後方30mの距離から照明部が見通すことのできる位置に少なくとも左右1個ずつ備えること。

　2）自動車の後面の両側には、方向指示器を備えること。

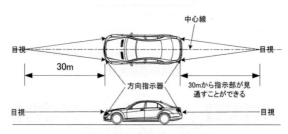

【方向指示器の視認距離】

②方向指示器は、次の基準に適合するように取り付けられていること。

　1）方向指示器は、毎分60回以上120回以下の一定の周期で点滅するものであること。この場合において、連鎖式点灯をする方向指示器については、一つ以上の光源が点灯を開始した時点で点灯状態と判断するものとし、対を成すものとの点灯の位相は対称であること。

☛「連鎖式点灯」とは、一つの灯室内に複数の光源を有し、かつ、次に掲げる全ての要件を満たす方向指示器（自動車の前部又は後部に備えるものに限る。また、当該方向指示器と兼用する非常点滅表示灯を含む。）又は補助方向指示器の場合に、それらの光源が連鎖的に点灯することをいう。

a. 各光源は、その点灯後、全ての光源が点灯するまで点灯し続けるものであること。

b. 全ての光源は、同時に消灯するものであること。

c. 光源の一連の点灯は、観測方向からの見かけの照明部の最内縁から最外縁に向かって又は中心から放射状に広がって均一的かつ連続的に点灯するものであること。

d. 各光源は、垂直方向に反復して変化しないものであること。

e. 方向指示器（c において照明部の最内縁から最外縁に向かって点灯するものに限る。）の照明部に外接する長方形は、その長辺が H 面に平行であるものとし、その長方形の長辺と短辺の比は 1.7 以上であること。

2) 方向指示器は、車両中心線を含む鉛直面に対して対称の位置（方向指示器を取り付ける後写鏡等の部位が左右非対称の場合にあっては、車両中心線を含む鉛直面に対して可能な限り対称の位置）に取り付けられたものであること。ただし、車体の外形が左右対称でない自動車に備える方向指示器にあっては、この限りでない。

3) 前方又は後方に対して方向の指示を表示するための方向指示器の照明部のうち、それぞれ最内側にあるものの最内縁の間隔は、600mm（幅が 1,300mm 未満の自動車にあっては、400mm）以上であり、かつ、それぞれ最外側にあるものの照明部の最外縁は、自動車の最外側から 400mm 以内となるように取り付けられていること。

4) 方向指示器は、その照明部の上縁の高さが地上 2.1m 以下、下縁の高さが地上 0.35m 以上となるように取り付けられていること。

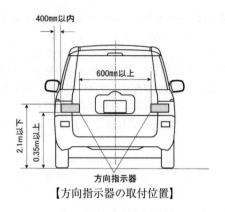

【方向指示器の取付位置】

5) 両側面に備える方向指示器の照明部の最前縁は、自動車の前端から 2.5m 以内となるように取り付けられていること。

6) 運転者が運転者席において直接かつ容易に方向指示器の作動状態を確認できない場合は、その作動状態を運転者に表示する装置を備えること。ただし、自動車の両側面に備える方向指示器を除く。

7) 方向指示器は、他の灯火の点灯状態にかかわらず点灯操作及び消灯操作が行えるものであること。

8) 自動車の両側面に備える方向指示器は、非常点滅表示灯を作動させている場合においては、当該非常点滅表示灯と同時に点滅する構造とすることができる。

9) 方向指示器の直射光又は反射光は、当該方向指示器を備える自動車及び他の自動車の運転操作を妨げるものでないこと。

③次に掲げる方向指示器であってその機能を損なう損傷等のないものは、前項①及び②の基準に適合するものとする。

1) 指定自動車等に備えられたものと同一の構造を有し、かつ、同一の位置に備えられた方向指示器

2) 法第75条の2第1項の規定に基づき指定を受けた特定共

通構造部に備えられている方向指示器と同一の構造を有し、かつ、同一の位置に備えられている方向指示器又はこれに準ずる性能を有する方向指示器

3) 法第75条の3第1項の規定に基づき灯火器及び反射器並びに指示装置の取付装置について装置の指定を受けた自動車に備える方向指示器と同一の構造を有し、かつ、同一の位置に備えられた方向指示器又はこれに準ずる性能を有する方向指示器

【補助方向指示器】

自動車の両側面には、補助方向指示器を1個ずつ備えることができる。

◆保安基準41条の2　◆審査事務規程7－92、8－92
◆細目告示216条　　◆適用関係告示46条

▶視認等による審査（性能要件）

①補助方向指示器は、自動車が右左折又は進路の変更をすることを他の交通に示すことができ、かつ、その照射光線が他の交通を妨げないものとして、灯光の色、明るさ等に関する次の基準に適合するものであること。

1) 補助方向指示器の灯光の色は、橙色であること。

2) 補助方向指示器は、灯器が損傷し又はレンズ面が著しく汚損しているものでないこと。

②指定自動車等に備えられている補助方向指示器と同一の構造を有し、かつ、同一の位置に備えられた補助方向指示器であって、その機能を損なう損傷等のないものは、前項①の基準に適合するものとする。

▶視認等による審査（取付要件）

① 補助方向指示器は、その性能を損なわないように、かつ、取付位置、取付方法等に関する次の基準に適合するように取り付けられていること。

1) 補助方向指示器は、車両中心線を含む鉛直面に対して対称の位置（補助方向指示器を取付ける後写鏡等の部位が左右非対称の場合にあっては、車両中心線を含む鉛直面に対して可能な限り対称の位置）に取付けられたものであること。ただし、車体の外形（後写鏡、8-100に規定する鏡その他の装置及びたわみ式アンテナを除く。）が左右対称でない自動車に備える補助方向指示器にあっては、この限りでない。

2) 二輪自動車、側車付二輪自動車並びにカタピラ及びそりを有する軽自動車以外の自動車に備える補助方向指示器は、その照明部の上縁の高さが地上 2.3m 以下、下縁の高さが地上 0.35m 以上となるように取付けられていること。

3) 二輪自動車、側車付二輪自動車並びにカタピラ及びそりを有する軽自動車に備える補助方向指示器は、その照明部の中心の高さが地上 2.3m 以下となるように取付けられていること。

4) 補助方向指示器は、非常点滅表示灯を作動させている場合においては、当該非常点滅表示灯と同時に点滅する構造とすることができる。この場合において、連鎖式点灯をする補助方向指示器については、一つ以上の光源が点灯を開始した時点で点灯状態と判断するものとし、対を成すものとの点灯の位相は対称であること。

5) 補助方向指示器の直射光又は反射光は、当該補助方向指示器を備える自動車及び他の自動車の運転操作を妨げるものでないこと。

6) 補助方向指示器は、方向指示器と連動して点滅するものであること。この場合において、連鎖式点灯をする補助

方向指示器については、一つ以上の光源が点灯を開始した時点で点灯状態と判断するものとし、対を成すものとの点灯の位相は対称であること。

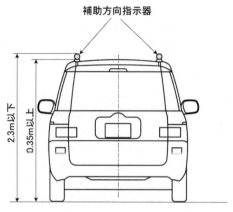
補助方向指示器

2.3m以下
0.35m以上

【補助方向指示器の取付位置】

②指定自動車等に備えられている補助方向指示器と同一の構造を有し、かつ、同一の位置に備えられた補助方向指示器であって、その機能を損なう損傷等のないものは、前項①の基準に適合するものとする。

【非常点滅表示灯】
自動車には、非常点滅表示灯を備えること。

◆保安基準 41 条の 3　◆審査事務規程 7 - 93、8 - 93
◆細目告示 217 条　　◆適用関係告示 47 条

▶視認等による審査（性能要件）
①非常点滅表示灯は、非常時等に他の交通に警告することが

でき、かつ、その照射光線が他の交通を妨げないものとして、灯光の色、明るさ等に関する次の基準に適合するものであること。

1) 非常点滅表示灯は、点滅を表示する方向100mの位置から、昼間に点灯を確認できるものであり、かつ、その照射光線は、他の交通を妨げないものであること。この場合において、その光源が15W以上60W以下で照明部の大きさが20cm²以上であり、かつ、その機能が正常な非常点滅表示灯は、この基準に適合するものとする。

2) 非常点滅表示灯の灯火の色は、橙色であること。

3) 自動車の前面又は後面に備える非常点滅表示灯の照明部は、非常点滅表示灯の中心を通り自動車の進行方向に直交する水平線を含む水平面より上方15°の平面及び下方15°の平面、並びに非常点滅表示灯の中心を含む自動車の進行方向に平行な鉛直面より非常点滅表示灯の内側方向45°の平面及び非常点滅表示灯の外側方向80°の平面により囲まれる範囲においてすべての位置から見通すことができるものであること。ただし、非常点滅表示灯の照明部の上縁の高さが地上0.75m未満となるように取り付けられている場合には、「下方15°」を「下方5°」とする。

★平成17年12月31日以前に製作された自動車の後面に備える非常点滅表示灯は、制動灯の見通し範囲の基準に準ずるものとする。

4) 非常点滅表示灯は、灯器が損傷し又はレンズ面が著しく汚損しているものでないこと。

②指定自動車等に備えられている非常点滅表示灯と同一の構造を有し、かつ、同一の位置に備えられた非常点滅表示灯であって、その機能を損なう損傷等のないものは、前項①の基準に適合するものとする。

▶視認等による審査（取付要件）

①非常点滅表示灯は、その性能を損なわないように、かつ、取付位置、取付方法等に関する次の基準に適合するように取り付けられていること。 この場合において、非常点滅表示灯の照明部、個数及び取付位置の測定方法は、別添13によるものとする。

1) 非常点滅表示灯については、審査事務規程8-87-3本文の(1)①、②及び⑤から⑦まで並びに8-87-3(2)（⑦から⑪まで及び⑭を除く。）並びに8-87-3(3)の規定（自動車の両側面に備える方向指示器に係るものを除く。）を準用する。ただし、非常灯又は運転者異常時対応システムが当該自動車を制御していることを他の交通に対して表示するための灯火として作動する場合には審査事務規程8-87-3本文の(2)①に掲げる基準に適合しない構造とすることができる。この場合において、盗難防止装置の設定又は設定解除の状態を外部に表示するため、3秒を超えない範囲内において非常点滅表示灯を使用する構造のものは、ただし書の規定に適合するものとする。

☛「非常灯」とは、盗難、車内における事故その他の緊急事態が発生していることを表示するための灯火のこと。

☛「盗難防止装置」とは、原動機の動力による走行を不能とする装置のこと。

2) 全ての非常点滅表示灯は、同時に作動する構造であること。

3) 左右対称に取り付けられた非常点滅表示灯は、同時に点滅する構造であること。この場合において、連鎖式点灯をする非常点滅表示灯については、一つ以上の光源が点灯を開始した時点で点灯状態と判断するものとし、対を成すものとの点灯の位相は対称であること。

4) 非常点滅表示灯は、手動で操作するものであること。た

だし、緊急制動表示灯の作動が停止した場合又は当該自動車が衝突事故にあった場合又は運転者異常時対応システムが当該自動車を制御している場合には、非常点滅表示灯を自動で作動させることができる。なお、ただし書の規定については、視認等により作動状況の確認ができない場合には、審査を省略することができる。

★平成 17 年 12 月 31 日以前に製作された自動車の非常点滅表示灯は、その照明部の中心の高さが地上 2.3m 以下であればよい。

②次に掲げる非常点滅表示灯であって、その機能を損なう損傷等のないものは、①の基準に適合するものとする。
1) 指定自動車等に備えられたものと同一の構造を有し、かつ、同一の位置に備えられた非常点滅表示灯
2) 法第 75 条の 2 第 1 項の規定に基づき指定を受けた特定共通構造部に備えられている非常点滅表示灯と同一の構造を有し、かつ、同一の位置に備えられている非常点滅表示灯又はこれに準ずる性能を有する非常点滅表示灯)
3) 第 75 条の 3 第 1 項の規定に基づき灯火器及び反射器並びに指示装置の取付装置について装置の指定を受けた自動車に備える非常点滅表示灯と同一の構造を有し、かつ、同一の位置に備えられた非常点滅表示灯又はこれに準ずる性能を有する非常点滅表示灯

【緊急制動表示灯】
自動車には、緊急制動表示灯を備えることができる。緊急制動表示灯として使用する灯火装置は、制動灯、補助制動灯、方向指示器又は補助方向指示器とする。

◆保安基準 41 条の 4　　◆審査事務規程 7 − 94、8 − 94
◆細目告示 217 条の 2　　◆適用関係告示 47 条の 2

▶視認等による審査（性能要件）

①緊急制動表示灯は、自動車の後方にある交通に当該自動車
　が急激に減速していることを示すことができ、かつ、その
　照射光線が他の交通を妨げないものとして、灯光の色、明
　るさ等に関する次の基準に適合するものであること。なお、
　視認等により緊急制動表示灯の作動状況の確認ができない
　場合には、審査を省略することができる。

　1) 制動灯及び補助制動灯を緊急制動表示灯として使用する
　　場合にあっては、制動灯の性能要件①及び補助制動灯の
　　性能要件①に定める基準を準用する。

　2) 方向指示器及び補助方向指示器を緊急制動表示灯として
　　使用する場合にあっては、方向指示器の性能要件①及び
　　補助方向指示器の性能要件①に定める基準を準用する。

②指定自動車等に備えられているものと同一の構造を有し、
　かつ、同一の位置に備えられた緊急制動表示灯であって、
　その機能を損なう損傷等のないものは、前項①の基準に適
　合するものとする。

▶視認等による審査（取付要件）

①緊急制動表示灯は、その性能を損なわないように、かつ、
　取付位置、取付方法等に関する次の基準に適合するように
　取り付けられていること。

　1) 制動灯及び補助制動灯を緊急制動表示灯として使用する
　　場合にあっては、制動灯の取付要件① 2) から 7) 及び
　　補助制動灯の取付要件① 1) から 4)、7) から 9) に定
　　める規定を準用する。

　2) 方向指示器及び補助方向指示器を緊急制動表示灯として
　　使用する場合にあっては、方向指示器の取付要件① 1)、

2）まで、②2）から5）及び補助方向指示器の取付要件
①4）に定める基準を準用する。この場合において、緊
急制動表示灯の照明部、個数及び取付位置の測定方法は、
別添13によるものとする。

②次に掲げる緊急制動表示灯であって、その機能を損なう損
傷等のないものは、前項①の基準に適合するものとする。

1）指定自動車等に備えられた緊急制動表示灯と同一の構造
を有し、かつ、同一の位置に備えられた緊急制動表示灯

2）灯火器及び反射器並びに指示装置の取付装置について、
装置の型式の指定を受けた自動車に備える緊急制動表示灯
と同一の構造を有し、かつ、同一の位置に備えられた緊急
制動表示灯又はこれに準ずる性能を有する緊急制動表示灯

【後面衝突警告表示灯】

自動車には、後面衝突警告表示灯を備えることができる。

◆保安基準41条の5　　◆審査事務規程7-95、8-95
◆細目告示217条の3　　◆適用関係告示47条の3

▶視認等による審査（性能要件）

①後面衝突警告表示灯は、自動車の後方にある交通に当該自
動車と衝突するおそれがあることを示すことができ、かつ、
その照射光線が他の交通を妨げないものであること。

②後面衝突警告表示灯であって、灯光の色、明るさ等に関し、
視認等その他適切な方法により審査した場合に、方向指示
器の性能要件①及び補助方向指示器の性能要件①に定める
基準に適合するものは、前項①の基準に適合するものとする。
なお、視認等により後面衝突警告表示灯の作動状況の確認
ができない場合には、審査を省略することができる。

③指定自動車等に備えられているものと同一の構造を有し、
かつ、同一の位置に備えられた後面衝突警告表示灯であっ

て、その機能を損なう損傷等のないものは、前項①及び②
の基準に適合するものとする。

▶視認等による審査（取付要件）

①後面衝突警告表示灯は、その性能を損なわないように取り
付けられていること。

②後面衝突警告表示灯であって、取付位置、取付方法等に関
し、視認等その他適切な方法により審査した場合に、方向
指示器の取付要件① 1）、2）まで、② 2）から 5）及び補
助方向指示器の取付要件① 4）に定める基準に適合するも
のは、前項①の基準に適合するものとする。この場合にお
いて、後面衝突警告表示灯の照明部、個数及び取付位置の
測定方法は、別添 13 によるものとする。なお、視認等に
より後面衝突警告表示灯の作動状況の確認ができない場合
には、審査を省略することができる。

③次に掲げる後面衝突警告表示灯であって、その機能を損な
う損傷等のないものは、前項②の基準に適合するものとす
る。

1）指定自動車等に備えられたものと同一の構造を有し、か
つ、同一の位置に備えられた後面衝突警告表示灯

2）法第 75 条の 2 第 1 項の規定に基づき指定を受けた特定共
通構造部に備えられている後面衝突警告表示灯と同一の
構造を有し、かつ、同一の位置に備えられている後面衝
突警告表示灯又はこれに準ずる性能を有する後面衝突警
告表示灯

3）法第 75 条の 3 第 1 項の規定に基づき規定に基づき灯火器
及び反射器並びに指示装置の取付装置について装置の型
式の指定を受けた自動車に備える後面衝突警告表示灯と
同一の構造を有し、かつ、同一の位置に備えられた後面
衝突警告表示灯又はこれに準ずる性能を有する後面衝突
警告表示灯

286

【その他の灯火等の制限】

自動車には、保安基準 32 条から 41 条の 5 までの灯火装置若しくは反射器又は指示装置と類似する等により、他の交通の妨げとなるおそれのある灯火又は反射器を備えないこと。

◆保安基準 42 条
◆審査事務規程 7 - 96、8 - 96
◆細目告示 218 条　　◆適用関係告示 48 条

▶装備要件

①自動車には、次に掲げる灯火を除き、後方を照射し若しくは後方に表示する灯光の色が橙色である灯火で、照明部の上縁が地上 2.5m 以下のもの、又は灯光の色が赤色である灯火を備えないこと。

1) 側方灯、尾灯、後部霧灯、駐車灯、後部上側端灯

2) 制動灯、補助制動灯

3) 方向指示器、補助方向指示器、非常点滅表示灯、緊急制動表示灯、後面衝突警告表示灯、アンサーバック機能を有する灯火

4) 緊急自動車の警光灯

5) 運転者異常時対応システムが当該自動車を制御していることを他の交通に対して表示するための電光表示器

6) イモビライザ及び盗難発生警報装置の設定状態を灯光により通知する装置であって、車室外に備えるもの（光度が 0.5cd を超えないものであり、かつ、見かけの表面の表面積が 20cm^2 以下のものに限る。）

7) アンサーバック機能を有する灯火

8) 走行中に使用しない灯火

☛「アンサーバック機能を有する灯火」とは、乗降口に備える扉の解錠又は施錠と連動して作動する灯火であって、以下

の全ての要件を満足する灯火のこと。

・すれ違い用前照灯、前部霧灯、側方照射灯、低速走行時
側方照射灯、車幅灯、前部上側端灯、側方灯、番号灯、
尾灯、後部霧灯、駐車灯、後部上側端灯、制動灯、補助
制動灯、方向指示器又は補助方向指示器と兼用式である
こと。

・原動機の操作装置が停止の位置にある場合にのみ作動す
ること。

・一連の作動時間が3秒以下であること。

②自動車には、次に掲げる灯火を除き、後方を照射し又は後
方に表示する灯光の色が白色である灯火を備えないこと。
この場合において、指定自動車等に備えられた車体側面に
備える白色の灯火（いわゆるコーチランプ）と同一の構造
を有し、かつ、同一の位置に備えられた白色の灯火は、こ
の基準に適合するものとする。

1) 低速走行時側方照射灯

2) 番号灯

3) 後退灯

4) 室内照明灯

5) 運転者異常時対応システムが当該自動車を制御している
ことを他の交通に対して表示するための電光表示器

6) 運転者席で点灯できない作業灯

7) 運転者席において点灯状態であるため走行してはならな
いことを確認できる装置（ON/OFF が容易に確認でき
る構造のスイッチを含む。）を備えた作業灯（走行装置
に動力を伝達できる場合にのみ点灯できる構造のものを
除く。）

8) イモビライザ及び盗難発生警報装置の設定状態を灯光に
より通知する装置であって、車室外に備えるもの（光度
が 0.5cd を超えないものであり、かつ、見かけの表面の

表面積が 20cm² 以下のものに限る。)
9) アンサーバック機能を有する灯火
10) 走行中に使用しない灯火

☛ 「走行中に使用しない灯火」とは、点灯したままでは走行
することができない構造の自動車に備えるもの、駐車制動装
置が作動しているときに限り点灯するもの又は変速装置の変
速レバーが P 又は N の位置にあるときに限り点灯するもの

③自動車の前面ガラスの上方には、灯光の色が青紫色である
灯火を備えないこと。
④自動車の前面ガラスの上方には、速度表示装置の速度表示
灯と紛らわしい灯火を備えないこと。
⑤自動車には、次に掲げる灯火を除き、点滅する灯火又は光
度が増減する灯火を備えないこと。
1) 曲線道路用配光可変型前照灯、配光可変型前照灯
2) 昼間走行灯、側方灯、方向指示器、補助方向指示器
3) 非常点滅表示灯、緊急制動表示灯、後面衝突警告表示灯、
アンサーバック機能を有する灯火
4) 緊急自動車の警光灯
5) 道路維持作業用自動車の灯火
6) 自主防犯活動用自動車の青色防犯灯
7) 点滅又は光度の増減を手動によってのみ行うことができ
る構造を有する灯火
8) 指定自動車等に備えられたものと同一の構造を有し、か
つ、同一の位置に備えられた可変光度制御機能を有する
灯火及び光度可変型前部霧灯
9) 法第 75 条の 2 第 1 項の規定に基づき指定を受けた特定共
通構造部に備えられている可変光度制御機能を有する灯
火（尾灯、後部霧灯、後部上側端灯、制動灯、補助制動
灯又は自動車の後面に備える方向指示器に限る。）及び

光度可変型前部霧灯又はこれに準ずる性能を有する可変
光度制御機能を有する灯火（尾灯、後部霧灯、後部上側
端灯、制動灯、補助制動灯又は自動車の後面に備える方
向指示器に限る。）及び光度可変型前部霧灯

10) 法第75条の3第1項の規定に基づき指定を受けた可変光
度制御機能を有する灯火（尾灯、後部霧灯、後部上側端
灯、制動灯、補助制動灯又は自動車の後面に備える方向
指示器に限る。）及び光度可変型前部霧灯又はこれに準
ずる性能を有する可変光度制御機能を有する灯火及び光
度可変型前部霧灯

11) 緊急自動車及び道路維持作業用自動車に備える他の交通
に作業中であることを表示する電光表示器

12) 運転者異常時対応システムが当該自動車を制御している
ことを他の交通に対して表示するための電光表示器

13) 制動灯及び補助制動灯（運転者異常時対応システムが当
該自動車の制動装置を操作している場合に限る。）

14) イモビライザ及び盗難発生警報装置の設定状態を灯光に
より通知する装置であって、車室外に備えるもの（光度
が0.5cdを超えないものであり、かつ、見かけの表面の
表面積が20cm²以下のものに限る。）

15) アンサーバック機能を有する灯火

☛「自主防犯活動用自動車」とは、警視総監又は道府県警察
本部長（道警察本部の所在地を包括する方面を除く方面に
ついては、方面本部長）から自主防犯活動のために使用す
る自動車として証明書の交付を受けた自動車のこと。

☛「曲線道路用配光可変型前照灯」とは、自動車が進行する
道路の曲線部をより強く照射することができる前照灯（曲
線道路用照明装置を含む。）のこと。

☛「点滅する灯火又は光度が増減する灯火」とは、光源自体
が点滅又は光度増減するかどうかにかかわらず、当該灯火

を自動車に備えた状態において点滅又は光度増減が確認できるものをいい、色度が変化することにより視感度（見た目の明るさをいう。）が変化する灯火を含む。

☛「道路維持作業用自動車」とは、道路交通法（昭和35年法律第105号）第41条第4項の道路維持作業用自動車のこと。

☛「光度可変型前部霧灯」とは、霧等により視界が制限される状況に応じて、自動的に灯火の光度を変化させることができる機能を有する前部霧灯のこと。

☛「光度が増減する灯火」とは、色度が変化することにより視感度（見た目の明るさ）が変化する灯火のこと。

☛「可変光度制御機能を有する灯火」とは、灯火の視認性に影響のない範囲で、自動的に灯火の光度を変化させる機能を有する尾灯、後部霧灯、後部上側端灯、制動灯、補助制動灯、又は自動車の後面に備える方向指示器をいう。

⑥自動車（緊急自動車を除く。）には、次に掲げる灯火と連動して作動する灯火（審査事務規程8-62［走行用前照灯］から8-91［後面衝突警告表示灯］までに規定するものを除く。）及び次に掲げる灯火以外の灯火であって、自動車が右左折、進路の変更、加速、減速、停止その他の動作を行うとする旨を他の交通に対し指示することを目的としたものを備えないこと。

1) 制動灯、補助制動灯
2) 後退灯
3) 方向指示器、補助方向指示器
4) 緊急制動表示灯、後面衝突警告表示灯
5) 速度表示装置の速度表示灯
6) 運転者異常時対応システムが当該自動車を制御していることを他の交通に対して表示するための電光表示器

⑦自動車には、次に掲げるものを除き、反射光の色が赤色である反射器であって前方に表示するもの又は反射光の色が

白色である反射器若しくは再帰反射材であって後方に表示
するものを備えないこと。

1) 指定自動車等に備えられた前部赤色反射物と同一の構造
を有し、かつ、同一の位置に備えられた反射物

2) 専ら乗用の用に供する乗車定員10人以上の自動車の
後部に備える白色反射物であって、UN R110-04-S2の
18.1.8.1. から18.1.8.3. までに掲げるもの及びUN R134-01
の7.1.7. に掲げるもの

⑧自動車には、審査事務規程5-57から5-81の3までに規
定する灯火の性能を損なうおそれのある灯火及び反射器を
備えないこと。

⑨自動車に備える灯火の直射光又は反射光は、その自動車及
び他の自動車の運転操作を妨げるものでないこと。

⑩自動車には、次に掲げる灯火を除き、前方を照射し、又は
前方に表示するものでないこと。この場合において、指定
自動車等に備えられた側面に回り込む赤色の照明部を有す
る後方に表示する灯火と同一の構造を有し、かつ、同一の
位置に備えられたものは、この基準に適合するものとする。

1) 尾灯、後部霧灯、自動車の後面に備える駐車灯、後部上
側端灯

2) 制動灯、補助制動灯

⑪自動車に備える灯火は、次に掲げる灯火を除き、光度が
300cd以下のものであること。

1) 前照灯、前部霧灯、側方照射灯、側方灯、低速走行時側
方照射灯、側方灯、昼間走行灯

2) 番号灯、可変光度制御機能を有する後部霧灯

3) 後面に備える駐車灯、制動灯、後退灯

4) 方向指示器、補助方向指示器、非常点滅表示灯

5) 緊急制動表示灯、後面衝突警告表示灯

6) 速度表示装置の速度表示灯

7) 室内照明灯

8) 緊急自動車の警光灯

9) 道路維持作業用自動車の灯火

10) 自主防犯活動用自動車の青色防犯灯

11) 火薬類又は放射性物質等を積載していることを表示するための灯火

12) 緊急自動車及び道路維持作業用自動車に備える他の交通に作業中であることを表示する電光表示器

13) 運転者異常時対応システムが当該自動車を制御していることを他の交通に対して表示するための電光表示器

14) アンサーバック機能を有する灯火

15) 走行中に使用しない灯火（前面に備える駐車灯を除く。）

⑫火薬類又は放射性物質等を積載していることを表示するための灯火は、他の灯火と兼用のものでないこと。

☛「**火薬類**」とは、火薬類取締法（昭和25年法律第149号）第2条の火薬類のこと。

☛「**放射性物質等**」とは、放射性同位元素等による放射線障害の防止に関する法律施行規則（昭和35年総理府令第56号）第18条の3第1項の放射性同位元素等並びに核原料物質、核燃料物質及び原子炉の規制に関する法律（昭和32年法律第166号）第2条第2項の核燃料物質及びそれによって汚染されたもののこと。

【警音器】

自動車には、警音器を備えること。

◆保安基準43条　　　◆審査事務規程7-97、8-97

◆細目告示219条　　　◆適用関係告示49条

▶視認等による審査（性能要件）

①警音器の警報音発生装置は、警音器の性能を確保できるも

のとして、音色、音量等に関する基準は、警音器の警報音
発生装置の音が、連続するものであり、かつ、音の大きさ
及び音色が一定なものであることとする。この場合におい
て、次に掲げる警音器の警報音発生装置は、この基準に適
合しないものとする。

1) 音が自動的に断続するもの
2) 音の大きさ又は音色が自動的に変化するもの
3) 運転者が運転者席において、音の大きさ又は音色を容易
   に変化させることができるもの

②自動車には、車外に音を発する装置であって警音器と紛ら
わしいものを備えないこと。ただし、歩行者の通行その他
の交通の危険を防止するため自動車が右左折、進路の変更
若しくは後退するときにその旨を歩行者等に警報するブザ
その他の装置又は盗難、車内における事故その他の緊急事
態が発生した旨を通報するブザその他の装置については、
この限りでない。

▶**テスタ等による審査（性能要件）**

①自動車の警音器は、警報音を発生することにより他の交通
に警告することができ、かつ、その警報音が他の交通を妨
げないものとして、音色、音量等に関する次の基準に適合
するものであること。

1) 警音器の音の大きさ（2以上の警音器が連動して音を発す
   る場合は、その和）は、自動車の前方7mの位置におい
   て112dB以下93dB以上であること。
2) 警音器は、サイレン又は鐘でないこと。

②音の大きさが①の1)に規定する範囲内にないおそれがある
ときは、音量計を用いて次の規定により計測するものとする。

1) 騒音計等は、使用開始前に十分暖機し、暖機後に較正を
   行う。
2) マイクロホンは、車両中心線上の自動車の前端から7m

の位置の地上 0.5m から 1.5m の高さにおける音の大き
さが最大となる高さにおいて車両中心線に平行かつ水平
に自動車に向けて設置する。

3) 聴感補正回路はA特性とする。

4) 次に掲げるいずれかの方法により電圧を供給するものと
する。

a. 原動機を停止させた状態で、当該自動車のバッテリから
供給する方法

b. 原動機を暖機し、かつ、アイドリング運転している状
態で、当該自動車のバッテリから供給する方法

5) 計測場所は、概ね平坦で、周囲からの反射音による影響
を受けない場所とする。

6) 計測値の取扱いは、次のとおりとする。

a. 計測は2回行い、1 dB 未満は切り捨てるものとする。

b. 2回の計測値の差が2 dB を超える場合には、計測値を
無効とする。ただし、いずれの計測値も 93dB ～ 112dB
の範囲内にない場合には有効とする。

c. 2回の計測値（d により補正した場合には、補正後の
値）の平均を音の大きさとする。

d. 計測の対象とする音の大きさと暗騒音の計測値の差が3
dB 以上 10dB 未満の場合には、計測値から次表の補正
値を控除するものとし、3 dB 未満の場合には計測値を
無効とする。

【計測値と暗騒音との差による補正値（dB）】

警音器の音の大きさと暗騒音の計測値の差	3	4	5	6	7	8	9
補正値	3	2		1			

③前項②の規定にかかわらず、平成 15 年 12 月 31 日以前に

製作された自動車にあっては、次により計測できるものとする。

1) 騒音計等は、使用開始前に十分暖機し、暖機後に較正を行う。
2) マイクロホンは、車両中心線上の自動車の前端から2mの位置の地上1mの高さにおける音の大きさが最大となる高さにおいて車両中心線に平行かつ水平に自動車に向けて設置する。
3) 聴感補正回路はC特性とする。
4) 原動機は、停止した状態とする。
5) 計測場所は、概ね平坦で、周囲からの反射音による影響を受けない場所とする。
6) 計測値の取扱いは、前項②6)と同じとする。ただし、6)bの計測値については、115dB以下90dB以上とする。

【非常信号用具】

自動車には、非常時に灯光を発することにより他の交通に警告することができ、かつ、安全な運行を妨げないものとして、非常信号用具を備えること。

◆保安基準43条の2　◆審査事務規程7 - 98、8 - 98
◆細目告示220条

▶視認等による審査（性能要件）

①非常信号用具は、次の基準に適合するものであること。
1) 夜間200mの距離から確認できる赤色の灯光を発するものであること。
2) 自発光式のものであること。
3) 使用に便利な場所に備えられたものであること。
4) 振動、衝撃等により、損傷を生じ、又は作動するものでないこと。

②次に掲げる非常信号用具は、前項①の基準に適合しないものとする。

1) 赤色灯火の発光部のレンズの直径が35mm未満の赤色合図灯

2) 豆電球2.5V・0.3Aの規格又はこれと同程度以上の規格の性能を有しない電球を使用した赤色合図灯

3) JIS C8501「マンガン電池」のR14P（マンガン単二形乾電池）の規格若しくはJIS C8511「アルカリ一次電池」のLR6（アルカリ・マンガン単三電池）の規格又はこれらと同程度以上の規格の性能を有しない電池を使用した赤色合図灯

4) 灯器が損傷し、若しくはレンズ面が著しく汚損し、又は電池が消耗したことにより性能の著しく低下した赤色合図灯

5) JIS D5711「自動車用緊急保安炎筒」の規格又はこれと同程度以上の規格の性能を有しない発炎筒

6) 損傷し、又は湿気を吸収したため、性能の著しく低下した発炎筒

【警告反射板】

自動車に備える警告反射板は、その反射光により他の交通に警告することができるものであること。

◆保安基準43条の3　◆審査事務規程7−99、8−99
◆細目告示221条

▶視認等による審査（性能要件）

①警告反射板は次の基準に適合するものであること。

1) 警告反射板の反射部は、一辺が400mm以上の中空の正立正三角形で帯状部の幅が50mm以上のものであること。

2) 警告反射板は、夜間150mの距離から走行用前照灯で照射した場合に、その反射光を照射位置から確認できるも

のであること。

3) 警告反射板による反射光の色は、赤色であること。

4) 警告反射板は、路面上に垂直に設置できるものであること。

☛「警告反射板」は、保安基準では備え付けを義務付けして
いないが、道路交通法施行令第18条により、夜間に一般
道で路上駐車する場合に、後方から近付く自動車の運転者
が見やすい位置に置くものである。

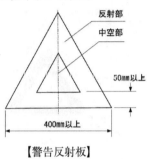

【警告反射板】

【停止表示器材】

自動車に備える停止表示器材は、蛍光及び反射光により他の
交通に当該自動車が停止していることを表示することができ
るものであること。

◆保安基準43条の4
◆審査事務規程7-100、8-100
◆細目告示222条　　◆適用関係告示50条

▶視認等による審査（性能要件）

①停止表示器材は、次の基準に適合するものであること。

1) 停止表示器材は、次図に定める様式の中空の正立正三角
形の反射部及び蛍光部又は蛍光反射部を有するものであ

298

ること。

☛「停止表示器材」は、保安基準では備え付けを義務付けし
ていないが、道路交通法施行令第27条の6により、昼夜
間に一般道又は高速道路で自動車を運転することができな
くなった場合に、後方から近付く自動車の運転者が見やす
い位置に置くものである。

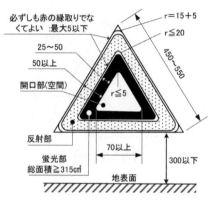

※長さの単位は、ミリメートルとする。
【停止表示器材】

★平成17年12月31日以前に製作された停止表示器材は、
次の基準に適合するものであればよい。
1) 形状については以下の基準のものであること。
a. 反射部及び蛍光部から成る一辺が500mm以上の中空の
正立正三角形で、帯状部の幅が80mm以下のものであ
ること。
b. 反射部は、中空の正立正三角形で、帯状部の幅が25mm
以上50mm以下のものであること。
c. 蛍光部は、反射部に内接する中空の正立正三角形で、帯

299

状部の幅が 30mm 以上 33mm 以下のものであること。

2) 夜間 200m の距離から走行用前照灯で照射した場合にその反射光を照射位置から確認できるものであること。

3) 昼間 200m の距離からその蛍光を確認できるものであること。

4) 停止表示器材による反射光及び蛍光の色は、赤色であること。

5) 路面上に垂直に設置できるものであること。

6) 容易に組み立てられる構造であること。

7) 使用に便利な場所に備えられたものであること。

②装置の指定を受けた停止表示器材と同一の構造を有し、その機能を損なうおそれのある損傷のない停止表示器材又はこれに準ずる性能を有する停止表示器材は、前項①の基準に適合するものとする。

【盗難発生警報装置】

自動車には、盗難発生警報装置を備えることができる。

◆保安基準 43 条の 5

◆審査事務規程 7－101、8－101

◆細目告示 223 条　◆適用関係告示 51 条

☞「盗難発生警報装置」とは、自動車の盗難が発生しようとしている、又は発生している旨を音又は音及び灯光等により車外へ警報することにより、自動車の盗難を防止する装置をいう。

▶視認等による審査（性能要件）

①乗車定員 10 人未満の乗用自動車及び車両総重量が 2ｔ以下の貨物用自動車に備える盗難発生警報装置は、安全な運行を妨げないものとして、盗難の検知及び警報に係る性能

等に関する次の基準に適合するものであること。
1) 盗難発生警報装置を備える自動車の盗難が発生しようと
   している、又は発生しているときに、その旨を音により、
   又は音に加え灯光又は無線により警報を発するものであ
   ること。
2) 堅ろうであり、かつ、容易にその機能が損なわれ、又は
   作動を解除されることがない構造であること。
3) 走行中の振動、衝撃等により作動するおそれがないもの
   であること。
4) 原動機が作動しているときに、運転者により盗難発生警
   報装置が作動するように操作することができないもので
   あること。
5) 音、灯光等を警報するための装置の電気結線の一部が損
   傷した場合においても、損傷した電気結線に係る装置以
   外の装置の機能を損なうおそれがないものであること。
6) 盗難発生警報装置が損傷した場合において、自動車の他
   の装置等の性能を損なうおそれがないものであること。
②盗難発生警報装置を備える自動車の盗難が発生しようとし
  ている、若しくは発生している、又は盗難発生警報装置の
  設定状態を変更するための操作を行った場合以外の場合に、
  音又は灯光を発する盗難発生警報装置は、前項①の基準に
  適合しないものとする。ただし、盗難発生警報装置の設定
  状態を通知するための装置にあっては、この限りでない。
  この場合において、設定状態を通知するための装置では、
  音により通知するものにあっては警音器の音と紛らわしく
  ないものに限るものとし、灯光により通知するものにあっ
  ては緊急自動車の警告灯と紛らわしくなく、かつ車室外に
  備える灯光にあってはその灯光の明るさが 0.5cd を超えな
  いものに限ることとする。
③指定自動車等に備えられた盗難発生警報装置と同一の構造
  を有し、かつ、同一の位置に備えられた盗難発生警報装置

301

であってその機能を損なうおそれのある損傷等のないもの
は、前項①の基準に適合するものとする。

【車線逸脱警報装置】

自動車（二輪自動車、側車付二輪自動車、三輪自動車、カタ
ピラ及びそりを有する軽自動車並びに被牽引自動車を除
く。）であって乗車定員 10 人以上のもの及び貨物の運送の
用に供する自動車（三輪自動車、カタピラ及びそりを有する
軽自動車並びに被牽引自動車を除く。）であって車両総重量
3.5t を超えるものには、車線逸脱警報装置を備えること。
ただし、高速道路等において運行しないものにあっては、こ
の限りでない。

◆保安基準 43 条の 6
◆審査事務規程 7 - 102、8 - 102
◆細目告示 223 条の 2　　◆適用関係告示 51 条の 2

▶視認等による審査（性能要件）

①車線逸脱警報装置は、車線からの逸脱の検知及び警報に係
　る性能等に関し、次の基準に適合するものであること。こ
　の場合において、視認等により車線逸脱警報装置が備えら
　れていないと認められるときは、審査を省略することがで
　きる。（細目告示第 223 条の 2 関係）
　1) 車線逸脱警報装置の作動中、確実に機能するものである
　　こと。この場合において、車線逸脱警報装置の機能を損
　　なうおそれのある損傷等のあるものは、この基準に適合
　　しないものとする。
　2) 車線逸脱警報装置に当該装置の解除装置を備える場合は、
　　当該解除装置により車線逸脱警報装置が作動しない状態
　　となったときにその旨を運転者席の運転者に的確かつ視
　　覚的に警報するものであること。

【車両接近通報装置】
電力により作動する原動機を有する自動車には、当該自動車の接近を歩行者等に通報するものとして、機能、性能等に関し告示で定める基準に適合する車両接近通報装置を備えること。ただし、走行中に内燃機関が常に作動する自動車にあっては、この限りでない。

　◆保安基準43条の7
　◆審査事務規程7－103　8－103
　◆細目告示223条の3　◆適用関係告示51条の3

▶性能要件（視認等による審査）
①車両接近通報装置は、当該自動車の接近を歩行者等に通報するものとして、その機能、性能等に関し、視認等その他適切な方法により審査したときに、次の基準に適合するものであること。
　1）車両接近通報装置は、走行時において確実に機能するものであること。この場合において、受検車両の停止時の周囲音と発進時の周囲音を比較した際に車両接近通報装置の作動音が確認できるものは、この基準に適合するものとみなす。
　2）車両接近通報装置は、当該装置の作動を停止させることのできる機能を有さないものであること。
②指定自動車等に備えられたものと同一の構造を有し、かつ、同一の位置に備えられた車両接近通報装置であって、その機能を損なうおそれのある損傷等のないものは、①の基準に適合するものとする。

【事故自動緊急通報装置】
自動車（次に掲げるものを除く。）には、7-98の3-2の基準に適合する事故自動緊急通報装置を備えることができる。

①専ら乗用の用に供する乗車定員 10 人以上の自動車

②専ら乗用の用に供する乗車定員 10 人未満の自動車であって、車両総重量が 3.5t を超えるもの

③①から②までの自動車の形状に類する自動車

④貨物の運送の用に供する自動車であって、車両総重量が 3.5t を超えるもの

⑤④の自動車の形状に類する自動車

⑥二輪自動車

⑦側車付二輪自動車

⑧三輪自動車

⑨大型特殊自動車

⑩被牽引自動車

　◆保安基準 43 条の 8

　◆審査事務規程 7 - 104、8 - 104

　◆細目告示 223 条の 4　　◆適用関係告示 51 条の 4

▶性能要件（書面等による審査）

①事故自動緊急通報装置は、事故の発生を確実に自動的かつ緊急に通報するものとして、機能、性能等に関し、書面その他適切な方法により審査したときに、UN R144-01-S1 の 35.（通報先に係る部分を除く。）に定める基準に適合するものであること。なお、書面等により事故自動緊急通報装置が備えられていると認められないときは、審査を省略することができる。

【側方衝突警報装置】：省略

　◆保安基準 43 条の 9

　◆審査事務規程 7 - 105、8 - 105

　◆細目告示 223 条の 5　　◆適用関係告示 51 条の 5

【後写鏡】

自動車には、後写鏡を備えること。ただし、運転者の視野、乗車人員等の保護に係る性能等に関し UN R46-04-S8 に適合する後方等確認装置（カメラ）を備える自動車にあってはこの限りではない。

◆保安基準 44 条
◆審査事務規程 7 - 106、8 - 106
◆細目告示 224 条

▶視認等による審査（性能要件）

①前文のただし書きの自動車に備える後方等確認装置（カメラ）は、運転者の視野、乗車人員等の保護に係る性能等に関し、書面等その他適切な方法により審査したときに、次の基準に適合するものであること。ただし、UN R46-04-S5（15.2.4.5. 及び15.2.4.6. に限る。）の規定が適用される後方等確認装置にあっては 1）から 5）までの基準に適合するものであればよい。

1）カメラは容易に方向の調整をすることができ、かつ一定の方向を保持できる構造であること。

2）カメラ（地上 1.8 m 以下に取付けられているものに限る。）は歩行者等に接触した場合において、当該歩行者等に傷害を与えるおそれがないものとして衝撃を緩衝できる構造であること。

3）車室内に備えるカメラ及び画像表示装置は、当該自動車が衝突等による衝撃を受けた場合において、乗車人員の頭部等に衝撃を与えるおそれの少ない構造であること。

4）画像表示装置が表示する画像は明瞭かつ容易に確認できるものであること。

5）画像表示装置の輝度は手動又は自動で調整可能なものであり、夜間において運転者の視界の妨げとならないこと。

6) 後方等確認装置は故障時に運転者へ視覚的に確認できる
   表示による警報機能を有しており、当該表示により警報
   されていないものであること。
②自動車に備える後写鏡は、運転者が運転者席において自動
 車の左外側線附近及び後方の交通状況を確認でき、かつ、
 乗車人員、歩行者等に傷害を与えるおそれの少ないものと
 して、当該後写鏡による運転者の視野、乗車人員等の保護
 に係る性能等に関する次の基準に適合するものであること。
1) 容易に方向の調節をすることができ、かつ、一定の方向
   を保持できる構造であること。
2) 取付部附近の自動車の最外側より突出している部分の最
   下部が地上 1.8m 以下のものは、当該部分が歩行者等に
   接触した場合に衝撃を緩衝できる構造であること。
3) 車室内に備えるものは、当該自動車が衝突等による衝撃
   を受けた場合において、乗車人員の頭部等に障害を与え
   るおそれの少ない構造であること。
4) 鏡面に著しいひずみ、曇り又はひび割れがないこと。

★平成 18 年 12 月 31 日以前に製作された自動車においては、
 「左外側線付近の交通状況を確認できるものであること」
 についての規定は、次の基準に適合するものであればよい。
 a. 平坦な面においた直進状態の自動車の左外側線上、運転
   者席から自動車の後端まで沿って設置された高さ 1m、
   直径 30cm の円柱の少なくとも一部を確認できること。

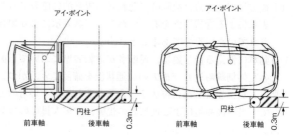

アイ・ポイント　　　　　　　　アイ・ポイント

円柱　　　　0.3m　　　　円柱　　0.3m

前車軸　　　後車軸　　　　前車軸　　　後車軸

【後写鏡の視界の範囲】

③次に掲げる後方等確認装置であってその機能を損なうおそれのある損傷のないものは、①の基準に適合するものとする。

1) 指定自動車等に備えられたものと同一の構造を有し、かつ、同一の位置に備えられた後方等確認装置

2) 法第75条の2第1項の規定に基づき指定を受けた特定共通構造部に備えられている後方等確認装置と同一の構造を有し、かつ、同一の位置に備えられている後方等確認装置又はこれに準ずる性能を有する後方等確認装置

3) 法第75条の3第1項の規定に基づく装置の指定を受けた後方等確認装置と同一の構造を有し、かつ、同一の位置に備えられた後方等確認装置又はこれに準ずる性能を有する後方等確認装置

▶取付要件（視認等による審査）

①後方等確認装置（カメラ）は、視認等による審査（性能要件）①に掲げる性能を損なわないように、かつ、取付位置、取付方法に関し、書面等その他適切な方法により審査したときに、次の基準に適合するように取付けられていること。

1) 走行中の振動により著しくその機能を損なわないよう取り

付けられたものであること。

2) 車室内に備える画像表示装置は、運転者席において運転する状態の運転者の直接視界範囲内にあり、当該自動車の左側の視界範囲を表示する画像表示装置にあってはアイポイントより左側に、当該自動車の右側の視界範囲を表示する画像表示装置にあってはアイポイントより右側に、それぞれ配置すること。ただし、後方等確認装置（カメラ）にあってはこの限りではない。

②後写鏡は、視認等による審査（性能要件）②に掲げる性能を損なわないように、かつ、取付位置、取付方法等に関し、視認等その他適切な方法により審査したときに、次の基準に適合するように取付けられていること。

1) 走行中の振動により著しくその機能を損なわないよう取付けられたものであること。

2) 運転者が運転者席において、自動車（被牽引自動車を牽引する場合は、被牽引自動車）の左右の外側線上後方50mまでの間にある車両の交通状況及び自動車（牽引自動車より幅の広い被牽引自動車を牽引する場合は、牽引自動車及び被牽引自動車）の左外側線付近（運転者が運転者席において確認できる部分を除く。）の交通状況を確認できるものであること。

3) 乗車定員10人以下の普通自動車、貨物の運送の用に供する普通自動車（車両総重量が2.8tを超える自動車を除く。）、小型自動車及び軽自動車（被牽引自動車、二輪自動車、側車付二輪自動車並びにカタピラ及びそりを有する軽自動車を除く。）に備える車体外後写鏡は、アイポイントの中心及び後写鏡の中心を通る鉛直面と車両中心面とのなす角度が、それぞれ、車両の右側に備える後写鏡にあっては前方55°以下（左ハンドルにあっては75°以下）、車両の左側に備える後写鏡にあっては前方75°以下（左ハンドルにあっては55°以下）であること。この場合において、

後写鏡の鏡面は通常使用される位置に調節し、固定した状態とする。

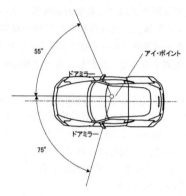

【車体外後写鏡の視認角度の範囲】

③次に掲げる後方等確認装置（カメラ）であって、その機能を損なうおそれのある損傷のないものは①の基準に適合するものとする。

1) 指定自動車等に備えられたものと同一の構造を有し、かつ、同一の位置に備えられた後方等確認装置

2) 法第75条の2第1項の規定に基づき指定を受けた特定共通構造部に備えられている後方等確認装置と同一の構造を有し、かつ、同一の位置に備えられている後方等確認装置又はこれに準ずる性能を有する後方等確認装置

3) 法第75条の3第1項の規定に基づく装置の指定を受けた後方等確認装置と同一の構造を有し、かつ、同一の位置に備えられた後方等確認装置又はこれに準ずる性能を有する後方等確認装置

④自動車に備えられた次に掲げる後写鏡であって、その機能を損なう損傷等のないものは、②の基準に適合するものと

する。

1) 指定自動車等に備えられている後写鏡と同一の構造を有
し、かつ、同一の位置に備えられた後写鏡

2) 法第 75 条の 2 第 1 項の規定に基づき指定を受けた特定共
通構造部に備えられている後写鏡及び後写鏡取付装置と
同一の構造を有し、かつ、同一の位置に備えられている
後写鏡及び後写鏡取付装置又はこれに準ずる性能を有す
る後写鏡及び後写鏡取付装置

3) 法第 75 条の 3 第 1 項の規定に基づく装置の指定を受けた
後写鏡及び後写鏡取付装置と同一の構造を有し、かつ、
同一の位置に備えられた後写鏡及び後写鏡取付装置又は
これに準ずる性能を有する後写鏡及び後写鏡取付装置

【直前及び側方の視界】

自動車には、運転者が運転者席において規定の障害物を確認
できる鏡その他の装置を備えること。ただし、運転者が運転
者席において当該障害物を直接又は後写鏡により確認できる
構造の自動車にあっては、この限りでない。

◆保安基準 44 条
◆審査事務規程 7 - 107、8 - 107
◆細目告示 224 条

☛「規定の障害物」とは、高さ 1 m、直径 30cm の円柱であ
って次に掲げるもののこと。

自動車の種類	障害物
小型自動車、軽自動車及び普通自動車	当該自動車の前面から 0.3m 前方にある鉛直面及び当該自動車の左側面（左ハンドル車にあっては右側面）から 0.3m の距離にある鉛直面と当該自動車との間にあり、かつ当該自動車に接しているもの

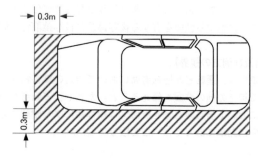

【視界の範囲】

▶**視認等による審査（性能要件）**

①鏡その他の装置は、規定の障害物を確認でき、かつ、歩行者等に傷害を与えるおそれの少ないものとして、当該鏡その他の装置による運転者の視野、歩行者等の保護に係る性能等に関する次の基準に適合するものであること。

1）運転者が運転者席において座席ベルトを装着し、かつ、かじ取りハンドルを握った標準的な運転姿勢をとった状態で、規定の障害物の少なくとも一部（Aピラー、窓拭き器、後写鏡又はかじ取りハンドルにより運転者席からの確認が妨げられる部分を除く。）を鏡その他の装置により

確認できるものであること。ただし、運転者が運転者席
において障害物の少なくとも一部を直接又は後写鏡により
確認できる構造の自動車にあっては、この限りでない。

★障害物確認時の自動車の状態
　a. 平坦な面上に置き、直進状態かつ審査時車両状態とする。
　b. タイヤの空気圧は規定値とする。
　c. 車高調整装置着装の自動車は、標準（中立）の位置とす
　　る。ただし、車高を容易に任意の位置に保持することが
　　できる装置にあっては、車高が最高となる位置とする。
　d. 運転者席の座席の位置は、前後上下に調節できる場合は、
　　中間の位置とする。また、背もたれの角度が調節できる
　　場合は、鉛直面から後方に 25° の位置とする。
　e. 運転者席の座席に座布団又はクッション等を備えている
　　場合は、取り除いた状態とする。

2）取付部附近の自動車の最外側より突出している部分の最
　　下部が地上 1.8m 以下のものは、当該部分が歩行者等に
　　接触した場合に衝撃を緩衝できる構造であること。
3）カメラ及びカメラからの画像情報を運転者に表示する画
　　像表示装置にあっては、次の要件に適合するものである
　　こと。
　a. 運転者が 1）の状態でカメラから得られる画像を表示す
　　ることができるものであること。
　b. 直接又は鏡により視認できない範囲の全てを同時に表
　　示することができない画像表示装置は、運転者が運転者
　　席において、カメラ又は画像表示装置を操作することに
　　より運転者が確認しようとしている範囲を表示すること
　　ができるものであること。
②指定自動車等に備えられた鏡その他の装置と同一の構造を
　有し、かつ、同一の位置に備えられた鏡その他の装置であ

ってその機能を損なうおそれのある損傷等のないものは、
①の基準に適合するものとする。

1) 鏡体部及びその支持部により構成される装置は、溶接、
   リベット、ボルト・ナット又はねじにより自動車の外
   側の表面上（バンパを除く。）に直接取付けられており、
   かつ、取付部附近の自動車の最外側より突出しない構造。
   ただし、原動機の相当部分が運転者室又は客室の下にあ
   る自動車（貨物の運送の用に供する自動車であって運転
   者室及び客室と物品積載装置との間に隔壁を有するもの
   （キャブと荷台が分離しているものに限る。）及び専ら
   乗用の用に供する自動車であって乗車定員 11 人以上の
   もの並びにこれらの形状に類する自動車に限る。）にあ
   っては、溶接、リベット、ボルト・ナット又はねじによ
   り確実に取付けられている構造であればよいものとする。

2) カメラ及び画像表示装置により構成される装置は、確実
   に取付けられており、かつ、その配線が自動車の外側の
   表面上に露出していない構造

☛「規定の障害物」とは、自動車の全ての面（前面、後面、
　両側面、上面及び下面）における表面部分をいい、バンパ
　及び後写鏡等を含む。

▶取付要件（視認等による審査）
①鏡その他の装置は、その性能を損なわないように、かつ、
　取付位置、取付方法等に関し、視認等その他適切な方法に
　より審査したときに、次に掲げるいずれかの構造を有する
　ように取付けられなければならない。（保安基準第 44 条
　第 7 項関係、細目告示第 224 条第 10 項関係）

②取付けが不確実な鏡その他の装置及び鏡面に著しいひず
　み、曇り又はひび割れのある鏡その他の装置は、①及び視

認等による審査（性能要件）①1）の基準に適合しないものとする。この場合において、検査後の取外し及び一時的な取付け等を防止するため、次に掲げる例によるもの（③に掲げるものを除く。）及びこれらに類するものは、「取付けが不確実」に該当するものとする。（細目告示第224条第11項関係）

1) 取付部が吸盤形状であることが外観上明らかなもの。
2) 貼付けられたシート等の上に接着固定等されているもの。
3) 手指で揺する、取付部が浮き上がらないかどうかめくろうとする等により確認した結果、取付部の一部が車体から離脱するもの、緩み又はがたがあるもの
4) 当該装置を取付けた状態のままで、自動車登録番号標又は車両番号標の取付取外しができないもの
5) 延長器具を介して取付けられているもの（原動機の相当部分が運転者室又は客室の下にある自動車（貨物の運送の用に供する自動車であって運転者室及び客室と物品積載装置との間に隔壁を有するもの（キャブと荷台が分離しているものに限る。）、専ら乗用の用に供する自動車であって乗車定員11人以上のもの又はこれらの形状に類する自動車に限る。）に取付けられているものを除く。）
6) カメラの配線（配線の周囲の保護部材等を含む。）が、自動車の外側の表面上に確認できるもの

③指定自動車等に備えられた鏡その他の装置と同一の構造を有し、かつ、同一の位置に備えられた鏡その他の装置であってその機能を損なうおそれのある損傷等のないものは、前項①の基準に適合するものとする。

★自動車の直前付近の障害物を確認するための鏡を直前鏡又はアンダー・ミラーといい、自動車の左側面付近の障害物を確認するための鏡を直左鏡又はサイド・アンダー・ミラーという。

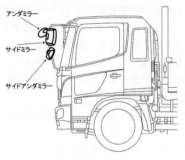

アンダミラー

サイドミラー

サイドアンダミラー

【直前直左鏡】

【後退時車両直後確認装置】

自動車には、後退時に運転者が運転者席において当該自動車の直後の状況を確認できるものとして、運転者の視野等に係る性能に関し、7-108-2の基準に適合する後退時車両直後確認装置を備えること。

◆保安基準 44 条の 2
◆審査事務規程 7 – 108、8 – 108
◆細目告示 224 条の 2

▶視認等による審査（性能要件）

後退時車両直後確認装置は、運転者の視野等に係る性能に関し、7-108-2-1 又は 7-108-2-2 に掲げるいずれかの基準に適合するものであること。

1) 後退時車両直後確認装置の作動中、確実に機能するものであること。この場合において、後退時車両直後確認装置の機能を損なうおそれのある改造、損傷等のあるものは、この基準に適合しないものとする。

▶視認等による審査（取付要件）

①後退時車両直後確認装置は、その性能を損なわないように、かつ、取付位置、取付方法等に関し、視認等その他適切な方法により審査したときに、次の基準に適合するように取付けられていること。

1) 走行中の振動により著しくその機能を損なわないよう取付けられたものであること。

2) 画像表示装置は、座席ベルトを装着し、かつ、かじ取ハンドルを握った標準的な運転姿勢をとった状態の運転者が直視できる範囲内にあり、7-108-2 に規定する視界に係る要件を容易に確認できる位置に備えられたものであること。

3) カメラ及び画像表示装置又は検知装置を用いるものにあっては、原動機の操作装置が始動の位置にあり、かつ、変速装置を後退位置にした場合に連動して作動を開始するものであること。なお、カメラ及び画像表示装置を用いるものにあっては、常時作動する構造であってもよい。

②取付けが不確実な鏡若しくはカメラ及び鏡面に著しいひずみ、曇り若しくはひび割れのある鏡又はレンズ面に著しいひずみ、曇り若しくはひび割れのあるカメラは、①の基準に適合しないものとする。この場合において、検査後の取外し及び一時的な取付け等を防止するため、次に掲げる例によるもの及びこれらに類するものは、「取付けが不確実」に該当するものとする。

1) 取付部が吸盤形状であることが外観上明らかなもの

2) 貼付けられたシート等の上に接着固定等されているもの

3) 手指で揺する、取付部が浮き上がらないかどうかめくろうとする等により確認した結果、取付部の一部が車体から離脱するもの、緩み又は、がたがあるもの

4) 当該装置を取付けた状態のままで、自動車登録番号標又は車両番号標の取付取外しができないもの

③指定自動車等に備えられた後退時車両直後確認装置と同一

の構造を有し、かつ、同一の位置に備えられた後退時車両直後確認装置であって、その機能を損なうおそれのある改造、損傷等のないものは、①の基準に適合するものとする。

【窓ふき器等】
自動車の前面ガラスには、前面ガラスの直前の視野を確保できるものとして、自動式の窓ふき器を備えること。

◆保安基準 45 条　　◆審査事務規程 7 - 109、8 - 109
◆細目告示 225 条　　◆適用関係告示 53 条

▶視認等による審査（性能要件）

①自動車の前面ガラスに備える窓ふき器は、自動式の窓ふき器であること。（左右に窓ふき器を備える場合は、同時に作動するものであること。）この場合において、窓ふき器のブレードであって、老化等により著しく機能が低下しているものは、この基準に適合しないものとする。

②指定自動車等に備えられている窓ふき器と同一の構造を有し、かつ、同一の位置に備えられた窓ふき器であって、その機能を損なうおそれのある損傷のないものは、前項①の基準に適合するものとする。

③窓ふき器を備えなければならない自動車には、前面ガラスの外側が汚染された場合又は前面ガラスに水滴等により著しい曇りが生じた場合において、視野の確保に係る性能等に関する次の基準に適合する洗浄液噴射装置及びデフロスタを備えること。ただし、車室と車体外とを屋根、窓ガラス等の隔壁により仕切ることのできない自動車にあっては、デフロスタは備えることを要しない。

☛「デフロスタ」とは、前面ガラスの水滴等の曇りを除去するための装置のこと。

1) 洗浄液噴射装置にあっては、前面ガラスの外側が汚染された場合において、前面ガラスの直前の視界を確保するのに十分な洗浄液を噴射するものであること。この場合において、洗浄液を噴射させた場合に洗浄液が窓ふき器の払しょく範囲内にあたるものは、この基準に適合するものとする。

2) 普通自動車又は小型自動車若しくは軽自動車であって、乗車定員 10 人以下の自動車に備えるデフロスタにあっては、前面ガラスに水滴等により著しい曇りが生じた場合において、前面ガラスの直前の視野を速やかに確保する性能を有するものであること。

3) 走行中の振動、衝撃等により損傷を生じ、又は作動するものでないこと。

④指定自動車等に備えられているデフロスタと同一の構造を有し、かつ、同一の位置に備えられたデフロスタであって、その機能を損なうおそれのある損傷のないものは、③2)の基準に適合するものとする。

【速度計等】

自動車には、速度計を運転者の見やすい箇所に備えること。また、走行距離計を備えること。

◆保安基準 46 条　　◆審査事務規程 7 - 110、8 - 110
◆細目告示 226 条　　◆適用関係告示 54 条

▶視認等による審査（性能要件）

①速度計は、平坦な舗装路面での走行時において、著しい誤差がないものとして、取付位置、精度等に関する次の基準に適合するものであること。

1) 運転者が容易に走行時における速度を確認できるものであること。この場合において、次に掲げるものは、この

318

基準に適合しないものとする。

a. 速度が km/h で表示されないもの。

b. 照明装置を備えたもの、自発光式のもの、若しくは文字板及び指示針に自発光塗料を塗ったもののいずれにも該当しないもの、又は運転者をげん惑させるおそれのあるもの。

c. ディジタル式速度計であって、昼間又は夜間のいずれにおいて十分な輝度又はコントラストを有しないもの。

☛「ディジタル式速度計」とは、一定間隔をもって断続的に速度を表示する速度計のこと。

d. 速度計が、運転者席において運転する状態の運転者の直接視界範囲内にないもの。

② 走行距離計は、表示、取付位置等に関し、視認等その他適切な方法により審査したときに、運転者が運転者席において容易に走行距離計を確認できるものであること。この場合において、次に掲げるものは、この基準に適合するものとする。

1) 走行距離計は運転者席から容易に確認できる位置に備えること。

2) 走行距離計が表示する距離の数値は1の位から10万の位の6桁（二輪自動車及び側車付二輪自動車にあっては5桁）以上の整数値であること。この場合において、総走行距離が満たない等により当該桁数が表示されていないものにあっては相当する間隔を有していればよい。

〔表示の例〕

二輪自動車及び側車付き二輪自動車

⌴ 1,111km

それ以外の自動車

⌴ ⌴ 1,111km

319

▶テスタによる審査（性能要件）

①速度計の指度は、平坦な舗装路面での走行時において、自動車の速度を下回らず、かつ、著しい誤差のないものであること。この場合において、自動車の速度計が40km/hを指示した時の運転者の合図によって、速度計試験機を用いて計測した速度が次の基準に適合しないものは、この基準に適合しないものとする。

1) 平成18年12月31日以前に製作された自動車にあっては、計測した速度が31.0km/h以上44.4km/h以下であればよい。

<参考>計測した速度が次式に適合するものであること。

$$10 \, (V_1 - 6) \, / \, 11 \leqq V_2 \leqq \, (100 \, / \, 90) \, V_1$$

V_1：自動車に備える速度計の指示速度（単位 km/h）
V_2：速度計試験機を用いて計測した速度（単位 km/h）

2) 平成19年1月1日以降に製作された自動車にあっては、計測した速度が31.0km/h以上42.5km/h以下であればよい。

<参考>計測した速度が次式に適合するものであること。

$$10 \, (V_1 - 6) \, / \, 11 \leqq V_2 \leqq \, (100 \, / \, 94) \, V_1$$

②次の各号に掲げる速度計であって、その機能を損なうおそれのある損傷のないものは、前項①の基準に適合するものとする。

1) 指定自動車等に備えられている速度計と同一の構造を有し、かつ、同一の位置に備えられた速度計

2) 装置の指定を受けた速度計と同一の構造を有し、かつ、同一の位置に備えられた速度計又はこれに準じる性能を有する速度計

【事故情報計測・記録装置】：省略

専ら乗用の用に供する自動車（乗車定員 10 人以上の自動車、二輪自動車、側車付二輪自動車、三輪自動車、カタピラ及びそりを有する軽自動車並びに被牽引自動車を除く。）及び貨物の運送の用に供する自動車（車両総重量が 3.5 トンを超える自動車、三輪自動車及び被牽引自動車を除く。）には、当該自動車が衝突等による衝撃を受ける事故が発生した場合において、当該自動車の瞬間速度その他の情報を計測し、及びその結果を記録するものとして、記録性能等に関し告示で定める基準に適合する事故情報計測・記録装置を備えること。

◆保安基準 46 条の 2
◆審査事務規程 7 − 110 の 2、8 − 110 の 2
◆細目告示 226 条の 2

【消火器】：省略

◆保安基準 47 条　　◆審査事務規程 7 − 111、8 − 111
◆細目告示 227 条

【内圧容器及びその附属装置】：省略

◆保安基準 47 条の 2
◆審査事務規程 7 − 112、8 − 112
◆細目告示 228 条

【自動運行装置】

自動車（二輪自動車、側車付二輪自動車、三輪自動車、大型特殊自動車及び被牽引自動車を除く。）には自動運行装置を備えることができる。

◆保安基準 48 条　　◆審査事務規程 7 − 113、8 − 113
◆細目告示 228 条の 2

▶書面等による審査

① 自動運行装置を備える自動車は、プログラムによる当該自動車の自動的な運行の安全性を確保できるものとして、機能、性能等に関し、書面その他適切な方法により審査したときに、次の基準に適合するものであること。

1) 自動運行装置の作動中、他の交通の安全を妨げるおそれがないものであり、かつ、乗車人員の安全を確保できるものであること。

2) 運転者の意図した操作によってのみ自動運行装置が作動するものであり、かつ、運転者の意図した操作によって当該装置の作動を停止することができるものであること。

3) 自動運行装置の作動中、走行環境条件を満たさなくなる場合において、事前に十分な時間的余裕をもって、運転者に対し運転操作を促す警報を発するものであること。当該警報は、運転者による運転操作が行われた場合又は5) の制御が開始した場合にのみ終了することができる。

4) 自動運行装置の作動中、自動運行装置が正常に作動しないおそれがある状態となった場合において、直ちに、3) の警報を発するものであること。当該警報は、運転者による運転操作が行われた場合又は5) の制御が開始した場合にのみ終了することができる。

5) 走行環境条件を満たさなくなった場合又は自動運行装置が正常に作動しないおそれがある状態となった場合において、運転者が3) 又は4) の警報に従って運転操作を行わないときは、リスク最小化制御が作動し、当該制御により車両が安全に停止するものであること。

6) 3) の場合において、急激な天候の悪化その他の予測することができないやむを得ない事由により、事前に十分な時間的余裕をもって警報を発することが困難なときは、3) 及び5) の規定にかかわらず、当該事由の発生後直ちに、3) の警報を発するとともに、走行環境条件を満た

さなくなった場合には直ちに、リスク最小化制御が作動
し、当該制御により車両が安全に停止するものであれば
よい。この場合において、当該警報は、運転者による運
転操作が行われた場合又は当該制御が作動した場合にの
み終了することができる。

7) 自動運行装置又はリスク最小化制御の作動中、他の交通
又は障害物との衝突のおそれがある場合には、衝突を防
止する又は衝突時の被害を最大限軽減するための制御が
作動するものであること。

8) 走行環境条件を満たさなくなった後、再び当該条件を満
たした場合は、運転者の意図した操作によりあらかじめ
承諾を得ている場合に限り、2)、5) 及び6) の規定にか
かわらず、自動運行装置は自動的に作動を再開すること
ができる。

9) 次に掲げる場合において、自動運行装置が作動しないも
のであること。

a. 走行環境条件を満たしていない場合

b. 自動運行装置が正常に作動しないおそれがある場合

10) 自動運行装置の作動状態（自動運行装置が作動可能な状
態にあるかどうかを含む。）を運転者に表示するもので
あること。また、当該表示は運転者が容易に確認でき、
かつ、当該状態を容易に判別できるものであること。

11) 自動運行装置の作動中、運転者が③5) の警報に従って運
転操作を行うことができる状態にあるかどうかを常に監
視し、運転者が当該状態にない場合には、その旨を運転
者に警報するものであること。また、運転者が当該警報
に従って当該状態にならない場合には、リスク最小化制
御が作動するものであること。

12) 自動運行装置が正常に作動しないおそれがある状態とな
っている場合、その旨を運転者に視覚的に警報するもの
であること。

13) 自動運行装置の機能について冗長性をもって設計されていること。

14) 高速道路等における運行時に車両を車線内に保持する機能を有する自動運行装置を備える自動車（自動運行装置作動中の最高速度が 60km/h 以下であるものに限る。）にあっては、細目告示別添 122「高速道路等における低速自動運行装置を備える自動車の技術基準」に定める基準に適合するものであること。この場合において、これと同等以上の性能を有するものは、当該基準に適合するものとみなす。

15) 自動運行装置に備える作動状態記録装置は、細目告示別添 123「作動状態記録装置の技術基準」に定める基準に適合するものであること。

② 次に掲げる自動運行装置及び 4-21-3 の規定により走行環境条件付与書の提示があった自動車に備える自動運行装置であってその機能を損なうおそれのある損傷等のないものは、① 1) の基準に適合するものとする。この場合において、「その機能を損なうおそれのある損傷等」については、特に指示をする場合を除き、衝突被害軽減制動制御装置にも使用される前方検知のためのミリ波レーダー等の装着部分について、大幅に変形しているなどの外観上明らかな損傷の有無を確認すること。

【運行記録計】：省略
  ◆保安基準 48 条の 2
  ◆審査事務規程 7 － 114、8 － 114
  ◆細目告示 229 条　　◆適用関係告示 56 条

【速度表示装置】：省略
  ◆保安基準 48 条の 3
  ◆審査事務規程 7 － 115、8 － 115

◆細目告示 230 条　　　◆適用関係告示 57 条

【緊急自動車】：省略
　◆保安基準 49 条　　◆審査事務規程 7 - 116、8 - 116
　◆細目告示 231 条

【道路維持作業用自動車】：省略
　◆保安基準 49 条の 2
　◆審査事務規程 7 - 117、8 - 117
　◆細目告示 232 条

【自主防犯活動用自動車】：省略
　◆保安基準 49 条の 3
　◆審査事務規程 7 - 118、8 - 118
　◆細目告示 232 条の 2

【旅客自動車運送事業用自動車】：省略
　◆保安基準 50 条　◆審査事務規程 7 - 119、8 - 119
　◆細目告示 233 条

【ガス運送容器を備える自動車等】：省略
　◆保安基準 50 条の 2
　◆審査事務規程 7 - 120、8 - 120
　◆細目告示 234 条

【火薬類を運送する自動車】：省略
　◆保安基準 51 条　　◆審査事務規程 7 - 121、8 - 121
　◆細目告示 235 条

【危険物を運送する自動車】：省略
　◆保安基準 52 条　　◆審査事務規程 7 - 122、8 - 122

◆細目告示 236 条

【乗車定員及び最大積載量】
自動車の乗車定員又は最大積載量は、次の基準に基づき算出される範囲内において乗車し又は積載することができる人員又は物品の積載量のうち最大のものとする。

◆保安基準 53 条
◆審査事務規程 7 - 123、8 - 123、7 - 124、8 - 124
◆細目告示 237 条

☛乗車定員は、12 歳以上の者の数をもって表すものとする。
この場合において、12 歳以上の者 1 人は、12 歳未満の小児又は幼児 1.5 人に相当するものとする。

【臨時乗車定員】：省略
◆保安基準 54 条　　◆審査事務規程 7 - 125、8 - 125
◆細目告示 238 条

【基準の緩和】：省略
◆保安基準 55 条〜 57 条

【適用関係の整理】：省略
◆保安基準 58 条

【締約国登録自動車の特例】：省略
◆保安基準 58 条の 2

付録1　指定部品について

①アクセサリー等の自動車部品

1) 車体まわり関係

a. 空気流を調整等するための自動車部品

エア・スポイラ、エア・ダム、フード・ウインド、デフレクター、フード・スクープ、ルーバー、フェンダー・スカート、ピックアップ・トラック・ランニングボード、その他エアロパーツ類

b. 手荷物等を運搬するための部品

ルーフ・ラック、エンクローズド・ラゲージ・キャリア、バイク・スキー・ラック、その他ラック類

★道路交通法第55条第2項に定める積載の方法に抵触する自然性の高いものは、自動車の構造装置として記載事項の変更申請があった場合でも、これを認めないものとする。

c. その他の部品

サンルーフ、コンバーチブル・トップ、キャンパー・シェル、窓フィルム（コーティングを含む）、キャンピングカー用日除け、ロール・バー、バンパー・ガード、フェンダー・カバー、その他カバー類、ヘッド・ライト・フォグライト・カバー、その他灯火器カバー類、グリル・ガード、バンパ・プッシュ・バー、ドア等プロテクター、アンダー・ガード、その他ガード類、ラダー、サン・バイザー、ルーフトップ・バイザー、その他バイザー類、ウィンチ、けん引フック、トウバー、ロープ・フック、水・泥はねよけ、アンテナ、トラック・ヘッド・ライナー、グラフィック・パッケージ・テープ・ストリップ・キット、ボディー・サイド・モールディング、デフレクター・スクリーン（グリル）、コーナー・ポール、コーナー等のセンサー、後方監視カメラ、車間距離警報装置

★車体まわり関係の自動車部品を装着することにより、歩行者、自転車等乗員に接触するおそれのある車体外側面部位は、外側に向けて先端が尖った又は鋭い部分があってはならない。

2) 原動機、排気系統関係の部品
　　リモコン・エンジン・スターター、エキゾースト・パイプ・エクステンション
3) 車室内に設置する部品
　　空気清浄機エア・コンディショナー、ナビゲーション、無線機、自動車電話、オーディオ、その他音響機器類、盗難警報システム、エア・バック
4) その他
　　ナンバー取付ステー、任意灯火器類

②運行に当たり機能する自動車部品
1) 走行装置関係の部品
a. タイヤ
b. ホイール
2) 操縦装置関係の部品
a. ステアリング・ホイール（二輪車のステアリング・ハンドルは除く）
b. パワ・ステアリング（ギヤ・ボックスと一体のものを除く）
c. 変速レバー、シフトノブ
d. 身体障害者用操作装置の部品（次の変更内容に係る部品に限る）
　(1)ステアリング・ホイールへの旋回ノブの取付け
　(2)アクセル、クラッチ、ブレーキ等への手動操作部品の取付け
　(3)方向指示器レバーの移設又は足踏み方式部品の取付け
　(4)足踏み式駐車ブレーキへの手押しレバーの取付け

(5)ペダル類にペダルを延長するための部品の取付け

(6)助手席への補助ブレーキ・ペダルの一時的な取付け

(7)アクセル・ペダル又はブレーキ・ペダルの移設又は増設取付け

3) 緩衝装置関係の部品

a. コイル・スプリング

b. ショック・アブソーバ

c. ストラット

d. ストラット・タワー・バー

★上記b及びcの部品を変更して装着することにより、走行中運転者席等において、車両姿勢を容易かつ急激に変化することができるものでないこと。

4) 騒音防止装置関係の部品

a. マフラー

b. 排気管

5) その他の部品

a. 規定灯火器類

b. ミラー

c. ディーゼル微粒子除去装置（酸化触媒、ＤＰＦ等）

付録2　第4類危険物の「指定数量」

消防法 第10条

①指定数量以上の危険物は、貯蔵所（車両に固定されたタンクにおいて危険物を貯蔵し、又は取り扱う貯蔵所（以下「移動タンク貯蔵所」という。）を含む。以下同じ。以外の場所でこれを貯蔵し、又は製造所、貯蔵所及び取扱所以外の場所でこれを取り扱ってはならない。ただし、所轄消防長又は消防署長の承認を受けて指定数量以上の危険物を、10日以内の期間、仮に貯蔵し、又は取り扱う場合は、この限りでない。

②表1に掲げる品名又は指定数量を異にする2以上の危険物を同一の場所で貯蔵し、又は取り扱う場合において、当該貯蔵又は取扱いに係るそれぞれの危険物の数量を当該危険物の指定数量で除し、その商の和が1以上となるときは、当該場所は、指定数量以上の危険物を貯蔵し、又は取り扱っているものとみなす。

表1 【品名と指定数量】

類別	性質	種別	指定数量	品名	
第4類	引火性液体		50ℓ	特殊引火物	・ジエチルエーテル ・二硫化炭素 ・酸化プロピレン ・アセトアルデヒド
		非水溶性液体	200ℓ	第1石油類	・ガソリン ・ベンゼン ・トルエン ・メチルエチルケトン ・酢酸エチル
		水溶性液体	400ℓ		・アセトン ・ピリジン ・アセトニトリル ・ジエチルアミン
			400ℓ	アルコール類	・メチルアルコール ・エチルアルコール ・プロピルアルコール
		非水溶性液体	1000ℓ	第2石油類	・灯油 ・軽油 ・キシレン
		水溶性液体	2000ℓ		・酢酸 ・プロピオン酸
		非水溶性液体	2000ℓ	第3石油類	・重油 ・クレオソート油 ・アニリン ・ニトロベンゼン
		水溶性液体	4000ℓ		・エチレングリコール ・グリセリン
			6000ℓ	第4石油類	・ギヤー油 ・シリンダー油 ・タービン油
			10000ℓ	動植物油類	・ヤシ油 ・オリーブ油 ・綿実油

★指定数量の計算方法について

同一の場所で１つの危険物を貯蔵し、又は取り扱う場合、貯蔵し又は取り扱う危険物の数量をその危険物の指定数量で割り算した数値がその場所で貯蔵し、又は取り扱う危険物の指定数量の倍数になる。

例えば、同一の貯蔵所でＡ、Ｂ、Ｃの危険物を取り扱っている場合、

$$\frac{Aの取扱量}{Aの指定数量}+\frac{Bの取扱量}{Bの指定数量}+\frac{Cの取扱量}{Cの指定数量}=指定数量の倍数$$

となる。

付録３　自動車の種別（施行規則　別表1）

自動車の種別	自動車の構造及び原動機	自動車の大きさ		
		長さ	幅	高さ
普通自動車	小型自動車、軽自動車、大型特殊自動車及び小型特殊自動車以外の自動車			
小型自動車	四輪以上の自動車及び被けん引自動車で自動車の大きさが下欄に該当するもののうち軽自動車、大型特殊自動車及び小型特殊自動車以外のもの（内燃機関を原動機とする自動車（軽油を燃料とする自動車及び天然ガスのみを燃料とする自動車を除く。）にあつては、その総排気量が二・〇〇リットル以下のもの）	4.70m以下	1.70m以下	2.00m以下
	二輪自動車（側車付二輪自動車を含む。）及び三輪自動車で軽自動車、大型特殊自動車及び小型特殊自動車以外のもの			
軽自動車	二輪自動車（側車付二輪自動車を含む。）以外の自動車及び被けん引自動車で自動車の大きさが下欄に該当するもののうち大型特殊自動車及び小型特殊自動車以外のもの（内燃機関を原動機とする自動車にあつては、その総排気量が〇・六六〇リットル以下のものに限る。）	3.40m以下	1.48m以下	2.00m以下
	二輪自動車（側車付二輪自動車を含む。）で自動車の大きさが下欄に該当するもののうち大型特殊自動車及び小型特殊自動車以外のもの（内燃機関を原動機とする自動車にあつては、その総排気量が〇・二五〇リットル以下のものに限る。）	2.50m以下	1.30m以下	2.00m以下

大型特殊自動車	一　次に掲げる自動車であつて、小型特殊自動車以外のもの 　イ　ショベル・ローダ、タイヤ・ローラ、ロード・ローラ、グレーダ、ロード・スタビライザ、スクレーパ、ロータリ除雪自動車、アスファルト・フィニッシャ、タイヤ・ドーザ、モータ・スイーパ、ダンパ、ホイール・ハンマ、ホイール・ブレーカ、フォーク・リフト、フォーク・ローダ、ホイール・クレーン、ストラドル・キャリヤ、ターレット式構内運搬自動車、自動車の車台が屈折して操向する構造の自動車、国土交通大臣の指定する構造のカタピラを有する自動車及び国土交通大臣の指定する特殊な構造を有する自動車 　ロ　農耕トラクタ、農業用薬剤散布車、刈取脱穀作業車、田植機及び国土交通大臣の指定する農耕作業用自動車 二　ポール・トレーラ及び国土交通大臣の指定する特殊な構造を有する自動車			
小型特殊自動車	一　前項第一号イに掲げる自動車であつて、自動車の大きさが下欄に該当するもののうち最高速度十五キロメートル毎時以下のもの	4.70m以下	1.70m以下	2.80m以下
	二　前項第一号ロに掲げる自動車であつて、最高速度三十五キロメートル毎時未満のもの			

付録4　自動車の検査・登録の手続き

①検査の種類と概要

1）継続検査

　自動車検査証の有効期間満了後も引き続いて使用しよう
とするときに受ける検査

2）構造等変更検査

　自動車の長さ、幅、高さ、最大積載量等に変更を生じる
ような改造をしたときに受ける検査

3）新規検査

　新たに自動車を使用するときに受ける検査（ナンバーの
ない中古車も対象）

4）予備検査

　使用者が決まる前に商品として受ける検査

②検査申請の手続きに係る添付書類

1）継続検査（現車を持ち込む場合）

★検査当日までに用意する書類　＜a～d＞

　a. 自動車検査証（車検証）

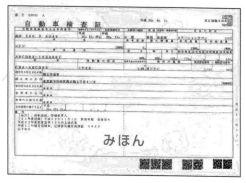

2023年1月4日より従来の車検証がA4サイズに対し、電子車検証はA6サイズ相当の厚紙にICタグを貼付したものになった。

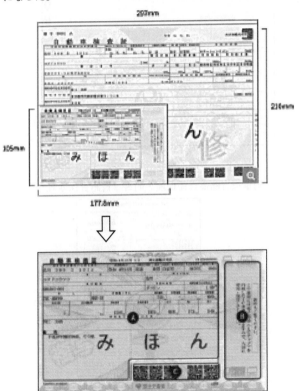

電子自動車車検証では、変更登録等による記載事項の変更を伴わない基礎的情報（A）のみの記載となります。その他の車検証情報はICタグ（B）に格納されます。ICタグに格納された情報は、汎用のICカードリーダや読み取り機能付きスマートフォンで参照可能です。

b. 定期点検整備記録簿

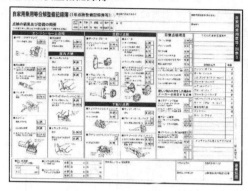

c. 自動車損害賠償責任保険証明書（自賠責保険証）

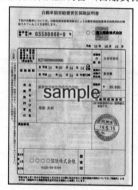

d. 自動車税納税証明書

平成27年4月より車検の際に条件を満たしていれば継続検査時に自動車納税証明書（継続検査用）の提出が省略できる。
令和5年1月より三輪・四輪の軽自動車の車検は、継続検査窓口での納税証明書の提示が原則不要になった。

注意事項
二輪の小型自動車(バイク)は、これまでどおり納税証明書の提示が必要。

★検査当日に準備する書類 ＜e～g＞
全国の検査登録事務所で入手が可能（無料）

e. 継続検査申請書

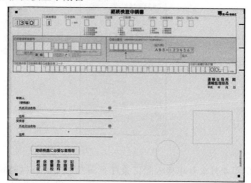

f. 自動車検査票

g. 自動車重量税納付書

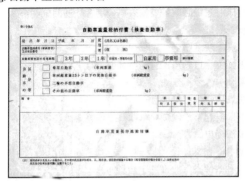

<参考>【指定整備工場で検査を受ける場合に必要な書類】

a. 自動車検査証（もしくは限定自動車検査証）

b. 自動車損害賠償責任保険証明書（自賠責保険証）

c. 継続検査申請書

d. 検査手数料納付書・印紙・証紙

e. 自動車重量税納付書・印紙

f. 保安基準適合証（もしくは限定保安基準適合証）

2) 構造等変更検査

a. 自動車検査証

b. 自動車検査票

c. 点検整備記録簿

d. 自動車損害賠償責任保険（共済）証明書

e. 使用者の委任状

f. 所有者の委任状

g. 申請書（1号様式）

h. 手数料納付書

i. 自動車重量税納付書

3）新規検査

a. 一時抹消登録証明書（輸入車の場合）通関証明書

b. 譲渡証明書

c. 自賠責保険証明書

d. 車庫証明（自動車保管場所証明書）

e. 印鑑証明書

f. 定期点検整備記録簿

 （予備検査を受けていれば）予備検査証

g. 新規検査申請書

h. 自動車検査票

i. 手数料納付書、および手数料印紙

j. 自動車重量税納付書、および重量税印紙

k. 自動車税・自動車取得税申告書

4）予備検査

a. 予備検査証

b. 登録識別情報等通知書

c. 譲渡証明書

d. 印鑑証明

e. 車庫証明書

f. 自賠責保険

g. 委任状

h. 戸籍謄本

付録5　自動車検査・登録手数料

※ QR コードでアクセスしてください。

付録6　自動車重量税

自動車重量税額照会サービス

※ QR コードでアクセスしてください。

国土交通省　　　　　　　　軽自動車検査協会

付録7　自動車税・軽自動車税

※ QR コードでアクセスしてください。

付録8　自動車損害賠償責任保険料一覧表

自賠責保険基準料率表一覧

※ 2023 年 4 月 1 日以降に保険期間の始期を有する保険契約に適用されます。

※ QR コードでアクセスしてください。

付録9　自動車検査証の記載事項

①自動車登録番号（検査対象軽自動車及び二輪の小型自動車
　にあっては、車両番号）

1) 自動車登録番号標の大きさ

a. 大板（縦 220mm ×横 440mm）

　　普通自動車のうち、次のいずれかに該当するもの

　　・車両総重量 8 トン以上

　　・最大積載量 5 トン以上

　　・乗車定員 30 人以上

b. 中板（縦 165mm ×横 330mm）

　　・上記 a 以外のもの

2) 自動車登録番号標の意味

a. 自動車の使用の本拠の位置を管轄する運輸支局、又は自
　動車検査登録事務所を表示する文字

b. 自動車の種別及び用途による分類番号を表示する数字

1 10 〜 19 100 〜 199	普通貨物自動車
2 20 〜 29 200 〜 299	普通乗合自動車 乗車定員 11 人以上
3 30 〜 39 300 〜 399	普通乗用自動車 乗車定員 10 人以下
4 40 〜 49 400 〜 499	小型四輪貨物自動車
5 50 〜 59 500 〜 599	小型四輪乗用自動車
6 60 〜 69 600 〜 699	小型四輪貨物自動車 小型三輪貨物自動車

7 70 ～ 79 700 ～ 799	小型四輪乗用自動車 小型三輪乗用自動車
8 80 ～ 89 800 ～ 899	特種用途自動車
9 90 ～ 99 900 ～ 999	大型特殊自動車 （0ナンバーに該当するもの以外）
0 00 ～ 09 000 ～ 099	大型特殊自動車 （建設機械に該当するもの）

※3桁表示の下2字はローマ字の追加

（平成29年1月1日施行）

c. 自動車運送事業の用に供するかどうかの別等を表示する
ひらがな、又はアルファベット

あいうえかきくけこを	事業用
さすせそたちつてと なにぬねのはひふほ まみむめもやゆらりるろ	自家用 （レンタカーを除く）
れわ	自家用 （レンタカー等）
よEHKMTY	日本国籍を有しないものが所有する自家用自動車で、法令の規定により関税又は物品税が免除されているもの及び別に国土交通大臣が指定するもの
おしへんぬゑ	使用されない

d. 一連指定番号

1 ～ 9999

②車台番号

1) 車台番号とは、自動車一台一台に付けられている固有の
シリアルナンバーのこと。必ず打刻されてなければなら
ず新車、中古車の登録時と車検時に車検証と合致してい
るかを照合して確認する。

2) 自動車のメーカー、エンジンやミッション形式、生産
年、生産された工場などが分かる。

③自動車検査証の登録年月日、交付年月日

1) 名義変更や新規登録した日付

④有効期間の満了する日（IC タグに記録）

　1）車検の有効期間が満了する日

⑤使用者及び所有者の氏名又は名称及び住所

　1）名前もしくは名称と住所

　　（使用者の氏名以外は IC タグに記録）

⑥使用の本拠の位置（IC タグに記録）

　1）ローンで購入の場合などで所有者と使用者が違う場に記入

⑦車名

　1）作製メーカー名

⑧型式

　1）車種・エンジン・駆動方式ごとに割り当てられる記号

　2）排出ガス規制区分（型式の識別番号）

⑨自動車の種別

　1）普通自動車、小型自動車、検査対象軽自動車又は大型特殊自動車の別

⑩長さ、幅及び高さ

　1）自動車の大きさ

⑪車体の形状

　1）乗車定員 10 人以下の乗用自動車

　a.箱型、幌型、ステーションワゴン、オートバイ、側車付オートバイ、三輪箱型、三輪幌型

　　※メーカーから国土交通省への申請により決められている。

⑫原動機の型式

　1）メーカーが申請した型式

⑬燃料の種類

　1）ガソリン・軽油・ＬＰガス等の燃料を表記

⑭原動機の総排気量又は定格出力

　1）排気量（リットル）

⑮自家用又は事業用

1) 自家用と事業用

⑯用途

1) 乗用自動車等

2) 乗合自動車等

3) 貨物自動車等

4) 特種用途自動車等

5) 建設機械

⑰乗車定員

⑱最大積載量

⑲車両重量

1) 車両だけの荷重

⑳車両総重量

1) 車両重量＋最大積載量＋（55kg×乗車定員）

㉑空車状態における軸重

1) 車軸にかかる荷重

㉒初度登録年

1) 日本国内で初めて登録した日付

㉓車両識別符号（車両ID）

※車両ごとに不変の番号として電子化に伴い付与

付録10　国産車の主なサービスデータ

<ご注意>

サービスデータはあくまで参考値ですので、目安としてご利用いただき、詳しくは正規ディーラーにお問い合わせください。

サービスデータ表記例
（国産車）

＃部以外は型式が共通

車種	年式	型式	エンジン	排気量 (cc)	エンジンオイル量 +フィルタ量 (ℓ)	オイルフィルタ 純正部品番号	
SC	17.8～	UZZ40	3UZ-FE	4300	4.6 5.2	90915-20004-79	
RX	19.1～	GGL1＃	2GR-FE	3500	4.6 5.2	04152-31090-79	
		GYL1＃	2GR-FXE	3500	5.7 6.1	04152-31090-79	
IS F	19.12～	JZS 171/173W	1JZ-GE/ GTE/FSE	2500	8.2 9.3	.04152-51010-79	

複数の型式またはエンジン型式

			ディーゼル車、ハイブリッド車、グレード名、特記事項など	
	Fはフロント　Rはリヤ			

バッテリ (寒冷地仕様)	ワイパーゴム 長さ（mm）			タイヤサイズ	備考
56618	F	600/500	F	245/40-18	
	R	—	R	245/40-18	
80D26R	F	650/550	F	235/55-19　235/60-18	
	R	—	R	235/55-19　235/60-18	
55D23L	F	650/550	F	235/55-19　235/60-18	ハイブリッド
	R	—	R	235/55-19　235/60-18	
純正品使用	F	550/500	F	225/40-19	
	R	—	R	255/35-19	

F（フロント）は運転席側／助手席側
R（リヤ）の　— はリヤワイパ非装着車
ただし、（　）は一部装着車あり

（タイヤ幅mm）／（偏平率%）—（タイヤ内径インチ）

レクサス

車種	年式	型式	エンジン	排気量 (cc)	エンジンオイル量 +フィルタ量 (ℓ)	オイルフィルタ 純正部品番号
CT	2011.1〜 2022.11	ZWA10	2ZR-FXE	1800	3.9 4.2	04152-37010-79
ES	2018.11 〜	AXZH10/11	A25A-FXS	2500	4.2 4.5	90915-10009-79
GS	2012.1〜 2020.7	GRL11	4GR-FSE	2500	5.9 6.3	04152-31080-79 04152-31060-79
		GRL10/15	2GR-FXE	3500	5.7 6.1	04152-31090-79
		GWL10	2GR-FXE	3500	5.9 6.3	04152-31080-79
		AWL10	2AR-FSE	2500	4.1 4.5	04152-31090-79
		GRL12/16	2GR-FKS	3500	5.7 6.1	04152-31080-79
		ARL10	8AR-FTS	2000	4.3 4.6	04152-31080-79
GS F	2015.11〜 2020.7	URL10	2UR-GSE	5000	8.2 9.3	04152-51010-79
HS	2009.7〜 2018.3	ANF10	2AZ-FXE	2400	4.1 4.3	90915-10004-79
IS	2013.5〜	GSE30/35	4GR-FSE	2500	5.9 6.3	04152-31080-79
		AVE30/35	2AR-FSE	2500	4.1 4.5	04152-31090-79
		GSE31	2GR-FSE	3500	5.9 6.3	04152-31080-79
		ASE30	8AR-FTS	2000	4.3 4.6	04152-31090-79
IS F	2007.12〜 2014.5	USE20	2UR-GSE	5000	8.2 9.3	04152-51010-79
LC	2017.3〜	GWZ100	8GR-FXS	3500	5.5 5.7	04152-31110-79
		URZ100	2UR-GSE	5000	7.9 8.6	04152-51010-79
LS	2007.5〜 2017.10	UVF4#	2UR-GSE	4600	8.4 8.6	04152-38010-79
		UVF4#	2UR-FSE	5000	8.4 8.6	04152-38010-79
	2017.10〜	GVF 50/55	8GR-FXS	3500	5.5 5.7	04152-31110-79
		VXFA 50/55	V35A-FTS	3500	5.8 6.3	90915-10010-79

バッテリ (寒冷地仕様)	ワイパーゴム 長さ (mm)		タイヤサイズ			備考
S46B24R	F	650/450	F	195/65-15　205/55-16　215/45-17		ハイブリッド
	R	—	R	195/65-15　205/55-16　215/45-17		
LN2	F	650/450	F	235/40-19　235/45-18　215/55-17		ハイブリッド
	R	—	R	235/40-19　235/45-18　215/55-17		
80D26L	F	650/450	F	235/40-19　235/45-18　225/50-17		
	R	—	R	265/35-19　235/45-18　225/50-17		
80D26L	F	650/450	F	235/40-19　235/45-18　225/50-17		ハイブリッド
	R	—	R	265/35-19　235/40-19　235/45-18　225/50-17		
S65D26L	F	650/450	F	235/40-19　235/45-18　225/50-17		ハイブリッド
	R	—	R	265/35-19　235/40-19　235/45-18　225/50-17		
S65D26L	F	650/450	F	225/50-17　235/45-18　235/40-19		ハイブリッド
	R	—	R	225/50-17　235/45-18　265/35-19		
80D26L	F	650/450	F	235/40-19　235/45-18　225/50-17		
	R	—	R	265/35-19　235/45-18　225/50-17		
S95	F	650/450	F	235/40-19　235/45-18　225/50-17		
	R	—	R	265/35-19　235/45-18　225/50-17		
80D26L	F	650/450	F	255/35-19		
	R	—	R	275/35-19		
S55D23L	F	650/400	F	225/45-18　215/55-17		ハイブリッド
	R	—	R	225/45-18　215/55-17		
55D23L 80D26L	F	600/450	F	235/40-19　225/40-18　225/45-17　205/55-16		
	R	—	R	265/35-19　255/35-18　225/45-17　205/55-16		
S46B24L	F	600/450	F	235/40-19　225/40-18　225/45-17　205/55-16		ハイブリッド
	R	—	R	265/35-19　255/35-18　225/45-17　205/55-16		
55D23L 80D26L	F	600/450	F	235/40-19　225/40-18　225/45-17		
	R	—	R	265/35-19　255/35-18　225/45-17		
S-95	F	600/450	F	235/40-19　235/45-18　225/50-17		
	R	—	R	265/35-19　235/45-18　225/50-17		
80D26L	F	550/500	F	225/40-19		
	R	—	R	255/35-19		
LN4	F	純正品使用	F	245/40-21　245/45-20		ハイブリッド
	R	—	R	275/35-21　275/40-20		
LN3	F	純正品使用	F	245/40-21　245/45-20		
	R	—	R	275/35-21　275/40-20		
105D31L	F	600/425	F	245/45-19　235/50-18		
	R	—	R	245/45-19　235/50-18		
S75D31L	F	600/425	F	245/45-19　235/50-18		ハイブリッド
	R	—	R	245/45-19　235/50-18		
LN5	F	純正品使用	F	245/45-20　245/50-19		
	R	—	R	275/40-20　245/50-19		
LN5	F	純正品使用	F	245/45-20　245/50-19		
	R	—	R	275/40-20　245/50-19		

348

車種	年式	型式	エンジン	排気量 (cc)	エンジンオイル量 +フィルタ量 (ℓ)	オイルフィルタ 純正部品番号
LX	2015.9~	URJ201W	3UR-FE	5700	7.1 7.5	04152-38020-79
		VJA310W	V35A-FTS	3500	7.0 7.3	90915-10010-79
NX	2014.7~	AGZ10/15	8AR-FTS	2000	4.3 4.6	04152-31090-79
		AYZ10/15	2AR-FXE	2500	4.1 4.5	04152-31090-79
		TAZA25	T24A-FTS	2400	5.0 5.3	90915-10009-79
		AAZA 20/25	A25A-FKS	2500	4.2 4.5	90915-10009-79
		AAZH 20/25/26	A25A-FXS	2500	4.2 4.5	90915-10009-79
RC	2014.10~	AVC10	2AR-FSE	2500	4.1 4.5	04152-31090-79
		GSC10	2GR-FSE	3500	5.9 6.3	04152-31090-79
		ASC10	8AR-FTS	2000	4.3 4.6	04152-31090-79
RC F	2014.10~	USC10	2UR-GSE	5000	8.2 9.3	04152-51010-79
RX	2009.1~ 2015.10	GGL10/15	2GR-FE	3500	4.6 5.2	04152-31090-79
		GYL10/15	2GR-FXE	3500	5.7 6.1	04152-31090-79
		AGL10/15	1AR-FE	2700	4.0 4.4	04152-31090-79
	2015.10~	AGL20/25	8AR-FTS	2000	4.3 4.6	04152-31090-79
		GYL20/25	2GR-FXS	3500	5.7 6.1	04152-31090-79
UX	2018.11~	MZAA 10/15	M20A-FKS	2000	4.3 4.6	90915-20004-79
		MZAH 10/15	M20A-FXS	2000	4.3 4.6	90915-10009-79

バッテリ (寒冷地仕様)	ワイパーゴム 長さ (mm)		タイヤサイズ			備考
105D31L	F	600/550	F	285/50-20		
	R	300	R	285/50-20		
LN4	F	600/550	F	265/50-22 265/55-20 265/65-18		
	R	300	R	265/50-22 265/55-20 265/65-18		
S-95	F	純正品使用	F	235/55-18 225/60-18 225/65-17		
	R	300	R	235/55-18 225/60-18 225/65-17		
LN2	F	純正品使用	F	235/55-18 225/60-18 225/65-17		ハイブリッド
	R	300	R	235/55-18 225/60-18 225/65-17		
LN3-ISS	F	650/400	F	235/50-20		
	R	300	R	235/50-20		
NS3-ISS	F	650/400	F	235/50-20 235/60-18		
	R	300	R	235/50-20 235/60-18		
LN2	F	650/400	F	235/50-20		ハイブリッド
	R	300	R	235/50-20		
S46B24L	F	600/450	F	235/40-19 235/45-18 225/50-17		ハイブリッド
	R	—	R	265/35-19 235/45-18 225/50-17		
55D23L 80D26L	F	600/450	F	235/40-19 235/45-18 225/50-17		
	R	—	R	265/35-19 235/45-18 225/50-17		
S-95	F	600/450	F	235/40-19 235/45-18 225/50-17		
	R	—	R	265/35-19 235/45-18 225/50-17		
LN3	F	600/450	F	255/35-19		
	R	—	R	275/35-19		
80D26R	F	650/550	F	235/55-19 235/60-18		
	R	—	R	235/55-19 235/60-18		
55D23L	F	650/550	F	235/55-19 235/60-18		ハイブリッド
	R	650/550	R	235/55-19 235/60-18		
80D26L	F	650/550	F	235/60-18		
	R	—	R	235/60-18		
T-115	F	純正品使用	F	235/55-20 235/65-18		
	R	400	R	235/55-20 235/65/18		
LN2	F	純正品使用	F	235/55-20 235/65-18		ハイブリッド
	R	400	R	235/55-20 235/65/18		
LN3	F	600/500	F	225/50-18 215/60-17		
	R	300	R	225/50-18 215/60-17		
LN1	F	650/400	F	225/50-18 215/60-17		ハイブリッド
	R	300	R	225/50-18 215/60-17		

トヨタ

車種	年式	型式	エンジン	排気量 (cc)	エンジンオイル量 +フィルタ量(ℓ)	オイルフィルタ 純正部品番号
86	2012.4〜	ZN6	FA20	2000	5.2 5.4	SU003-00311
		ZN8	FA24	2400	4.8 5.0	15208-AA170
C-HR	2016.12〜	NGX 10/50	8NR-FTS	1200	3.7 4.0	90915-10003
		ZYX 10/11	2ZR-FXE	1800	3.9 4.2	04152-37010
FJ クルーザー	2010.12〜 2018.1	GSJ15	1GR-FE	4000	5.7 6.1	04152-38010
MIRAI	2014.12〜	JPD10	—	—	—	—
RAV4	2005.11〜 2016.8	ACA3#	2AZ-FE	2400	4.1 4.3	90915-10004
	2019.4〜	MXAA 52/54	M20A-FKS	2000	3.9 4.3	90915-10009
		AXAH 52/54	A25A-FXS	2500	4.2 4.5	90915-10009
RAV4 PHV	2020.6〜	AXAP54	A25A-FXS	2500	4.2 4.5	90915-10009
SAI	2009.12〜 2017.11	AZK10	2AZ-FXE	2400	4.1 4.3	90915-10004
bB	2005.12〜 2016.8	QNC 20/25	K3-VE	1300	2.8 3.1	04152-40060
		QNC21	3SZ-VE	1500	2.8 3.1	04152-40060
bZ4X	2022.5〜	XEAM 10/15	—	—	—	—
iQ	2009.8〜 2016.3	KGJ10	1KR-FE	1000	2.9 3.1	04152-40060
		NGJ10	1NR-FE	1300	3.3 3.5	04152-40060
アイシス	2004.9〜 2017.12	ZNM10	1ZZ-FE	1800	4.0 4.2	90915-10003
		ANM 10/15	1AZ-FSE	2000	4.0 4.2	90915-10004
		ZGM 10/15	2ZR-FAE	1800	4.1 4.3	04152-37010
		ZGM11	3ZR-FAE	2000	3.9 4.2	04152-37010

バッテリ (寒冷地仕様)	ワイパーゴム 長さ（mm）		タイヤサイズ				備考
34B19R 55D23R	F	550/500	F	235/40-18	215/40-18	215/45-17	205/55-16	
	R	—	R	235/40-18	225/40-18	215/45-17	205/55-16	
55D23R	F	550/500	F	215/45-17	215/45-17	205/55-16	
	R	—	R	215/40-18	215/45-17	205/55-16	
LN2	F	650/380	F	225/50-18	215/60-17		
	R	350	R	225/50-18	215/60-17		
LN1	F	650/380	F	225/45-19	225/50-18	215/60-17	ハイブリッド
	R	350	R	225/45-19	225/50-18	215/60-17	
80D26L (105D31L)	F	400/350	F	245/60-20	265/70-17		
	R	純正品使用	R	245/60-20	265/70-17		
S46B24R	F	純正品使用	F	235/55-19	215/55-17		燃料電池
	R		R	235/55-19	215/55-17		
55D23L	F	600/425	F	235/55-18	225/65-17		
	R	300	R	235/55-18	225/65-17		
LN1	F	650/400	F	225/60-18	225/65-17		
	R	300	R	225/60-18	225/65-17		
LN2	F	650/400	F	225/60-18	225/65-17		ハイブリッド
	R	300	R	225/60-18	225/65-17		
LN2	F	650/400	F	235/55-19	225/60-18		プラグイン ハイブリッド
	R	300	R	235/55-19	225/60-18		
S55D23R	F	650/400	F	215/45-18	205/60-16		
	R	—	R	215/45-18	205/60-16		
34B19L (44B20L)	F	500/475	F	185/55-15	175/65-14		
	R	300	R	185/55-15	175/65-14		
44B20L	F	500/475	F	185/55-15	175/65-14		
	R	300	R	185/55-15	175/65-14		
LN1	F	純正品使用	F	235/60-18			電気自動車
	R	—	R	235/60-18			
46B24R	F	550/450	F	175/65-15			
	R	280	R	175/65-15			
55D23R	F	550/450	F	175/60-16	175/65-15		
	R	280	R	175/60-16	175/65-15		
34B19R (46B24R)	F	600/400	F	195/65-15			
	R	350	R	195/65-15			
46B24R	F	600/400	F	205/55-16	195/65-15		
	R	350	R	205/55-16	195/65-15		
	F	600/400	F	195/65-15			
	R	350	R	195/65-15			
	F	600/400	F	205/55-16	195/65-15		
	R	425	R	205/55-16	195/65-15		

車種	年式	型式	エンジン	排気量 (cc)	エンジンオイル量 +フィルタ量 (ℓ)	オイルフィルタ 純正部品番号
アクア	2011.12〜	NHP10	1NZ-FXE	1500	3.4 3.7	90915-10003
		MXPK 10/11/15/16	M15A-FXE	1500	3.3 3.6	90915-10009
アベンシス ワゴン	2011.9〜 2018.4	ZRT272	3ZR-FAE	2000	3.9 4.2	04152-37010
アリオン	2007.7〜 2021.3	NZT260	1NZ-FE	1500	3.4 3.7	90915-10003
		ZRT 260/265	2ZR-FAE	1800	3.9 4.2	04152-37010
		ZRT261	3ZR-FAE	2000	3.9 4.2	04152-37010
アルファード ヴェルファイア	2008.5〜 2015.1	ANH2#	2AZ-FE	2400	4.1 4.3	90915-10004
		GGH2#	2GR-FE	3500	5.7 6.1	04152-31090
		ATH20	2AZ-FXE	2400	4.1 4.3	90915-10004
	2015.1〜	AGH3#	2AR-FE	2500	4.0 4.4	04152-31090
		GGH3#	2GR-FE	3500	5.7 6.1	04152-31090
		AYH30	2AR-FXE	2500	4.0 4.4	04152-31090
イスト	2007.7〜 2016.5	NCP 110/115	1NZ-FE	1500	3.4 3.7	90915-10003
		ZSP110	2NR-FE	1800	3.9 4.2	04152-37010
ウィッシュ	2009.4〜 2017.10	ZGE 20/25	2ZR-FAE	1800	3.9 4.2	04152-37010
		ZGE 21/22	3ZR-FAE	2000	3.9 4.2	04152-37010
エスクァイア	2014.10〜 2021.12	ZRR 80/85	3ZR-FAE	2000	3.9 4.2	04152-37010
		ZWR80	3ZR-FAE	1800	3.9 4.2	04152-37010
エスティマ	2006.1〜 2019.10	ACR5#	2AZ-FE	2400	4.1 4.3	90915-10004
		GSR5#	2GR-FE	3500	5.7 6.1	04152-31090
		AHR20	2AZ-FXE	2400	4.1 4.3	90915-10004

バッテリ (寒冷地仕様)	ワイパーゴム 長さ (mm)		タイヤサイズ	備考
S34B20R	F	650/350	F	195/45-17　175/60-16　175/65-15　165/70-14	ハイブリッド
	R	425	R	195/45-17　175/60-16　175/65-15　165/70-14	
LN0	F	650/350	F	205/45-17　185/65-15　175/70-14	
	R	250	R	205/45-17　185/65-15　175/70-14	
56219	F	600/400	F	215/55-17　205/60-16	
	R	300	R	215/55-17　205/60-16	
46B24L (55D23L)	F	600/400	F	185/65-15	
	R	350	R	185/65-15	
46B24L 55D23L	F	600/400	F	195/55-16　195/65-15	
	R	350	R	195/55-16　195/65-15	
46B24L (55D23L)	F	600/400	F	195/55-16　195/65-15	
	R	350	R	195/55-16　195/65-15	
55D23L 80D26L (80D26L)	F	750/350	F	245/40-19　235/50-18　215/60-17　215/65-16	
	R	400	R	245/40-19　235/50-18　215/60-17　215/65-16	
	F	750/350	F	245/40-19　235/50-18　215/60-17　215/65-16	
	R	400	R	245/40-19　235/50-18　215/60-17　215/65-16	
S55D23L	F	750/350	F	215/65-16	ハイブリッド
	R	400	R	215/65-16	
55D23L 80D26L S-95	F	純正品使用	F	235/50-18　225/60-17　215/65-16	
	R	350	R	235/50-18　225/60-17　215/65-16	
S-95	F	純正品使用	F	235/50-18　225/60-17	
	R	350	R	235/50-18　225/60-17	
LN2	F	純正品使用	F	225/60-17　215/65-16	ハイブリッド
	R	350	R	225/60-17　215/65-16	
34B19R 46B24R 55D23L	F	650/350	F	195/60-16	
	R	400	R	195/60-16	
	F	650/350	F	195/60-16	
	R	400	R	195/60-16	
46B24L (55D23L)	F	650/350	F	195/60-16　195/65-15	
	R	300	R	195/60-16　195/65-15	
	F	650/350	F	215/50-17　195/60-16　195/65-15	
	R	300	R	215/50-17　195/60-16　195/65-15	
S-85	F	700/350	F	195/65-15	
	R	400	R	195/65-15	
LN2	F	700/350	F	195/65-15	ハイブリッド
	R	400	R	195/65-15	
55D23L (80D26L)	F	700/400	F	225/50-18　215/55-17　215/65-16	
	R	300	R	225/50-18　215/55-17　215/65-16	
	F	700/400	F	225/50-18　215/55-17　215/60-17	
	R	300	R	225/50-18　215/55-17　215/60-17	
S55D23R	F	700/400	F	215/60-17	ハイブリッド
	R	300	R	215/60-17	

車種	年式	型式	エンジン	排気量 (cc)	エンジンオイル量 +フィルタ量 (ℓ)	オイルフィルタ 純正部品番号
オーリス	2012.8〜 2018.3	NZE18#	1NZ-FE	1500	3.4 3.7	90915-10003
		ZRE186	2ZR-FXE	1800	3.4 3.7	04152-37010
		NRE185	8NR-FTS	1200	3.7 4.0	90915-10003
		ZWE186	2ZR-FXE	1800	3.9 4.2	04152-37010
ヴィッツ	2010.12〜 2020.3	KSP130	1KR-FE	1000	2.9 3.1	04152-40060
		NSP 130/135	1NR-FE	1300	3.2 3.4	04152-40060
		NSP131	1NZ-FE	1500	3.4 3.7	90915-10003
		NCP131	1NZ-FE	1500	3.4 3.7	90915-10003
		NHP130	1NZ-FXE	1500	3.4 3.7	90915-10003
ヴォクシー/ ノア	2007.6〜 2014.1	ZRR7#	3ZR-FE/ FAE	2000	3.9 4.2	04152-37010
	2014.1〜	ZRR 80/85	3ZR-FAE	2000	3.9 4.2	04152-37010
		ZWR80	2ZR-FXE	1800	3.9 4.2	04152-37010
		ZWR 90/95	2ZR-FXE	1800	3.9 4.2	04152-37010
		MZRA 90/95	M20A-FKS	2000	3.9 4.2	90915-10009
カムリ	2011.9〜 2017.7	AVV50	1AR-FXE	2500	4.0 4.4	04152-31090
	2017.7〜	AXVH70	A25A-FXS	2500	4.2 4.5	90915-10009
カローラ アクシオ	2012.5〜	NRE160	1NR-FE	1300	3.2 3.4	04152-40060
		NZE16#	1NZ-FE	1500	3.4 3.7	90915-10003
		NKE165	1NZ-FXE	1500	3.4 3.7	90915-10003
		NRE161	2NR-FKE	1500	3.4 3.6	04152-40060

バッテリ (寒冷地仕様)		ワイパーゴム 長さ (mm)		タイヤサイズ	備考
55D23L Q-55	F	650/400	F	205/55-16　195/65-15	
	R	300	R	205/55-16　195/65-15	
46B24L (55D23L)	F	650/400	F	205/55-16　195/65-15	
	R	300	R	205/55-16　195/65-15	
Q-85	F	650/400	F	225/45-17　195/65-15	
	R	300	R	225/45-17　195/65-15	
S34B20L	F	650/400	F	225/45-17　205/55-16	ハイブリッド
	R	300	R	225/45-17　205/55-16	
46B24L	F	700	F	165/70-14	
	R	305	R	165/70-14	
	F	700	F	175/65-15　165/70-14	
	R	305	R	175/65-15　165/70-14	
	F	700	F	195/50-16　175/65-15	
	R	305	R	195/50-16　175/65-15	
	F	700	F	215/45-17　205/45-17　195/50-16　175/65-15	
	R	300	R	215/45-17　205/45-17　195/50-16　175/65-15	
LN0		700		195/50-16　185/60-15　175/70-14	ハイブリッド
		300		195/50-16　185/60-15　175/70-14	
46B24L 55D23L (55D23L)	F	650/400	F	205/60-16　195/65-15	
	R	400	R	205/60-16　195/65-15	
S-85 Q-55	F	700/350	F	215/45-18　205/60-16　195/65-15	
	R	400	R	215/45-18　205/60-16　195/65-15	
LN2	F	700/350	F	205/55-16　195/65-15	
	R	400	R	205/55-16　195/65-15	
LN2	F	650/350	F	205/55-17　205/60-16	ハイブリッド
	R	350	R	205/55-17　205/60-16	
LN2	F	650/350	F	205/55-17　205/60-16	
	R	350	R	205/55-17　205/60-16	
S55D23R	F	650/450	F	215/55-17　215/60-16	ハイブリッド
	R	—	R	215/55-17　215/60-16	
LN2	F	650/500	F	215/55-17　205/65-16	ハイブリッド
	R	—	R	215/55-17　205/65-16	
55D23L	F	600/400	F	175/70-14	
	R	430	R	175/70-14	
46B24L Q-55	F	600/400	F	185/60-15　175/65-15	
	R	430	R	185/60-15　175/65-15	
S34B20R	F	600/400	F	185/55-16　175/65-15	ハイブリッド
	R	425	R	185/55-16　175/65-15	
S-95	F	600/400	F	185/55-16	
	R	425	R	185/55-16	

356

車種	年式	型式	エンジン	排気量 (cc)	エンジンオイル量 +フィルタ量 (ℓ)	オイルフィルタ 純正部品番号
カローラ スポーツ	2018.6〜	NRE 210/214	8NR-FTS	1200	3.7 4.0	90915-10003
		ZWE211	2ZR-FXE	1800	3.9 4.2	90915-10003
		GZEA14	G16E-GTS	1600	4.0 4.3	90915-10009
カローラ クロス	2021.9〜	ZSG10	2ZR-FAE	1800	3.9 4.2	04152-37010
		ZVG 11/15	2ZR-FXE	1800	3.9 4.2	04152-37010
カローラ フィルダー	2012.5〜	NZE16#	1NZ-FE	1500	3.4 3.7	90915-10003
		ZRE162G	2ZR-FAE	1800	3.9 4.2	04152-37010
		NKE165G	1NZ-FXE	1500	3.4 3.7	90915-10003
		NRE161	2NR-FKE	1500	3.4 3.6	04152-40060
カローラ ルミオン	19.10〜 28.1	NZE151	1NZ-FE	1500	3.4 3.7	90915-10003
		ZRE15#	2ZR-FE	1800	3.9 4.2	04152-37010
クラウン	2012.12〜 2018.6	GRS 210/211	4GR-FSE	2500	5.9 6.3	04152-31080 04152-38010
		GRS214	2GR-FSE	3500	5.9 6.3	04152-31080
		AWS 210/211	2AR-FSE	2500	4.1 4.5	04152-31090
		ARS210	8AR-FTS	2000	4.3 4.6	04152-31090
	2018.6〜 2022.4	ARS220	8AR-FTS	2000	4.3 4.6	04152-31090
		AZSH 20/21	A25A-FXS	2500	4.6 5.0	90915-10009
		GWS224	8GR-FXS	3500	5.5 5.7	04152-31110
クラウン クロス オーバー	2022.4〜	TZSH35	T24A-FTS	2400	5.1 5.4	
		AZSH35	A25A-FXS	2500	4.0 4.3	90915-10009
クラウン マジェスタ	25.9〜 30.4	GWS214	2GR-FXE	3500	5.7 6.1	04152-31080
		AWS215	2AR-FSE	2500	4.1 4.5	04152-31090

バッテリ (寒冷地仕様)	ワイパーゴム 長さ（mm）			タイヤサイズ			備考
LN2	F	650/350	F	225/40-18	205/55-16	195/65-15	
	R	300	R	225/40-18	205/55-16	195/65-15	
LN1	F	650/350	F	225/40-18	205/55-16	195/65-15	ハイブリッド
	R	300	R	225/40-18	205/55-16	195/65-15	
LN2　LN3	F	650/350	F	245/40-18	235/40-18		
	R	300	R	245/40-18	235/40-18		
LN1	F	650/400	F	225/50-18	215/60-17		
	R	純正品使用	R	225/50-18	215/60-17		
LN1	F	650/400	F	225/50-18	215/60-17		ハイブリッド
	R	純正品使用	R	225/50-18	215/60-17		
46B24L Q-55	F	600/400	F	185/60-15	175/65-15		
	R	300	R	185/60-15	175/65-15		
46B24L (55D23L)	F	600/400	F	185/60-15			
	R	300	R	185/60-15			
S34B20П	F	600/400	F	185/60-15	175/65-15		ハイブリッド
	R	300	П	185/60-15	175/65-15		
S-95	F	600/400	F	175/65-15			
	R	300	R	175/65-15			
46B24L (55D23L)	F	550/500	F	195/65-15			
	R	350	R	195/65-15			
	F	550/500	F	195/65-15			
	R	350	R	195/65-15			
55D23L-C 65D23L	F	600/450	F	215/55-17	215/60-16		
	R	—	R	215/55-17	215/60-16		
	F	600/450	F	225/45-18			
	R	—	R	225/45-18			
S46B24L	F	600/450	F	215/55-17	215/60-16		ハイブリッド
	R	—	R	215/55-17	215/60-16		
S-95	F	600/450	F	215/55-17			
	R	—	R	215/55-17			
LN3	F	純正品使用	F	225/45-18	215/55-17	215/60-16	
	R	—	R	225/45-18	215/55-17	215/60-16	
LN1　LN2	F	純正品使用	F	225/45-18	215/55-17		ハイブリッド
	R	—	R	225/45-18	215/55-17		
LN2	F	純正品使用	F	225/45-18			ハイブリッド
	R	—	R	225/45-18			
LN2	F	600/450	F	225/45-21			ハイブリッド
	R	—	R	225/45-21			
LN2	F	600/450	F	225/55-19			ハイブリッド
	R	—	R	225/55-19			
S65D26L	F	600/450	F	225/50-17			ハイブリッド
	R	—	R	225/50-17			
	F	600/450	F	225/50-17			ハイブリッド
	R	—	R	225/50-17			

車種	年式	型式	エンジン	排気量 (cc)	エンジンオイル量 +フィルタ量 (ℓ)	オイルフィルタ 純正部品番号
シエンタ	2015.7～	NSP 170/172	2NR-FKE	1500	3.4 3.6	04152-40060
		NCP175	1NZ-FE	1500	3.4 3.7	90915-10003
		NHP170	1NZ-FXE	1500	3.4 3.7	90915-10003
		MXPC10	M15A-FKS	1500	3.2 3.4	90915-10009
		MXPL 10/15	M15A-FXE	1500	3.3 3.6	90915-10009
スープラ	2019.5～	DB 22/82/26/86	B48B20B	2000	5.0 5.3	04152-WAA01
		DB 42/02/06	B58B30B	3000	6.2 6.5	04152-WAA02
スペイド	2012.7～ 2020.12	NSP140	1NR-FE	1300	3.2 3.4	04152-40060
		NCP 141/145	1NZ-FE	1500	3.4 3.7	90915-10003
		NSP141	2NR-FKE	1500	3.4 3.6	04152-40060
センチュリー	1997.4～ 2017.2	GZG50	1GZ-FE	5000	7.3 8.4	15601-68010
	2018.6～	UWG60	2UR-FSE	5000	8.8 9.4	04152-38010
タンク	2016.11～ 2020.9	M900/910	1KR-FE	1000	2.9 3.1	04152-B1010
ハイラックス	2017.9～	GUN125	2GD-FTV	2400	7.0 7.5	04152-38010
ハリヤー	2013.12～	ZSU 60/65	3ZR-FAE	2000	3.9 4.2	04152-40060
		AVU65	2AR-FXE	2500	4.1 4.5	04152-31090
		ASU 60/65	8AR-FTS	2000	4.7 4.9	04152-31090
		MXUA 80/85	M20A-FKS	2000	3.9 4.3	90915-10009
		AXUH 80/85	A25A-FXS	2500	4.2 4.5	90915-10009
ハリアー PHEV	2022.10～	AXUP85	A25A-FXS	2500	4.2 4.5	90915-10009

バッテリ (寒冷地仕様)		ワイパーゴム 長さ（mm）		タイヤサイズ	備考
S-95	F	650/350	F	185/60-15	
	R	300	R	185/60-15	
46B24L (55D23L)	F	650/350	F	185/60-15	
	R	300	R	185/60-15	
LN0	F	650/350	F	185/60-15	ハイブリッド
	R	300	R	185/60-15	
LN1　LN2	F	650/350	F	185/65-15	
	R	300	R	185/65-15	
LN1	F	650/350	F	185/65-15	ハイブリッド
	R	300	R	185/65-15	
LN4　LN5	F	純正品仕様	F	255/35-19　255/40-18　225/50-17	
	R	—	R	275/35-19　275/40-18　255/45-17	
LN5	F	純正品仕様	F	255/35-19	
	R	—	R	275/35-19	
46B24L S-55	F	650/350	F	165/70-14	
	R	350	R	165/70-14	
	F	650/350	F	175/65-15	
	R	350	R	175/65-15	
S-95	F	650/350	F	175/65-15	
	R	350	R	175/65-15	
95D31R 105D31R	F	550/525	F	225/60-16	
	R	—	R	225/60-16	
LN3	F	純正品仕様	F	225/55-18	ハイブリッド
	R		R	225/55-18	
M-42	F	525/475	F	175/55-15　165/65-14	
	R	350	R	175/55-15　165/65-14	
LN4-ISS	F	550/400	F	265/60-18　265/65-17	ディーゼル
	R	—	R	265/60-18　265/65-17	
Q-55	F	650/400	F	235/50-19　235/55-18　225/65-17	
	R	350	R	235/50-19　235/55-18　225/65-17	
S55D23R	F	650/400	F	235/55-18　225/65-17	ハイブリッド
	R	350	R	235/55-18　225/65-17	
S95	F	650/400	F	235/50-19　235/55-18	
	R	350	R	235/50-19　235/55-18	
LN2	F	650/400	F	225/55-19　225/60-18　225/65-17	
	R	350	R	225/55-19　225/60-18　225/65-17	
LN2	F	650/400	F	225/55-19　225/60-18　225/65-17	ハイブリッド
	R	350	R	225/55-19　225/60-18　225/65-17	
LN2	F	650/400	F	225/55-19	プラグイン ハイブリッド
	R	350	R	225/55-19	

車種	年式	型式	エンジン	排気量 (cc)	エンジンオイル量 +フィルタ量 (ℓ)	オイルフィルタ 純正部品番号
パッソ	2010.2～ 2016.4	KGC3#	1KR-FE	1000	2.9 3.1	04152-40060
		NGC30	1NR-FE	1300	3.2 3.4	04152-40060
	2016.4～	M 700/710	1KR-FE	1000	2.9 3.1	04152-40060
ピクシス エポック	2012.5～ 2017.5	LA 300/310	KF	660	2.7 2.9	15601-97202
	2017.5～	LA 350/360	KF	660	2.7 2.9	15601-B2030
ピクシス ジョイ	2016.8～	LA 250/260	KF	660	2.7 2.9	15601-B2030
ピクシス スペース	2011.9～ 2017.1	L575/585	KF	660	2.7 2.9	15601-87703
ピクシス メガ	2015.7～ 2020.8	LA 700/710	KF	660	2.7 2.9	15601-B2010
プリウス	21.5～ 27.12	ZVW30	2ZR-FXE	1800	3.9 4.2	04152-37010
	27.12～	ZVW 51/55	2ZR-FXE	1800	3.9 4.2	04152-37010
プリウスα	2011.5～ 2021.3	ZVW4#	2ZR-FXE	1800	3.9 4.2	04152-37010
プリウス PHV	24.1～28.5	ZVW35	2ZR-FXE	1800	3.9 4.2	04152-37010
	29.2～	ZVW52	2ZR-FXE	1800	3.9 4.2	04152-37010
ポルテ	2012.7～ 2020.12	NSP140	1NR-FE	1300	3.2 3.4	04152-40060
		NCP 141/145	1NZ-FE	1500	3.4 3.7	90915-10003
		NSP141	2NR-FKE	1500	3.4 3.6	04152-40060
マークX	2009.10～	GRX133	2GR-FSE	3500	5.9 6.3	04152-38010
ヤリス	2020.4～	KSP210	1KR-FE	1000	2.6 2.8	04152-40060
		MXPA 10/12/15	M15A-FKS	1500	3.2 3.4	90915-10009
		MXPH 10/15	M15A-FXE	1500	3.3 3.6	90915-10009
		GXPA16	G16E-GTS	1600	4.0 4.3	90915-10009

バッテリ (寒冷地仕様)	ワイパーゴム 長さ（mm）		タイヤサイズ		備考
34B19L (44B20L)	F	500/400	F	165/70-14　155/80-13	
	R	350	R	165/70-14　155/80-13	
	F	500/400	F	165/70-14	
	R	350	R	165/70-14	
M-42	F	550/400	F	165/65-14	
	R	275	R	165/65-14	
M-42	F	500/350	F	155/65-14	
	R	275	R	155/65-14	
M-42	F	525/350	F	155/65-14　155/70-13	
	R	—	R	155/65-14　155/70-13	
M-42	F	550/350	F	165/50-16　165/55-15　165/60-15	
	R	純正品使用	R	165/50-16　165/55-15　165/60-15	
26B17L 34B19L 44B20L M-42	F	450/450	F	165/55-15　155/65-14	
	R	275	R	165/55-15　155/65-14	
M-42	F	475/475	F	165/55-15　155/65-14	
	R	300	R	165/55-15　155/65-14	
S34B20L S46B24R	F	650/400	F	215/45-17　195/65-15　185/65-15	ハイブリッド
	R	400	R	215/45-17　195/65-15　185/65-15	
LN1	F	純正品使用/400	F	215/45-17　195/65-15	ハイブリッド
	R	400	R	215/45-17　195/65-15	
S34B20R S46B24R	F	700/350	F	225/45-18　215/50-17　205/60-16　205/60-15	ハイブリッド
	R	275	R	225/45-18　215/50-17　205/60-16　205/60-15	
S34B20R	F	650/400	F	195/65-15	プラグイン ハイブリッド
	R	400	R	195/65-15	
LN1	F	700/375	F	225/40-18　195/65-15	プラグイン ハイブリッド
	R	—	R	225/40-18　195/65-15	
S-85　46B24L (Q-55)	F	600/350	F	165/70-14	
	R	400	R	165/70-14	
Q-55 46B24L	F	600/350	F	175/65-15	
	R	400	R	175/65-15	
S-95	F	600/350	F	175/65-15	
	R	400	R	175/65-15	
55D23L 80D26L	F	600/400	F	235/40-19　235/45-18	
	R	475	R	255/35-19　235/40-19　235/45-18	
LN1　LN2	F	600/400	F	175/70-14	
	R	純正品使用	R	175/70-14	
LN1　LN2	F	600/400	F	225/40-18　185/60-15　175/70-14	
	R	純正品使用	R	225/40-18　185/60-15　175/70-14	
LN0　LN1	F	600/400	F	185/60-15　175/70-14	ハイブリッド
	R	純正品使用	R	185/60-15　175/70-14	
LN3	F	600/400	F	235/40-18　225/40-18　205/45-17	
	R	純正品使用	R	235/40-18　225/40-18　205/45-17	

車種	年式	型式	エンジン	排気量 (cc)	エンジンオイル量 +フィルタ量 (ℓ)	オイルフィルタ 純正部品番号
ヤリス クロス	2020.8〜	MXPB 10/15	M15A-FKS	1500	3.2 3.4	90915-10009
		MXPJ 10/15	M15A-FXE	1500	3.3 3.6	90915-10009
ライズ	2019.11〜	A210	1KR-VET	1000	2.9 3.1	04152-40060
		A201	WA-VE	1200	3.2 3.4	15601-B2030
		A202	WA-VE	1200	3.2 3.4	15601-B2030
ラクティス	2010.10〜 2016.9	NSP120	1NR-FE	1300	3.2 3.4	04152-40060
		NCP 120/125	1NZ-FE	1500	3.4 3.7	90915-10003
ラッシュ	2006.1〜 2016.3	J200/210	3SZ-VE	1500	2.9 3.2	15601-97202
ランド クルーザー	2007.9〜 2021.8	UZJ200	2UZ-FE	4700	5.7 6.2	90915-20004
		URJ202	1UR-FE	4600	8.4 8.6	04152-38020
	2021.8〜	FJA300	F33A-FTV	3300	6.2 6.6	90105-10010
		VJA300	V35A-FTS	3500	7.0 7.3	04152-38020
ランド クルーザー70	2014.8〜 2015.7	GRJ7#	1GR-FE	4000	5.7 6.1	90915-20004
ランド クルーザー プラド	2009.9〜	TRJ150	2TR-FE	2700	5.0 5.7	04152-38010
		GRJ 150/151	1GR-FE	4000	5.7 6.1	04152-38010
		GDJ 150/151	1GD-FTV	2800	7.2 7.5	04152-38010
ルーミー	2016.11〜	M900/910	1KR-FE	1000	2.9 3.1	04152-40060

バッテリ (寒冷地仕様)	ワイパーゴム 長さ (mm)		タイヤサイズ		備考
LN0　LN1	F	600/400	F	215/50-18　205/65-16	
	R	300	R	215/50-18　205/65-16	
LN0	F	600/400	F	215/50-18　205/65-16	ハイブリッド
	R	300	R	215/50-18　205/65-16	
M42　N55	F	525/375	F	195/60-17　195/65-16	
	R	275	R	195/60-17　195/65-16	
M42　N55	F	525/375	F	195/60-17　195/65-16	
	R	275	R	195/60-17　195/65-16	
LN0	F	525/375	F	195/60-17　195/65-16	ハイブリッド
	R	275	R	195/60-17　195/65-16	
46B24L	F	700	F	175/60-16	
	R	300	R	175/60-16	
Q-55	F	700	F	185/60-16　175/60-16	
	R	300	R	185/60-16　175/60-16	
34B19L (44B20L)	F	525/450	F	215/65-16	
	R	300	R	215/65-16	
80D26L	F	600/550	F	285/60-18	
	R	300	R	285/60-18	
80D26L	F	600/550	F	285/50-20　285/60-18　275/65-17	
	R	300	R	285/50-20　285/60-18　275/65-17	
LN4 LN3×2	F	600/550	F	265/55-20　265/65-18	ディーゼル
	R	300	R	265/55-20　265/65-18	
LN4	F	600/550	F	265/55-20　265/65-18	
	R	300	R	265/55-20　265/65-18	
80D26R (105D31R)	F	425/400	F	265/70-16	
	R	—	R	265/70-16	
55D23L	F	650/500	F	265/65-17	
	R	300	R	265/65-17	
80D26L	F	650/500	F	265/60-18　265/65-17	
	R	300	R	265/60-18　265/65-17	
80D26L (80D26L.R)	F	650/500	F	265/55-19　265/65-17	ディーゼル
	R	300	R	265/55-19　265/65-17	
M-42	F	525/475	F	175/55-15　165/65-14	
	R	純正品使用	R	175/55-15　165/65-14	

ニッサン

車種	年式	型式	エンジン	排気量 (cc)	エンジンオイル量 +フィルタ量 (ℓ)	オイルフィルタ 純正部品番号
GT-R	2007.12～ 2022.5	R35	VR38DETT	3800	5.0 5.5	AY100-NS006
NV100	2013.12～ 2015.3	DR64	K6A	660	2.7 2.8	AY100-KE002
	2015.3～	DR17	R06A	660	2.7 2.8	AY100-KE002
NV200	2009.5～	M20	HR16DE	1600	3.1 3.3	AY100-NS004
		ME0	—	—	—	—
NV350	2012.6～ 2021.10	E26	QR25DE	2500	4.3 4.6	AY100-NS004
アリア	2021.6～	FE0	—	—	—	—
ウイング ロード	2005.11～ 2018.3	Y12	HR15DE	1500	3.1 3.3	AY100-NS004
		JY12	MR18DE	1800	3.7 3.9	AY100-NS004
エクストレイル	2007.8～ 2014.12	T31	MR20DE	2000	3.6 3.8	AY100-NS004
		TT31	QR25DE	2500	4.3 4.6	AY100-NS004
		DT31	M9R	2000	7.0 7.4	15209-00Q0A
	2013.12～ 2022.7	T32	MR20	2000	3.6 3.8	AY100-NS004
		DT32	M9R	2000	7.0 7.4	15209-00Q0A
		HT32	MR20DD	2000	3.6 3.8	AY100-NS004
	2022.7～	T33	KR15DDT	1500	5.0 5.1	AY100-NS004
エルグランド	2010.8～	TE52	QR25DE	2500	4.3 4.6	AY100-NS004
		PE52	VQ35DE	3500	4.3 4.6	AY100-NS004
オーラ	2021.8～	FE13	HR12DE	1200	3.2 3.4	AY100-NS004
キックス	2020.6～	P15	HR12DE	1200	3.2 3.4	AY100-NS004
キャラバン	2022.7～	KSE26	QR25DE	2500	4.9 5.2	AY100-NS004
キューブ	2008.11～ 2020.3	Z12	HR15DE	1500	2.8 3.0	AY100-NS004

バッテリ (寒冷地仕様)	ワイパーゴム 長さ (mm)		タイヤサイズ		備考
46B24L	F	550/475	F	255/40-20	
	R	―	R	285/35-20	
38B20L	F	425/425	F	165/60-14　155/70-13	
	R	300	R	165/60-14　155/70-13	
38B19L	F	425/425	F	165/60-14	
	R	300	R	165/60-14	
34B19L 46B24L (55B24L)	F	550/400	F	165/80-14　165R14	
	R	350	R	165/80-14　165R14	
L1	F	550/400	F	185/65-15	電気自動車
	R	350	R	185/65-15	
80D23R	F	550/475	F	195/80-15	
	R	400	R	195/80-15	
LN1	F	純正品使用	F	255/45-20　235/55-19	電気自動車
	R	400	R	255/45-20　235/55-19	
34B19L	F	550/400	F	195/55-16　185/65-15　175/70-14	
	R	350	R	195/55-16　185/65-15　175/70-14	
46B24L (55B24L)	F	550/400	F	195/55-16　185/65-15	
	R	350	R	195/55-16　185/65-15	
46B24L (80D23L)	F	600/375	F	215/60-17　215/65-16	
	R	425	R	215/60-17　215/65-16	
	F	600/400	F	215/60-17　215/65-16	
	R	350	R	215/60-17　215/65-16	
110D26LHR	F	600/400	F	225/55-18	ディーゼル
	R	350	R	225/55-18	
S-95	F	650/425	F	225/60-18　225/65-17　225/60-17	
	R	純正品使用	R	225/60-18　225/65-17　225/60-17	
110D26LHR	F	650/425	F	225/55-18　225/65-17　225/60-17	ディーゼル
	R	純正品使用	R	225/55-18　225/65-17　225/60-17	
L3	F	650/425	F	225/60-18	ハイブリッド
	R	純正品使用	R	225/60-18	
LN2	F	純正品使用	F	235/55-19　235/60-18	ハイブリッド
	R		R	235/55-19　235/60-18	
80D23L	F	650/425	F	225/55-18　215/65-16	
	R	300	R	225/55-18　215/65-16	
80D23L	F	650/425	F	245/45-19　225/55-18	
	R	300	R	245/45-19　225/55-18	
LN1	F	650/350	F	205/50-17	ハイブリッド
	R	純正品使用	R	205/50-17	
LN2	F	650/350	F	205/55-17	ハイブリッド
	R	純正品使用	R	205/55-17	
80D23L	F	550/475	F	195/80-15	
	R	400	R	195/80-15	
55B24L	F	500/500	F	195/55-16　175/65-15	
	R	300	R	195/55-16　175/65-15	

車種	年式	型式	エンジン	排気量 (cc)	エンジンオイル量 +フィルタ量 (ℓ)	オイルフィルタ 純正部品番号
サクラ	2022.5〜	B6AW	—	—	—	—
シーマ	2012.5〜 2022.8	HGY51	VQ35HR	3500	4.6 4.9	AY100-NS004
シルフィ	2012.12〜	TB17	MRA8DE	1800	3.7 4.0	AY100-NS004
ジューク	2010.6〜 2020.6	YF15	HR15DE	1500	2.8 3.0	AY100-NS004
		F15	MR16DDT	1600	4.3 4.5	AY100-NS004
スカイライン	2006.11〜 2014.4	V36	VQ25HR	2500	4.6 4.9	AY100-NS004
		PV36	VQ35DE	3500	4.6 4.9	AY100-NS004
	2014.2〜	ZV37	274930	2000	5.8 6.3	AY100-NS007
		YV37	274A	2000	5.8 6.3	AY100-NS007
		HV37	VQ35HR	3500	4.6 4.9	AY100-NS004
		RV37	VR30DDTT	3000	5.1 5.3	AY100-NS004
スカイライン クーペ	2007.10〜	CKV36	VQ37VHR	3700	4.6 4.9	AY100-NS004
スカイライン クロスオーバー	2009.7〜 2016.6	J50	VQ37VHR	3700	4.6 4.9	AY100-NS004
セレナ	2010.11〜 2016.8	C26	MR20DD	2000	3.6 3.8	AY100-NS004
		HC26	MR20DD	2000	3.6 3.8	AY100-NS004
	2016.8〜 2022.11	C27	MR20DD	2000	3.6 3.8	AY100-NS004
		GC27	MR20DD	2000	3.6 3.8	AY100-NS004
		HC27	HR12DE	1200	3.2 3.4	AY100-NS004
	2022.11〜	C28	MR20DD	2000	3.6 3.8	AY100-NS004
		GC28	HR14DDe	1500	3.0 3.2	

バッテリ (寒冷地仕様)	ワイパーゴム 長さ（mm）		タイヤサイズ		備考
K42	F	600/300	F	155/65-14	電気自動車
	R	300	R	155/65-14	
80D23L	F	650/475	F	245/50-18	ハイブリッド
	R	—	R	245/50-18	
55D23L	F	650/350	F	195/60-16　195/65-15	
	R		R	195/60-16　195/65-15	
55B24L	F	550/純正品使用	F	215/55-17　205/60-16	
	R	純正品使用	R	215/55-17　205/60-16	
80D23L	F	550/純正品使用	F	225/45-18　215/55-17	
	R	純正品使用	R	225/45-18　215/55-17	
55D23L　80D23L (80D23L)	F	600/425	F	225/55-17	
	R	—	R	225/55-17	
	F	600/425	F	225/50-18　225/55-17	
	R		R	225/45-18　225/55-17	
S-95　Q-85	F	650/425	F	245/40-19　225/55-17	
	R		R	245/40-19　225/55-17	
S-95　Q-85	F	650/425	F	245/40-19　225/55-17	
	R		R	245/40-19　225/55-17	
80D23L-MF	F	650/425	F	245/40-19　225/55-17	ハイブリッド
	R	—	R	245/40-19　225/55-17	
Q85	F	650/425	F	245/40-19　225/50-17　225/55-17	
	R	—	R	245/40-19　225/50-17　225/55-17	
55D23L 80D23L	F	600/425	F	225/55-17　225/50-18	
	R	—	R	225/40-19　225/45-18	
80D23L	F	575/450	F	225/55-18	
	R	350	R	225/55-18	
55B24L S-95	F	650/300	F	195/60-16　195/65-15	
	R	350	R	195/60-16　195/65-15	
K-42　S-95	F	650/300	F	195/60-16　195/65-15	ハイブリッド
	R	350	R	195/60-16　195/65-15	
K-42　S-95	F	600/350	F	195/65-15	
	R	300	R	195/65-15	
K-42　S-95	F	600/350	F	205/50-17　195/60-16　195/65-15	ハイブリッド
	R	300	R	205/50-17　195/60-16　195/65-15	
46B24L	F	600/350	F	195/65-15	ハイブリッド
	R	300	R	195/65-15	
LN3	F	600/350	F	205/65-16	
	R	300	R	205/65-16	
LN2	F	600/350	F	205/65-16	ハイブリッド
	R	300	R	205/65-16	

車種	年式	型式	エンジン	排気量 (cc)	エンジンオイル量 +フィルタ量 (ℓ)	オイルフィルタ 純正部品番号
ティアナ	2008.6〜 2014.2	J32	VQ23DE	2300	4.3 4.6	AY100-NS004
		TJ32	QR25DE	2500	4.3 4.6	AY100-NS004
		PJ32	VQ35DE	3500	4.3 4.6	AY100-NS004
	2014.2〜 2020.7	L33	QR25DE	2500	4.3 4.6	AY100-NS004
デイズ	2013.6〜 2019.3	B21W	3B20	660	3.0 3.2	AY100-NS035
	2019.3〜	B43/46W	BR06	660	2.8 3.0	AY100-NS004
		B44/45/ 47/48W	BR06	660	2.8 3.0	AY100-NS004
デイズ ルークス	2014.2〜 2020.2	B21A	3B20	660	3.0 3.2	AY100-NS035
デュアリス	2007.5〜 2014.3	KJ10	MR20DE	2000	3.6 3.8	AY100-NS004
ノート	2012.9〜 2021.8	E12	HR12DE HR12DDR	1200	2.8 (3.3 DDR) 3.0 (3.5 DDR)	AY100-NS004
		HE12	HR12DE	1200	3.2 3.4	AY100-NS004
	2020.12〜	E13	HR12DE	1200	3.2 3.4	AY100-NS004
フーガ	2009.11〜 2022.9	Y51	VQ25HR	2500	4.6 4.9	AY100-NS004
		KY51	VQ37VHR	3700	4.6 4.9	AY100-NS004
		HY51	VQ35HR	3500	4.6 4.9	AY100-NS004
フェアレディ Z	2008.12〜	Z34	VQ37VHR	3700	4.6 4.9	AY100-NS004
	2022.4〜	RZ34	VR30DDTT	3000	5.1 5.3	AY100-NS004
マーチ	2010.7〜 2022.12	K13	HR12DE	1200	2.8 3.0	AY100-NS004
		K13改	HR15DE	1500	3.1 3.3	AY100-NS004
ムラーノ	2008.9〜 2015.4	TZ51	QR25DE	2500	4.3 4.6	AY100-NS004
		PZ51	VQ35DE	3500	4.3 4.6	AY100-NS004
モコ	2011.2〜 2016.5	MG33S	R06A	660	2.7 2.9	AY100-KE002

バッテリ (寒冷地仕様)	ワイパーゴム 長さ (mm)		タイヤサイズ		備考
55D23L	F	650/425	F	215/55-17　205/65-16	
	R	—	R	215/55-17　205/65-16	
	F	650/425	F	215/55-17　205/65-16	
	R	—	R	215/55-17　205/65-16	
	F	650/425	F	215/55-17	
	R	—	R	215/55-17	
Q-85	F	650/400	F	215/55-17　215/60-16	
	R	—	R	215/55-17　215/60-16	
34B19L　M-42 (42B19L)	F	600/300	F	165/55-15　155/65-14	
	R	300	R	165/55-15　155/65-14	
K-42	F	600/300	F	155/65-14	
	R	300	R	155/65-14	
K-42	F	600/300	F	165/55-15　155/65-14	ハイブリッド
	R	300	R	165/55-15　155/65-14	
34B19l　M-42 (42B19L)	F	600/300	F	165/55-15 155/65-14	
	R	305	R	165/55-15 155/65-14	
55B24L 80D23L	F	純正品使用	F	215/60-17　215/65-16	
	R		R	215/60-17　215/65-16	
55B24L Q-85	F	650/300	F	205/45-17　195/55-16　185/65-15　185/70-14	
	R	300	R	205/45-17　195/55-16　185/65-15　185/70-14	
55B24L	F	650/300	F	195/55-16　185/65-15	ハイブリッド
	R	300	R	195/55-16　185/65-15	
LN1	F	650/300	F	195/60-16　185/60-16　185/65-15	ハイブリッド
	R	純正品使用	R	195/60-16　185/60-16　185/65-15	
80D23L	F	650/475	F	245/50-18	
	R	—	R	245/50-18	
	F	650/475	F	245/40-20　245/50-18	
	R	—	R	245/40-20　245/50-18	
80D23L	F	650/475	F	245/50-18	ハイブリッド
	R	—	R	245/50-18	
55D23L (80D23L)	F	525/475	F	245/40-19　225/50-18	
	R	475	R	285/35-19　275/35-19　245/35-19　225/45-18	
80D23L	F	純正品使用	F	255/40-19　245/45-18	
	R	—	R	275/35-19　245/45-18	
80D23L Q-85	F	525/350	F	165/70-14	
	R	300	R	165/70-14	
純正品使用	F	525/350	F	205/45-16	
	R	300	R	205/45-16	
55D23L (80D23L)	F	650/375	F	235/65-18	
	R	300	R	235/65-18	
	F	650/375	F	235/55-20　235/65-18	
	R	300	R	235/55-20　235/65-18	
38B20R M-42R	F	500/425	F	155/65-14　145/80-13	
	R	350	R	155/65-14　145/80-13	

車種	年式	型式	エンジン	排気量 (cc)	エンジンオイル量 +フィルタ量 (ℓ)	オイルフィルタ 純正部品番号	
ラティオ	2012.10～ 2016.12	N17	HR12DE	1200	2.8 3.0	AY100-NS004	
ラフェスタ	2011.6～ 2018.3	CWE#WN	LF-VD/ VDS	2000	3.9 4.3	AY100-MA007	
		CWFFWN	PE-VPS	2000	4.0 4.2	AY100-KE001	
リーフ	2010.12～ 2017.10	ZEO	—	—	—	—	
		AZEO	—	—	—	—	
	2017.10～	ZE1	—	—	—	—	
ルークス	2020.3～	B 44/45/47/48	BR06-SM21	660	2.8 3.0	AY100-NS004	

バッテリ (寒冷地仕様)		ワイパーゴム 長さ (mm)			タイヤサイズ	備考
Q-85	F	525/350	F		175/70-14	
	R	—	R		175/70-14	
55D23L N-55・26B17L	F	650/400	F		205/55-16　195/65-15	
	R	300	R		205/55-16　195/65-15	
Q-85	F	650/400	F		205/50-17　195/65-15	
	R	300	R		205/50-17　195/65-15	
46B24L　55B24L 65B24L	F	650/400	F		205/55-16	電気自動車
	R	300	R		205/55-16	
46B24L	F	650/400	F		205/55-16　215/50-17	電気自動車
	R	300	R		205/55-16　215/50-17	
46B24L	F	650/400	F	225/45-18　215/50-17　205/55-16		電気自動車
	R	350	R	225/45-18　215/50-17　205/55-16		
K42	F	500/375	F		165/55-15　155/65-14	
	R	300	R		165/55-15　155/65-14	

ホンダ

車種	年式	型式	エンジン	排気量 (cc)	エンジンオイル量 +フィルタ量 (ℓ)	オイルフィルタ 純正部品番号
CR−V	2011.12〜 2016.8	RM1	R20A	2000	3.5 3.7	15400-RTA-004
		RM4	K24A	2400	3.8 4.0	15400-PLC-003
	2018.8〜 2022.12	RW1/2	L 15 B	1500	3.2 3.5	15400-RTA-004
		RT5/6	LFB	2000	3.5 3.8	15400-RTA-003
CR−Z	2010.2〜 2017.1	ZF1	LEA	1500	3.4 3.6	15400-RTA-003
		ZF2	LEA	1500	3.4 3.6	15400-RTA-003
Honda e	2020.10〜	ZC7	—	—	—	—
N BOX N BOX＋	2011.12〜 2017.9	JF1 JF2	S07A	660	2.4 2.6	15400-RTA-004
	2017.9〜	JF3 JF4	S07B	660	2.4 2.8	15400-RTA-004
N-ONE	2012.11〜 2020.3	JG1 JG2	S07A	660	2.4 2.6	15400-RTA-004
	2020.11〜	JG3 JG4	S07B	660	2.4 2.8	15400-RTA-004
N-WGN	2013.11〜 2019.8	JH1 JH2	S07A	660	2.4 2.6	15400-RTA-004
	2019.8〜	JH3 JH4	S07B	660	2.4 2.8	15400-RTA-004
NSX	2017.2〜 2021.9	NC1	JNC	3500	7.3 7.9	15420-RSR-E01
S660	2015.4〜 2021.12	JW5	S07A	660	2.4 2.6	15400-RTA-003
アコード	2020.2〜 2023.1	CV3	LFB	2000	3.5 3.8	15400-RTA-003
アコード ハイブリッド	2013.12〜 2016.3	CR5	LFA	2000	3.5 3.7	15400-RTA-004
	2013.6〜 2020.2	CR6	LFA	2000	3.5 3.7	15400-RTA-004
		CR7	LFA-H4	2000	3.5 3.7	15400-RTA-004
インサイト	2009.1〜 2014.3	ZE2	LDA	1300	3.0 3.2	15400-RTA-004
オデッセイ	2013.11〜 2022.9	RC1 RC2	K24W	2400	4.0 4.2	15400-PLC-004
		RC4	LFA	2000	3.5 3.8	15400-RTA-004

バッテリ (寒冷地仕様)	ワイパーゴム 長さ (mm)			タイヤサイズ			備考
55B24L	F	650/500	F	225/65-17			
	R	300	R	225/65-17			
	F	650/500	F	225/65-17			
	R	300	R	225/65-17			
LN2	F	純正品使用/400	F	235/60-18			
	R	300	R	235/60-18			
46B24R	F	純正品使用/400	F	235/60-18			ハイブリッド
	R	300	R	235/60-18			
34B17L	F	650/500	F	195/55-16			ハイブリッド
	R	400	R	195/55-16			
34B17L	F	650/500	F	205/45-17	195/55-16		ハイブリッド
	R	400	R	205/45-17	195/55-16		
55B24L	F	純正品使用/450	F	205/45-17	185/60-16		電気自動車
	R	350	R	225/45-17	205/55-16		
38D10L M42R	F	450/425	F	165/55-15	155/65-14		
	R	350	R	165/55-15	155/65-14		
M-42R	F	475/425	F	155/65-14			
	R	350	R	155/65-14			
38B19L M-42R	F	475/375	F	165/55-15	155/65-14		
	R	350	R	165/55-15	155/65-14		
M-42R	F	475/375	F	165/55-15	155/65-14		
	R	350	R	165/55-15	155/65-14		
M-42R	F	525/350	F	155/65-14			
	R	350	R	155/65-14			
M-42R	F	525/350	F	155/65-14			
	R	350	R	155/65-14			
L3	F	純正品使用	F	245/35-19			
	R	—	R	305/30-20			
38B19R M-42R	F	500/350	F	165/55-15			
	R	—	R	195/45-16			
46B24R	F	純正品使用/400	F	235/45-18			ハイブリッド
	R	—	R	235/45-18			
46B24R	F	650/475	F	225/50-17			プラグイン ハイブリッド
	R	—	R	225/50-17			
46B24R	F	650/475	F	225/50-17			ハイブリッド
	R	—	R	225/50-17			
46B24R	F	650/475	F	235/45-18	225/50-17		ハイブリッド
	R	—	R	235/45-18	225/50-17		
34B17L	F	650/425	F	185/55-16	175/65-15		
	R	400	R	185/55-16	175/65-15		
Q-85 70D23L UQ-85	F	700/350	F	225/45-18	215/55-17	215/60-16	
	R	300	R	225/45-18	215/55-17	215/60-16	
46B24R	F	700/350	F	215/55-17	215/60-16		ハイブリッド
	R	300	R	215/55-17	215/60-16		

車種	年式	型式	エンジン	排気量 (cc)	エンジンオイル量 +フィルタ量 (ℓ)	オイルフィルタ 純正部品番号
ヴェゼル	2013.12〜 2021.4	RU1 RU2	L15B	1500	3.1 3.3	15400-RTA-004
		RU3 RU4	LEB	1500	3.1 3.3	15400-RTA-004
	2021.4〜	RV3 RV4	L15Z	1500	3.1 3.3	15400-RTA-004
		RV5 RV6	LEC	1500	1.8 2.3	15400-RTA-004
クラリティ	2018.7〜 2021.6	ZC5	LEB	1500	3.1 3.3	15400-RTA-003
グレイス	2014.12〜 2020.7	GM4 GM5	LEB	1500	3.1 3.3	15400-PLC-003
		GM6 GM9	L15B	1500	3.1 3.3	15400-RTA-004
シビック	2015.12〜 2016.6	FK2	K20C	2000	5.0 5.4	15400-RTA-004
	2017.9〜 2021.6	FC1	L15B	1500	3.2 3.5	15400-RTA-003
		FK7	L15C	1500	3.2 3.5	15400-RTA-003
		FK8	K20C	2000	5.0 5.4	15400-PLM-A02
	2021.9〜	FL1	L15C	1500	3.2 3.5	15400-RTA-004
		FL4	LFC	2000	3.7 4.0	15400-RTA-003
		FL5	K20C	2000	5.0 5.4	15400-XK5B-0000
シャトル	2015.5〜 2022.11	GK8 GK9	L15B	1500	3.1 3.3	15400-RTA-003
		GP7 GP8	LEB	1500	3.1 3.3	15400-RTA-003
ジェイド	2015.5〜 2020.7	FR4	LEB	1500	3.1 3.3	15400-RTA-003
		FR5	L15B	1500	3.2 3.5	15400-RTA-003
ステップ ワゴン	2009.10〜 2015.4	RK 1.2.5.6	R20A	2000	3.5 3.7	15400-RTA-004
	2015.4〜 2022.5	RP 1.2.3.4	L15B	1500	3.2 3.5	15400-RTA-003
	2022.5〜	RP6 RP7	L15C	1500	3.2 3.5	15400-RTA-003
		RP8	LFA	1500	3.5 3.8	15400-RTA-003

バッテリ (寒冷地仕様)		ワイパーゴム 長さ (mm)		タイヤサイズ	備考
55B24L	F	650/400	F	225/50-18　215/55-17　215/60-16	
	R	250	R	225/50-18　215/55-17　215/60-16	
46B19L	F	650/400	F	225/50-18　215/50-18　215/55-17　215/60-16	ハイブリッド
	R	250	R	225/50-18　215/50-18　215/55-17　215/60-16	
N65	F	純正品使用/475	F	215/60-16	
	R	350	R	215/60-16	
44B19L	F	純正品使用/475	F	225/50-18　215/60-16	ハイブリッド
	R	350	R	225/50-18　215/60-16	
46B24L	F	純正品使用	F	235/45-18	プラグイン ハイブリッド
	R	—	R	235/45-18	
N55	F	650/350	F	185/55-16　185/60-15	ハイブリッド
	R	—	R	185/55-16　185/60-15	
N55	F	650/350	F	185/60-15	
	R	純正品使用	R	185/60-15	
L2	F	純正品使用	F	235/35-19	
	R	—	R	235/35-19	
LN2	F	650/450	F	215/55-16	
	R	—	R	215/55-16	
LN2	F	650/450	F	235/40-18	
	R	350	R	235/40-18	
LN2	F	650/450	F	245/30-20	
	R	350	R	245/30-20	
LN2	F	純正品使用	F	235/40-18	
	R	純正品使用	R	235/40-18	
46B24R	F	純正品使用	F	235/40-18	ハイブリッド
	R	純正品使用	R	235/40-18	
LN2	F	純正品使用	F	265/30-19	
	R	純正品使用	R	265/30-19	
N-55	F	650/350	F	235/30-19	
	R	350	R	235/30-19	
38B19L	F	650/350	F	185/55-16　185/60-15	ハイブリッド
	R	350	R	185/55-16　185/60-15	
55B24L	F	700/575	F	215/50-17　205/60-16	ハイブリッド
	R	300	R	215/50-17　205/60-16	
N-65	F	700/575	F	215/50-17	
	R	300	R	215/50-17	
55B24L	F	700/375	F	205/60-16　205/65-15　195/65-15	
	R	400	R	205/60-16　205/65-15　195/65-15	
UN-55	F	700/350	F	205/55-17　205/60-16	
	R	375	R	205/55-17　205/60-16	
N65	F	純正品使用	F	205/60-16	
	R	350	R	205/60-16	
46B24R	F	純正品使用	F	205/55-17　205/60-16	ハイブリッド
	R	350	R	205/55-17　205/60-16	

車種	年式	型式	エンジン	排気量 (cc)	エンジンオイル量 +フィルタ量(ℓ)	オイルフィルタ 純正部品番号
ストリーム	2006.7～ 2014.5	RN6 RN7	R18A	1800	3.5 3.7	15400-RTA-004
		RN8 RN9	R20A	2000	3.5 3.7	15400-RTA-004
バモス バモスホビオ	1999.6～ 2018.5	HM1 HM2	E07Z	660	2.5 2.7	15400-PFB-004
		HM3 HM4	E07Z	660	2.5 2.7	15400-PFB-004
フィット	2013.9～ 2020.2	GK3 GK4	L13B	1300	3.1 3.3	15400-RTA-004
		GK5 GK6	L15B	1500	3.1 3.3	15400-RTA-004
		GP5 GP6	LEB	1500	3.1 3.3	15400-RTA-004
	2020.2～	GR1/2 GR5/7	L13B	1300	3.1 3.3	15400-RTA-004
		GR3/4 GR8	LEB	1500	2.9 3.1	15400-RTA-004
		GS4/5/6	L15Z	1500	3.1 3.3	15400-RTA-004
フィット シャトル	2011.6～ 2015.3	GG7 GG8	L15A	1500	3.4 3.6	15400-RTA-004
		GP2	LDA	1300	3.0 3.2	15400-RTA-004
フリード	2008.5～ 2016.9	GB3 GB4	L15A	1500	3.4 3.6	15400-RTA-004
		GP3	LEA	1500	3.4 3.6	15400-RTA-003
		GB7 GB8	LEB	1500	3.1 3.3	15400-RTA-003
	2016.9～	GB5	L15B	1500	3.1 3.3	15400-RTA-003
ライフ	2008.11～ 2014.4	JC1 JC2	P07A	660	2.6 2.9	15400-RTA-004
レジェント	2015.1～	KC2	JNB	3500	4.0 4.3	15400-RTA-004

バッテリ (寒冷地仕様)	ワイパーゴム 長さ (mm)			タイヤサイズ			備考
44B19L 46B24L 55B24L	F	650/350	F	205/55-17	205/65-15		
	R	300	R	205/55-17	205/65-15		
46B24L	F	650/350	F	205/55-17	205/65-15		
	R	300	R	205/55-17	205/65-15		
28B17L 38B19L 38B20L	F	425/375	F	155/70-13	145R12		
	R	300	R	155/70-13	145R12		
	F	425/375	F	145R12			
	R	300	R	145R12			
M-42 N-45 55B24L	F	650/350	F	185/60-15	175/70-14		
	R	350	R	185/60-15	175/70-14		
N-55	F	650/350	F	185/55-16	185/60-15		
	R	350	R	185/55-16	185/60-15		
38B19L 44B19L	F	650/350	F	185/55-16	185/60-15		ハイブリッド
	R	350	R	185/55-16	185/60-15		
N65	F	650/375	F	185/55-16	185/60-16	185/60-15	
	R	300	R	185/55-16	185/60-16	185/60-15	
44B19L	F	650/375	F	185/55-16	185/00-15		ハイブリッド
	R	300	R	185/55-16	185/60-15		
55B24L	F	650/375	F	185/55-16	185/60-15		
	R	300	R	185/55-16	185/60-15		
34B17L	F	650/350	F	185/60-15			
	R	350	R	185/60-15			
38B19L	F	650/350	F	185/60-15			ハイブリッド
	R	350	R	185/60-15			
34B17L 38B19L	F	650/350	F	185/65-15	185/70-14		
	R	350	R	185/65-15	185/70-14		
34B17L 38B19L	F	650/350	F	185/65-15	185/70-14		ハイブリッド
	R	350	R	185/65-15	185/70-14		
38B19L	F	650/350	F	185/65-15			ハイブリッド
	R	350	R	185/65-15			
N65	F	650/375	F	185/65-15			
	R	350	R	185/65-15			
28B19R 38B19R	F	525/300	F	165/55-14	155/65-13		
	R	350	R	165/55-14	155/65-13		
80D26L	F	650/500	F	245/40-19			ハイブリッド
	R	—	R	245/40-19			

マツダ

車種	年式	型式	エンジン	排気量 (cc)	エンジンオイル量 +フィルタ量 (ℓ)	オイルフィルタ 純正部品番号
AZ オフロード	1998.10～ 2014.3	JM23W	K6A	660	2.8 3.0	ZZS1-14-302
CX-3	2015.2～	DK5FW DK5AW	S5-DPTS	1500	4.7 5.1	SH01-14-302A
		DKEFW DKEAW	PE-VPS	2000	4.0 4.2	PE01-14-302A
		DK8FW/Y DK8AW/Y	S8-DPTS	1800	4.7 5.1	PE01-14-302
		DKLFW/Y DKLAW/Y	P5-VPS	1500	3.9 4.2	PE01-14-302B
CX-30	2019.10～	DM8P	S8-DPTS	1800	4.7 5.1	SH01-14-302A
		DMEP	PE-VPS	2000	4.0 4.2	PE01-14-302B
		DMEJ3P	PE-VPS	2000	4.4 4.6	PE01-14-302B
CX-5	2012.2～ 2017.2	KEEFW KEEAW	PE-VPS	2000	4.0 4.2	PE01-14-302
		KE2FW KE2AW	SH-VPTS	2200	4.8 5.1	SHY1-14-302
		KE5FW KE5AW	PY-VPS	2500	4.3 4.5	PE01-14-302A
	2017.2～	KFEP	PE-VPS	2000	4.0 4.2	PE01-14-302A
		KF2P	SH-VPTS	2200	4.8 5.1	SH01-14-302A
		KF5P	PY-VPS	2500	4.3 4.5	PE01-14-302A
CX-60	2022.9～	KH5P	PY-VPS	2500	4.3 4.5	PE01-14-302A
		KH5S3P	PY-VPH	2500	4.3 4.5	PE01-14-302A
CX-8	2017.12～	KG2P KG5P	SH-VPTS	2200	4.8 5.1	SH01-14-302A
MAZDA 2	2019.9～	DJLFS DJLAS	P5-VPS	1500	3.9 4.2	PE01-14-302B
		DJ5FS DJ5AS	S5-DPTS	1500	4.7 5.1	SH01-14-302A

バッテリ (寒冷地仕様)		ワイパーゴム 長さ （mm）		タイヤサイズ	備考
38B20L 55B24R	F R	500/400 300	F R	175/80-16 175/80-16	
Q-85 S-95	F R	550/450 250	F R	215/50-18　215/60-16 215/50-18　215/60-16	ディーゼル
N-55 Q-85	F R	550/450 250	F R	215/50-18 215/50-18	
Q-85 S-95	F R	550/450 250	F R	215/50-18 215/50-18	ディーゼル
Q-85	F R	550/450 250	F R	215/60-16 215/60-16	
S95	F R	純正品使用 350	F R	215/55-16 215/55-16	ディーゼル
Q-85	F R	純正品使用 350	F R	215/55-18 215/55-18	
55D23L	F R	純正品使用 350	F R	215/55-18 215/55-18	ハイブリッド
Q-85	F R	600/450 350	F R	225/65-17 225/65-17	
T-110	F R	600/450 350	F R	225/55-19　225/65-17 225/55-19　225/65-17	ディーゼル
Q-85	F R	600/450 350	F R	225/55-19　225/65-17 225/55-19　225/65-17	
Q-85	F R	600/425 350	F R	225/55-19　225/65-17 225/55-19　225/65-17	
S-95	F R	600/425 350	F R	225/55-19　225/65-17 225/55-19　225/65-17	ディーゼル
Q-85	F R	600/425 350	F R	225/55-19　225/65-17 225/55-19　225/65-17	
Q-85	F R	純正品使用 300	F R	235/50-20　235/60-18 235/50-20　235/60-18	
Q-85	F R	純正品使用 300	F R	235/50-20　235/60-18 235/50-20　235/60-18	プラグイン ハイブリッド
S-95	F R	純正品使用 350	F R	225/55-19　225/65-17 225/55-19　225/65-17	ディーゼル
Q-85	F R	550/425 350	F R	185/60-16　185/65-15 185/60-16　185/65-15	
Q-85　S-95	F R	550/425 350	F R	185/60-16　185/65-15 185/60-16　185/65-15	ディーゼル

車種	年式	型式	エンジン	排気量 (cc)	エンジンオイル量 +フィルタ量 (ℓ)	オイルフィルタ 純正部品番号
MAZDA 3	2019.5〜	BP8P	S8-DPTS	1800	4.7 5.1	SH01-14-302A
		BPFP	PE-VPS	2000	4.0 4.2	PE01-14-302B
		BPEP	HF-VPH	2000	4.4 4.6	PY8W-14-302
		BP5P	P5-VPS	1500	3.9 4.2	PE01-14-302B
MAZDA 6	2019.8〜	GJEFP	PE-VPR	2000	4.0 4.2	PE01-14-302B
		GJ2FP GJ2AP	SH-VPTR	2200	4.8 5.1	SH01-14-302A
		GJ5FP	PY-RPR	2500	4.6 4.8	PY8W-14-302
MPV	2006.2〜 2016.3	LY3P	L3-VE/ VDT	2300	4.0 4.4	L321-14-302
MX-30	2022.11〜	DREJ3P	PE-VPH	2000	4.0 4.2	PE01-14-302B
		DRH3P	—	—	—	—
アクセラ	2013.11〜 2019.5	BM5FP BM5AP	P5VPS	1500	3.9 4.2	PE01-14-302A
		BYEFP	PE-VPH	2000	4.0 4.2	PE01-14-302A
		BM2FP BM2AP	SH-VPTR	2200	4.8 5.1	SH01-14-302A
		BMLFP	S5-DPTS	1500	4.7 5.1	SH01-14-302A
アクセラ スポーツ	2013.11〜 2019.5	BM5FS BM5AS	P5VPS	1500	3.9 4.2	PE01-14-302A
		BMEFS	PE-VPH	2000	4.0 4.2	PE01-14-302A
		BM2FS	SH-VPTR	2200	4.8 5.1	SH01-14-302A
		BMLFS	S5-DPTS	1500	4.7 5.1	SH01-14-302A
アテンザ	2012.11〜 2019.7	GJEFP	PE-VPR	2000	4.0 4.2	PE01-14-302
		GJ2FP GJ2AP	SH-VPTR	2200	4.8 5.1	SHY1-14-302
		GJ5FP	PY-VPR	2500	4.3 4.5	PE01-14-302

バッテリ (寒冷地仕様)	ワイパーゴム 長さ (mm)			タイヤサイズ	備考
S-95	F	純正品使用	F	215/45-18	ディーゼル
	R	300	R	215/45-18	
Q-85	F	純正品使用	F	215/45-18	
	R	300	R	215/45-18	
55D23L	F	純正品使用	F	215/45-18	ハイブリッド
	R	300	R	215/45-18	
Q-85	F	純正品使用	F	215/45-18　205/60-16	
	R	300	R	215/45-18　205/60-16	
Q-85	F	純正品使用	F	225/55-17	
	R	300	R	225/55-17	
S-95	F	純正品使用	F	225/45-19　225/55-17	ディーゼル
	R	300	R	225/45-19　225/55-17	
Q-85	F	純正品使用	F	225/45-19	
	R	300	R	225/45-19	
80D26L	F	650/400	F	215/55-18 215/60-17　215/65-16	
	R	350	R	215/55-18 215/60-17　215/65-16	
55D23L	F	純正品使用	F	215/55-18	ハイブリット
	R	350	R	215/55-18	
LN1	F	純正品使用	F	215/55-18	電気自動車
	R	350	R	215/55-18	
Q-85	F	600/450	F	215/45-18　205/60-16	
	R	—	R	215/45-18　205/60-16	
S46B24R	F	600/450	F	215/45-18　205/60-16	ハイブリッド
	R	—	R	215/45-18　205/60-16	
T-110	F	600/450	F	215/45-18	ディーゼル
	R	—	R	215/45-18	
S-95	F	600/450	F	215/45-18　205/60-16	ディーゼル
	R	—	R	215/45-18　205/60-16	
Q-85	F	600/450	F	205/60-16	
	R	300	R	205/60-16	
S46B24R	F	600/450	F	215/45-18	
	R	300	R	215/45-18	
T-110	F	600/450	F	215/45-18	ディーゼル
	R	300	R	215/45-18	
S-95	F	600/450	F	215/45-18　205/60-16	ディーゼル
	R	300	R	215/45-18　205/60-16	
Q-85	F	600/450	F	225/55-17	
	R	—	R	225/55-17	
T-110	F	600/450	F	225/45-19　225/55-17	ディーゼル
	R	—	R	225/45-19　225/55-17	
Q-85	F	600/450	F	225/45-19	
	R	—	R	225/45-19	

車種	年式	型式	エンジン	排気量 (cc)	エンジンオイル量 +フィルタ量 (ℓ)	オイルフィルタ 純正部品番号
アテンザ ワゴン	2012.11〜 2019.7	GJEFW	PE-VPR	2000	4.0 4.2	PE01-14-302
		GJ2FW GJ2AW	SH-VPTR	2200	4.8 5.1	SHY1-14-302
		GJ5FW	PY-VPR	2500	4.3 4.5	PE01-14-302
キャロル	2009.12〜 2015.1	HB25S	K6A	660	2.7 2.9	1A02-14-300C
	2015.1〜 2022.1	HB36S	R06A	660	2.4 2.6	AY01-14-300A
	2022.1〜	HB97S	R06D	660	2.2 2.4	1A03-14-300
		HB37S	R06A	660	2.4 2.6	1A03-14-300
スクラム	2005.09〜 2015.3	DG64W	K6A	660	2.8 3.0	AY01-14-300B
	2015.3〜	DG17W	R06A	660	2.7 2.8	1A03-14-300
デミオ	2007.7〜 2014.9	DE3FS DE3AS	ZJ-VE/ VEM	1300	3.7 3.9	B6Y1-14-302A
		DE5FS	ZY-VE	1500	3.7 3.9	B6Y1-14-302A
	2014.9〜 2019.7	DJ3FS DJ3AS	P3-VPS	1300	3.8 3.8	PE01-14-302A
		DJ5FS DJ5AS	S5-DPTS	1500	4.7 5.1	SH01-14-302A
		DJLFS DJLAS	P5-VPS	1500	3.9 4.2	PE01-14-302A
ビアンテ	2008.7〜 2018.3	CCEFW	LF-VD	2000	3.9 4.3	L321-14-302
		CCEAW	LF-VD	2000	3.9 4.3	L321-14-302
		CC3FW	L3-VE	2300	3.9 4.3	L321-14-302
		CCFFW	PE-VPS	2000	4.0 4.2	PE01-14-302
フレア	2012.10〜 2017.3	MJ34S	R06A	660	2.6 2.8	AY01-14-300B
	2017.3〜 2022.8	MJ55S	R06A	660	2.4 2.6	1A03-14-300
		MJ95S	R06D	660	2.2 2.4	1A03-14-300

バッテリ (寒冷地仕様)	ワイパーゴム 長さ（mm）			タイヤサイズ	備考
Q-85	F	600/450	F	225/55-17	
	R	300	R	225/55-17	
T-110	F	600/450	F	225/45-19　225/55-17	ディーゼル
	R	300	R	225/45-19　225/55-17	
Q-85	F	600/450	F	225/45-19	
	R	300	R	225/45-19	
38B20L	F	500/350	F	145/80-13	
	R	275	R	145/80-13	
38B19R K-42R	F	500/350	F	165/55-15　145/80-13	
	R	275	R	165/55-15　145/80-13	
K-42R	F	450/450	F	155/65-14	ハイブリッド
	R	275	R	155/65-14	
K-42R	F	450/450	F	155/65-14	
	R	275	R	155/65-14	
38D20L 55B24L	F	400/400	F	165/60-14　155/70-13	
	R	350	R	165/60-14　155/70-13	
38B19R	F	425/425	F	165/60-14　155/70-13	
	R	300	R	165/60-14　155/70-13	
46B24L (55D23L)	F	600/350	F	185/55-15　175/65-14　165/70-14	
	R	350	R	185/55-15　175/65-14　165/70-14	
46B24L	F	600/350	F	195/45-16　175/65-14	
	R	350	R	195/45-16　175/65-14	
Q-85	F	550/425	F	185/65-15	
	R	350	R	185/65-15	
Q-85 S-95	F	550/425	F	185/60-16　185/65-15	ディーゼル
	R	350	R	185/60-16　185/65-15	
Q-85	F	550/425	F	185/60-16　185/65-15	
	R	350	R	185/60-16　185/65-15	
46B24L	F	600/375	F	205/60-16	
	R	350	R	205/60-16	
	F	600/375	F	205/60-16	
	R	350	R	205/60-16	
55D23L	F	600/375	F	215/50-17	
	R	350	R	215/50-17	
Q-85	F	600/375	F	205/60-16	
	R	350	R	205/60-16	
M-42R	F	500/375	F	155/65-14	
	R	300	R	155/65-14	
K-42R	F	525/375	F	165/55-15　155/65-14	ハイブリッド
	R	300	R	165/55-15　155/65-14	
K-42R	F	525/375	F	165/55-15　155/65-14	ハイブリッド
	R	300	R	165/55-15　155/65-14	

車種	年式	型式	エンジン	排気量 (cc)	エンジンオイル量 +フィルタ量 (ℓ)	オイルフィルタ 純正部品番号	
フレアクロス オーバー	2014.1～ 2020.2	MS31S MS41S	R06A	660	2.6 2.8	ZZS1-14-302	
	2020.2～	MS52S	R06A	660	2.4 2.6	1A03-14-300	
		MS92S	R06D	660	2.2 2.4	1A03-14-300	
フレアワゴン	2013.7～ 2017.12	MM32S MM42S	R06A	660	2.6 2.8	ZZS1-14-302	
	2018.2～	MM53S	R06A	660	2.4 2.6	1A03-14-300	
プレマシー	2010.7～ 2018.3	CWEFW CWEAW	LF-VD/ VDS	2000	3.9 4.3	LFY1-14-302	
		CWFFW	PE-VPS	2000	4.0 4.2	PE01-14-302	
ベリーサ	2004.6～ 2015.10	DC5W DC5R	ZY-VE	1500	3.7 3.9	B6Y1-14-302A	
ロードスター	2005.8～ 2015.5	NCEC	LF-VE	2000	3.9 4.3	LF10-14-302	
	2015.5～	ND5RC	P5-VP	1500	4.1 4.3	PE01-14-302A	
		NDERC	PE-VPR	2000	4.1 4.3	PE01-14-302B	

バッテリ		ワイパーゴム			タイヤサイズ	備考
（寒冷地仕様）		長さ（mm）				
K-42R	F	400/400	F		165/60-15	
	R	275	R		165/60-15	
K-42R	F	400/425	F		165/60-15	ハイブリッド
	R	250	R		165/60-15	
K-42R	F	400/425	F		165/60-15	ハイブリッド
	R	250	R		165/60-15	
K-42R	F	500/425	F	165/55-15	155/65-14	
	R	300	R	165/55-15	155/65-14	
K-42R	F	475/475	F		155/65-14	ハイブリッド
	R	250	R		155/65-14	
55D23L	F	650/400	F	205/55-16	195/65-15	
N-55・26B17L	R	300	R	205/55-16	195/65-15	
Q-85	F	650/400	F	205/50-17	195/65-15	
	R	300	R	205/50-17	195/65-15	
4CD24L	F	550/375	F		185/55-15	
55D23L	R	400	R		185/55-15	
46B24L	F	450/450	F	205/45-17	205/50-16	
	R	—	R	205/45-17	205/50-16	
46B24L	F	450/475	F		195/50-16	
N-55	R	—	R		195/50-16	
N-55	F	450/475	F		205/45-17	
	R	—	R		205/45-17	

ミツビシ

車種	年式	型式	エンジン	排気量 (cc)	エンジンオイル量 +フィルタ量(ℓ)	オイルフィルタ 純正部品番号
eKワゴン	2013.6～	B11W	3B20	660	3.0 3.2	1230A040
eKクロス	2019.3～	B3♯W	BR06	660	2.8 3.0	MQ700013
		B5AW	—	—	—	—
ekスペース	2014.2～	B11A	3B20	660	3.0 3.2	1230A040
	2020.3～	B3♯A	BR06	660	2.8 3.0	MQ700013
i-MiEv	2010.4～ 2021.2	HA3W	—	—	—	—
		HA4W	—	—	—	—
アウトランダー	2012.10～	GF7W	4J11	2000	4.0 4.3	MD360935
		GF8W	4J12	2400	4.3 4.6	MD360935
		GG2W	4B11	2000	4.3 4.6	MD360935
エクリプスクロス	2018.3～	GK1W	4B40	1500	4.1 4.3	MZ690115
		GK9W	4N14	2300	5.5 5.9	MD360935
		GL3W	4B12	2400	4.3 4.6	MD360935
ギャラン フォルティス	2007.8～ 2015.4	CY3A CX3A	4B10	1800	4.0 4.3	MD360935
		CY4A CX4A	4B11	2000	4.0 4.3	MD360935
		CY6A CX6A	4J10	1800	4.0 4.3	MD360935
タウン ボックス	2014.2～ 2015.3	DS64W	K6A	660	2.7 2.8	MQ504532
	2015.3～	DS17W	R06A	660	2.7 2.8	MQ508007
ディグニティ	2012.7～ 2017.1	HGY51	VQ35HR	3500	4.6 4.9	MQ700013

バッテリ (寒冷地仕様)		ワイパーゴム 長さ (mm)		タイヤサイズ		備考
34B19L M-42 (42B19L)	F	600/300	F	155/65-14		
	R	300	R	155/65-14		
K-42	F	600/300	F	165/55-15	155/65-14	ハイブリッド
	R	300	R	165/55-15	155/65-14	
	F	600/300	F	165/55-15	155/65-14	電気自動車
	R	300	R	165/55-15	155/65-14	
34B19L 42B19L M-42	F	500/375	F	165/55-15	155/65-14	
	R	300	R	165/55-15	155/65-14	
K-42	F	500/375	F	155/65-14		ハイブリッド
	R	300	R	155/65-14		
34B19L	F	700	F	145/65-15		電気自動車
	R	300	R	175/55-15		
34B19L	F	700	F	145/65-15		電気自動車
	R	300	R	175/55-15		
Q-85	F	650/450	F	225/55-18		
	R	300	R	225/55-18		
	F	650/450	F	225/55-18		
	R	300	R	225/55-18		
S46B24L	F	650/450	F	225/55-18	215/70-16	プラグイン ハイブリッド
	R	300	R	225/55-18	215/70-16	
Q-85	F	600/500	F	225/55-18	215/70-16	
	R	250	R	225/55-18	215/70-16	
T-110	F	600/500	F	225/55-18	215/70-16	ディーゼル
	R	250	R	225/55-18	215/70-16	
LN2	F	600/500	F	225/55-18		プラグイン ハイブリッド
	R	300	R	225/55-18		
75D23L	F	600/425	F	215/45-18	205/60-16	
	R	—	R	215/45-18	205/60-16	
55D23L (75D23L)	F	600/425	F	215/45-18	205/60-16	
	R	—	R	215/45-18	205/60-16	
Q-85	F	600/425	F	215/45-18	205/60-16	
	R	—	R	215/45-18	205/60-16	
38B20L	F	400/400	F	165/60-14	155/70-13	
	R	350	R	165/60-14	155/70-13	
38B19R	F	425/425	F	165/60-14		
	R	300	R	165/60-14		
80D23L	F	650/475	F	245/50-18		
	R	—	R	245/50-18		

車種	年式	型式	エンジン	排気量 (cc)	エンジンオイル量 +フィルタ量 (ℓ)	オイルフィルタ 純正部品番号
デリカD：2	2011.3〜 2015.12	MB15S	K12B	1200	2.9 3.1	16510-61A01
	2015.12〜 2020.12	MB36S	K12C	1200	3.1 3.3	16510-61A01
		MB46S	K12C	1200	3.1 3.3	16510-61A01
	2020.12〜	MB37S	K12C	1200	3.1 3.3	16510-61A01
デリカD：3	2011.10〜 2019.4	BM20	HR16DE	1600	4.3 4.6	MQ700013
デリカD：5	2007.1〜	CV4W	4B11	2000	4.0 4.3	MD360935
		CV5W	4B12	2400	4.3 4.6	MD360935
		CV1W	4N14	2300	5.6 5.9	MD360935
		CV2W	4J11	2000	4.0 4.3	MD360935
パジェロ	2006.10〜 2019.8	V83W V93W	6G72	3000	4.3 4.6	MD352626
		V87W V97W	6G75	3800	4.6 4.9	MD362626
		V88W V98W	4M41	3200	7.5 8.5	1230A046
プラウディア	2012.7〜 2017.1	BY51	VQ25HR	2500	4.6 4.9	MQ700013
		BKY51 BKNY51	VQ37HR	3700	4.6 4.9	MQ700013
ミラージュ	2012.8〜	A05A	3A90	1000	2.8 3.0	MD360935
		A03A	3A92	1200	2.8 3.0	MD360935
ランサー/ ランサー セディア	2007.10〜 2015.9	CZ4A	4B11	2000	5.3 5.6	MD356000

バッテリ (寒冷地仕様)	ワイパーゴム 長さ (mm)			タイヤサイズ			備考
46B24L	F	500/450	F	165/60-15	165/65-14		
	R	350	R	165/60-15	165/65-14		
N-55	F	550/450	F	165/65-15			ハイブリッド
	R	300	R	165/65-15			
N-55	F	550/450	F	165/65-15			ハイブリッド
	R	300	R	165/65-15			
N-55	F	550/450	F	165/65-15			ハイブリッド
	R	300	R	165/65-15			
80D23R	F	550/400	F	165R14-6PLT			
	R	350	R	165R14-8PLT			
Q-85	F	650/350	F	225/55-18	215/70-16		
	R	350	R	225/55-18	215/70-16		
80D23L	F	650/350	F	225/55-18	215/55-17	215/70-16	
	R	350	R	225/55-18	215/55-17	215/70-16	
95D31L	F	650/350	F	225/55-18			ディーゼル
	R	350	R	225/55-18			
Q-85	F	650/350	F	225/55-18	215/70-16		
	R	350	R	225/55-18	215/70-16		
80D26L	F	550/500	F	265/65-17	265/70-16		
		350		265/65-17	265/70-16		
	F	550/500	F	265/60-18			
		350		265/60-18			
95D31L (80D26L×2)	F	550/500	F	265/60-18	265/65-17		ディーゼル
		350		265/60-18	265/65-17		
80D23L	F	650/475	F	245/50-18			
		—		245/50-18			
	F	650/475	F	245/50-18			
		—		245/50-18			
34B19L Q-85 (55D23L)	F	550/350	F	165/65-14			
		300		165/65-14			
	F	550/350	F	175/55-15			
		300		175/55-15			
S46B24L(S) S6526L	F	600/425	F	245/40-18	205/60-16		エボX
		—		245/40-18	205/60-16		

スバル

車種	年式	型式	エンジン	排気量 (cc)	エンジンオイル量 +フィルタ量 (ℓ)	オイルフィルタ 純正部品番号
BRZ	2012.3~	ZC6	FA20	2000	5.2 5.4	15208-AA130
		ZN8	FA24	2400	4.8 5.0	15208-AA130
WRX S4	2014.8~ 2021.3	VAG	FA20	2000	4.0 4.3	15208-AA100
	2021.11~	VBH	FA24	2400	4.3 4.5	15208-AA100
WRX STI	2014.8~ 2019.10	VAB	EJ20	2000	4.0 4.3	15208-AA100
アウトバック	2009.5~ 2014.10	BRF	EZ36	3600	6.3 6.5	15208-AA031
		BR9	EJ25	2500	4.0 4.2	15208-AA100
		BRM	FB25	2500	4.6 4.8	15208-AA100
	2014.10~ 2021.3	BS9	FB25	2500	4.6 4.8	15208-AA100
	2021.12~	BT5	CB18	1800	4.0 4.2	15208-AA100
インプレッサ インプレッサ XV	2012.10~ 2017.4	GP7	EB20	2000	4.6 4.8	15208-AA100
		GPE	FB20	2000	4.6 4.8	15208-AA100
	2017.5~	GT3	FB16	1600	4.2 4.4	15208-AA100
		GT7	FB20	2000	4.2 4.4	15208-AA100
		GTE	FB20	2000	4.0 4.2	15208-AA100
インプレッサ G4	2012.7~ 2016.10	GJ2 GJ3	FB16	1600	4.8 5.0	15208-AA100
		GJ6 GJ7	EB20	2000	4.8 5.0	15208-AA100
	2016.10~	GK2 GK3	FB16	1600	4.2 4.4	15208-AA100
		GK6 GK7	FB20	2000	4.2 4.4	15208-AA100

バッテリ (寒冷地仕様)	ワイパーゴム 長さ (mm)			タイヤサイズ				備考
34B19R 55D23R	F	550/500	F	215/40-18	215/45-17	205/55-16		
	R	—	R	215/40-18	215/45-17	205/55-16		
55D23R	F	550/500	F	215/40-18	215/45-17	205/55-16		
	R	—	R	215/40-18	215/45-17	205/55-16		
55D23L	F	650/400	F	225/45-18				
	R	400	R	225/45-18				
Q85	F	純正品使用	F	245/40-18				
	R	350	R	245/40-18				
55D23L	F	650/400	F	255/35-19	225/45-18			
	R	400	R	255/35-19	225/45-18			
95D26R	F	650/475	F	225/60-17				
	R	350	R	225/60-17				
55D23R 65D23R	F	650/475	F	225/45-18	225/50-17	225/60-17	205/60-16	
	R	350	R	225/45-18	225/50-17	225/60-17	205/60-16	
Q85R 65D23R	F	650/475	F	225/55-18	225/60-17			
	R	350	R	225/55-18	225/60-17			
Q85R	F	650/425	F	225/60-18	225/65-17			
	R	純正品使用	R	225/60-18	225/65-17			
Q85	F	純正品使用	F	225/60-18				
	R	400	R	225/60-18				
Q85 55D23L	F	600/400	F	225/55-17				
	R	400	R	225/55-17				
N-55R 55D23L	F	600/400	F	215/50-17	225/55-17			ハイブリッド
	R	400	R	215/50-17	225/55-17			
Q85	F	純正品使用	F	225/60-17				
	R	300	R	225/60-17				
Q85	F	純正品使用	F	225/55-18	225/60-17			
	R	300	R	225/55-18	225/60-17			
N-55R 55D23L	F	純正品使用	F	225/55-18	225/60-17			ハイブリッド
	R	300	R	225/55-18	225/60-17			
Q85 55D23L	F	600/400	F	195/65-15				
	R	400	R	195/65-15				
	F	600/400	F	205/50-17	205/55-16			
	R	400	R	205/50-17	205/55-16			
Q85	F	650/400	F	205/55-16				
	R	350	R	205/55-16				
Q85	F	650/400	F	225/40-18	205/50-17			
	R	350	R	225/40-18	205/50-17			

車種	年式	型式	エンジン	排気量 (cc)	エンジンオイル量 +フィルタ量 (ℓ)	オイルフィルタ 純正部品番号
インプレッサ スポーツ	2011.12〜 2016.10	GP2 GP3	FB16	1600	4.8 5.0	15208-AA100
		GP6 GP7	EB20	2000	4.8 5.0	15208-AA100
	2016.10〜	GT2 GT3	FB16	1600	4.2 4.4	15208-AA100
		GT6 GT7	FB20	2000	4.2 4.4	15208-AA100
エクシーガ	2008.6〜 2018.3	YA4 YA5	EJ204 EJ205	2000	4.0 4.2	15208-AA100
		YA9	EJ253	2500	4.0 4.2	15208-AA100
		YAM	FB25	2500	4.6 4.8	15208-AA100
クロストレック	2022.9〜	GUD GUE	FB20	2000	4.0 4.2	1 5208-AA100
シフォン	2016.12〜	LA600F LA610F	KF	660	2.7 2.9	15601-97202
ジャスティ	2016.11〜	M900F M910F	1KR-FE	1000	2.9 3.1	04152-40060
ステラ	2011.5〜 2014.12	LA100 LA110	KF	660	2.7 2.9	15601-97202
	2014.12〜	LA150 LA160	KF	660	2.7 2.9	15601-97202
ソルテラ	2022.5〜	XEAM10X XEAM15X	—	—	—	—
ディアス ワゴン	2009.9〜 2020.4	S321N S331N	KF-DET	660	3.0 3.2	15601-97202
デックス	20.11〜 24.11	M401F M411F	K3-VE	1300	2.8 3.1	04152-40060
トレジア	2010.11〜 2016.3	NSP100	1NR-FE	1300	3.2 3.4	04152-40060
		NCP120 NCP125	1NZ-FE	1500	3.4 3.7	90915-10003
フォレスター	2012.11〜 2018.7	SJ5	FB20	2000	4.6 4.8	15208-AA100
		SJG	FA20	2000	4.9 5.1	15208-AA100
	2018.7〜	SK9	FB25	2500	4.0 4.2	15208-AA100
		SKE	FB20	2000	4.0 4.2	15208-AA100
		SK5	CB18	1800	4.0 4.2	15208-AA100

バッテリ (寒冷地仕様)	ワイパーゴム 長さ (mm)		タイヤサイズ		備考
Q-85 55D23L	F	600/400	F	205/55-16 195/65-15	
	R	400	R	205/55-16 195/65-15	
	F	600/400	F	205/50-17 205/55-16	
	R	400	R	205/50-17 205/55-16	
Q-85	F	650/400	F	205/55-16	
	R	300	R	205/55-16	
Q-85	F	650/400	F	225/40-18 205/50-17	
	R	300	R	225/40-18 205/50-17	
65D23L	F	600/450	F	215/50-17 205/60-16	
	R	350	R	215/50-17 205/60-16	
	F	600/450	F	215/50-17	
	R	350	R	215/50-17	
Q-85 65D23L	F	600/450	F	215/45-18 215/50-17	
	R	350	R	215/45-18 215/50-17	
75D23L N-55	F	純正品使用	F	225/55-18 225/60-17	ハイブリッド
	H	純正品使用	R	225/55-18 225/60-17	
M-42	F	475/450	F	165/55-15 155/65-14	
	R	350	R	165/55-15 155/65-14	
M-42	F	525/475	F	175/55-15 165/65-14	
	R	350	R	175/55-15 165/65-14	
26B17L 34B19L 44B20L M-42	F	550/350	F	165/55-15 155/65-14	
	R	300	R	165/55-15 155/65-14	
M-42	F	600/350	F	165/55-15 155/65-14	
	R	300	R	165/55-15 155/65-14	
LN1	F	純正品使用	F	235/50-20 235/60-18	電気自動車
	R	—	R	235/50-20 235/60-18	
44B20L	F	500/350	F	165/65-13	
	R	350	R	165/65-13	
44B20L	F	500/475	F	185/55-15 175/65-14	
	R	300	R	185/55-15 175/65-14	
46B24L	F	700	F	175/60-16	
	R	300	R	175/60-16	
Q-55	F	700	F	185/60-16 175/60-16	
	R	300	R	185/60-16 175/60-16	
Q-85 55D23L	F	650/425	F	225/55-18 225/60-17	
	R	350	R	225/55-18 225/60-17	
	F	650/425	F	245/45-19 225/55-18	
	R	350	R	245/45-19 225/55-18	
Q-85	F	純正品使用	F	225/55-18 225/60-17	
	R	350	R	225/55-18 225/60-17	
N-55R 55D23L	F	純正品使用	F	225/55-18	ハイブリッド
	R	350	R	225/55-18	
Q-85	F	純正品使用	F	225/55-18	
	R	350	R	225/55-18	

車種	年式	型式	エンジン	排気量 (cc)	エンジンオイル量 +フィルタ量 (ℓ)	オイルフィルタ 純正部品番号
プレオ プラス	2012.12〜 2017.5	LA300F LA310F	KF	660	2.7 2.9	15601-97202
	2017.5〜	LA350F LA360F	KF	660	2.7 2.9	15601-97202
ルクラ	2010.4〜 2015.5	L455F L465F	KF-VE/ VET	660	2.7 2.9	15601-97202
レガシィ B4	2009.5〜 2014.10	BM9	EJ253 EJ255	2500	4.0 4.2	15208-AA100
		BMG	FA20	2000	4.9 5.1	15208-AA100
		BMM	FB25	2500	4.6 4.8	15208-AA100
	2014.10〜 2020.8	BN9	FB25	2500	4.6 4.8	15208-AA100
レガシィ ツーリング ワゴン	2009.5〜 2014.10	BR9	EJ253 EJ255	2500	4.0 4.2	15208-AA100
		BRF	EZ36D	3600	6.3 6.5	15208-AA031
		BRG	FA20	2000	4.9 5.1	15208-AA100
		BRM	FB25	2500	4.6 4.8	15208-AA100
レヴォーグ	2014.6〜 2020.10	VM4	FB16	1600	4.9 5.1	15208-KA000
		VMG	FA20	2000	4.9 5.1	15208-KA000
	2020.10〜	VN5	CB18	1800	4.0 4.2	15208-AA100
		VNH	FA24	2400	4.0 4.2	15208-AA100

バッテリ (寒冷地仕様)	ワイパーゴム 長さ (mm)			タイヤサイズ	備考
28B17L 44B20L	F	500/350	F	155/65-14	
	R	275	R	155/65-14	
M-42	F	純正品使用	F	155/65-14 175/70-13	
	R	純正品使用	R	155/65-14 175/70-13	
36B17L 34B19L 44B20L	F	550/350	F	165/55-15 145/80-13	
	R	300	R	165/55-15 145/80-13	
55D23R 65D23R	F	650/475	F	225/45-18 225/50-17 205/60-16	
	R	400	R	225/45-18 225/50-17 205/60-16	
Q-85R 65D23R	F	650/475	F	225/45-18	
	R	400	R	225/45-18	
Q-85R 65D23R	F	650/475	F	225/45-18 215/50-17 205/60-16	
	R	400	R	225/45-18 215/50-17 205/60-16	
Q-85R	F	650/425	F	225/50-18 225/55-17	
	R	400	R	225/50-18 225/55-17	
55D23R 65D23R	F	600/450	F	225/45-18 225/60-17 205/60-16	
	R	350	R	225/45-18 225/60-17 205/60-16	
55D23R	F	650/475	F	225/60-17	
	R	350	R	225/60-17	
Q-85R 65D23R	F	650/475	F	225/45-18	
	R	400	R	225/45-18	
Q-85R 65D23R	F	650/475	F	225/45-18 215/50-17 205/60-16	
	R	400	R	225/45-18 215/50-17 205/60-16	
Q-85	F	650/400	F	225/45-18 215/50-17	
	R	350	R	225/45-18 215/50-17	
55D23L	F	650/400	F	225/45-18	
	R	350	R	225/45-18	
Q-85	F	純正品使用	F	225/45-18 215/50-17	
	R	350	R	225/45-18 215/50-17	
Q-85	F	純正品使用	F	225/40-19 225/45-18	
	R	350	R	225/40-19 225/45-18	

スズキ

車種	年式	型式	エンジン	排気量 (cc)	エンジンオイル量 +フィルタ量 (ℓ)	オイルフィルタ 純正部品番号
MRワゴン	2011.1〜 2016.3	MF33S	R06A	660	2.7 2.9	16510-81403
SX4	2006.7〜 2014.11	YA11S YB11S	M15A	1500	3.7 3.9	16510-61A02
		YA41S YB41S	J20A	2000	4.3 4.5	16510-61A02
		YC11S	M15A	1500	3.7 3.9	16510-61A02
SX4 Sクロス	2015.2〜 2020.12	YA22S YB22S	M16A	1600	3.7 3.9	16510-61A31
アルト	2009.12〜 2014.12	HA25S	K6A	660	2.7 2.9	16510-81403
	2014.12〜 2021.12	HA36	R06A	660	2.6 2.8	16510-84M00
	2021.12〜	HA37S	R06A	660	2.4 2.6	16510-84M00
		HA97S	R06D	660	2.2 2.4	16510-84M00
アルトエコ	2011.12〜 2014.12	HA35S	R06A	660	2.6 2.8	16510-81403
アルト ラパン	2008.11〜 2015.6	HE22S	K6A	660	2.7 2.9	16510-81403
	2015.6〜	HE33S	R06A	660	2.4 2.6	16510-84M00
イグニス	2016.2〜	FF1S	K12C	1200	3.1 3.3	16510-61A01
エスクード	2005.5〜	TD54W	J20A	2000	5.0 5.2	15610-61A01
		TD94W	H27A	2700	4.3 4.8	16510-61A20
		TA74W	M16A	1600	4.0 4.2	16510-61A02
		TDA4W	J24B	2400	4.6 4.8	15610-61A01
		TDB4W	N32A	3200	5.5 6.0	16510-78J01
	2015.10〜	YD21S YE21S	M16A	1600	3.7 3.9	16510-61A31
		YEA1S	K14C	1400	3.1 3.3	16510-81404
		YEH1S	K15C	1500	3.1 3.3	16510-81404
エブリィ	2005.8〜 2015.2	DA64W	K6A	660	2.8 3.0	16510-81403 16510-82703
	2015.2〜	DA17W	R06A	660	3.7 3.9	16510-84M00

バッテリ (寒冷地仕様)	ワイパーゴム 長さ (mm)		タイヤサイズ		備考
38B20R M-42R	F	500/425	F	155/65-14　145/80-13	
	R	350	R	155/65-14　145/80-13	
46B24R	F	650/350	F	205/60-16	
	R	250	R	205/60-16	
55B24R	F	650/350	F	205/50-17	
	R	250	R	205/50-17	
46B24R	F	650/350	F	195/65-15	
	R	250	R	195/65-15	
LB1	F	純正品使用	F	205/50-17	
	R	純正品使用	R	205/50-17	
38B20L	F	500/350	F	145/80-13	
	R	400	R	145/80-13	
38B19R K42-R	F	500/350	F	165/55-15　145/80-13	
	R	275	R	165/55-15　145/80-13	
K 42R	F	450/450	F	155/65-14	
	R	275	R	155/65-14	
K-42R	F	450/450	F	155/65-14	ハイブリッド
	R	275	R	155/65-14	
M-42R	F	500/350	F	145/80-13	
	R	—	R	145/80-13	
38B20L	F	450/450	F	155/65-14	
	R	300	R	155/65-14	
38B19R K42-R	F	450/450	F	155/65-14	
	R	250	R	155/65-14	
N-55	F	525/450	F	175/60-16　175/65-15	ハイブリッド
	R	300	R	175/60-16　175/65-15	
55D23L	F	475/475	F	225/65-17　225/70-16	
	R	305	R	225/65-17　225/70-16	
	F	475/475	F	225/65-17	
	R	305	R	225/65-17	
55B24L	F	475/475	F	225/70-16	
	R	305	R	225/70-16	
55D23L	F	475/475	F	225/65-17	
	R	305	R	225/65-17	
	F	475/475	F	225/60-18	
	R	305	R	225/60-18	
L2	F	純正品使用	F	215/55-17	
	R	純正品使用	R	215/55-17	
LN2	F	600/400	F	215/55-17	
	R	250	R	215/55-17	
LN2	F	600/400	F	215/55-17	ハイブリッド
	R	250	R	215/55-17	
38B20L 55B24L	F	400/400	F	165/60-14　155/70-13	
	R	350	R	165/60-14　155/70-13	
38B19R	F	425/425	F	165/60-14　155/70-13	
	R	300	R	165/60-14　155/70-13	

車種	年式	型式	エンジン	排気量 (cc)	エンジンオイル量 +フィルタ量 (ℓ)	オイルフィルタ 純正部品番号	
キザシ	2009.10〜 2015.11	RE91S RF91S	J24A	2400	4.3 4.5	16510-61A30	
クロスビー	2017.12〜	MN71S	K10C	1000	2.7 2.9	16510-81420	
ジムニー	1998.10〜 2018.7	JB23W	K6A	660	2.8 3.0	16510-81403	
	2018.7〜	JB64W	R06A	660	2.6 2.8	16510-84M00	
ジムニー シエラ	2002.1〜 2018.7	JB43W	M13A	1300	3.8 4.0	16510-61A01	
	2018.7〜	JB74W	K15B	1500	3.4 3.6	16510-81404	
スイフト	2010.9〜 2017.1	ZC72S ZD72S	K12B	1200	2.9 3.1	16510-81403	
		ZC32S	M16A	1600	3.7 3.9	16510-61A01	
	2017.1〜	ZC13S	K10C	1000	2.7 2.9	16510-81420	
		ZC83S ZD83S	K12C	1200	3.1 3.3	16510-84M00	
		ZC53S ZD53S	K12C	1200	3.1 3.3	16510-84M00	
		ZC43S	K12C	1200	3.1 3.3	16510-84M00	
		ZC33S	K14C	1400	3.1 3.3	16510-81404	
スプラッシュ	2008.10〜 2014.8	XB32S	K12B	1200	3.2 3.4	16510-81403	
スペーシア	2013.3〜 2017.12	MK32S	R06A	660	2.6 2.8	16510-81403	
	2017.12〜	MK53S	R06A	660	2.4 2.6	16510-81403	
ソリオ	2011.1〜 2015.8	MA15S	K12B	1200	2.9 3.1	16510-61A01	
	2015.8〜	MA26S	K12C	1200	3.1 3.3	16510-61A01	
		MA36S	K12C	1200	3.1 3.3	16510-61A01	
		MA46S	K12C	1200	3.1 3.3	16510-84M00	
	2020.12〜	MA27S	K12C	1200	3.1 3.3	16510-84M00	
		MA37S MA47S	K12C	1200	3.1 3.3	16510-84M00	

バッテリ (寒冷地仕様)	ワイパーゴム 長さ (mm)			タイヤサイズ	備考
75D23L	F	600/500	F	235/45-18	
	R	—	R	235/45-18	
N-55	F	450/450	F	175/60-16	ハイブリッド
	R	275	R	175/60-16	
38B20R 55B24R	F	450/400	F	175/80-16	
	R	300	R	175/80-16	
55B24L	F	400/400	F	175/80-16	
	R	300	R	175/80-16	
55B24R	F	450/400	F	205/70-15	
	R	300	R	205/70-15	
55B24L	F	400/400	F	195/80-15	
	R	300	R	195/80-15	
46B24L	F	550/425	F	185/55-16　175/65-15	
	R	250	R	185/55-16　175/65-15	
	F	550/425	F	195/45-17	
	R	250	R	195/45-17	
46B24L	F	500/475	F	185/55-16	
	R	200	R	185/55-16	
46B24L	F	500/475	F	185/55-16　175/65-15	
	R	200	R	185/55-16　175/65-15	
N-55	F	500/475	F	185/55-16	ハイブリッド
	R	200	R	185/55-16	
N-55	F	500/475	F	185/55-16　175/65-15	ハイブリッド
	R	200	R	185/55-16　175/65-15	
46B24L	F	500/475	F	195/45-17	
	R	200	R	195/45-17	
544-116-042	F	550/400	F	185/60-15	
	R	250	R	185/60-15	
M-42R	F	500/425	F	165/55-15　155/65-14	
	R	300	R	165/55-15　155/65-14	
K-42R	F		F	155/65-14	ハイブリッド
	R		R	155/65-14	
46B24L	F	500/450	F	165/65-14	
	R	350	R	165/65-14	
46B24L	F	550/450	F	165/70-14	
	R	300	R	165/70-14	
N-55	F	550/450	F	165/65-15	ハイブリッド
	R	300	R	165/65-15	
N-55	F	550/450	F	165/65-15	ハイブリッド
	R	300	R	165/65-15	
46B24L	F	550/450	F	165/70-14	
	R	300	R	165/70-14	
N-55	F	550/450	F	165/65-15	
	R	300	R	165/65-15	

車種	年式	型式	エンジン	排気量 (cc)	エンジンオイル量 +フィルタ量 (ℓ)	オイルフィルタ 純正部品番号	
ハスラー	2015.5〜 2020.1	MR31S MR41S	R06A	660	2.6 2.8	16510-84M00	
	2020.1〜	MR52S MR92S	R06D	660	2.4 2.6	16510-84M00	
バレーノ	2016.3〜 2020.7	WB32S	K12C	1200	3.1 3.3	16510-61A01	
		WB42S	K10C	1000	2.7 2.9	16510-61A01	
ランディ	2010.12〜 2016.8	SC26	MR20DD	2000	3.6 3.8	16510-50Z00	
		HC26	MR20DD	2000	3.6 3.8	16510-50Z00	
	2016.12〜 2022.8	C27	MR20	2000	3.6 3.8	16510-50Z00	
	2022.8〜	ZWR90C ZWR95C	2ZR-FXE	1800	3.9 4.3	04152-37010 （トヨタ品番）	
		MZRA90C MZRA95C	M20A-FKS	2000	3.9 4.3	90915-10009 （トヨタ品番）	
ワゴンR	2012.9〜 2017.2	MH34S	R06A	660	2.7 2.9	16510-81403	
	2017.2〜	MH35S MH85S	R06A	660	2.4 2.6	16510-84M00	
		MH55S MH95S	R06A	660	2.4 2.6	16510-84M00	
ワゴンR スマイル	2021.9〜	MX81S	R06D	660	2.2 2.4	16510-84M00	
		MX91S	R06D	660	2.2 2.4	16510-84M00	

バッテリ (寒冷地仕様)	ワイパーゴム 長さ (mm)			タイヤサイズ	備考
38B19R K-42R	F R	400/425 275	F R	165/60-15 165/60-15	
K-42R	F R	400/425 250	F R	165/60-15 165/60-15	ハイブリッド
55B24L	F R	525/450 300	F R	175/65-15 175/65-15	
	F R	525/450 300	F R	185/55-16 185/55-16	
55B24L S-95	F R	650/300 350	F R	195/65-15 195/65-15	
K-42 S-95	F R	650/300 350	F R	195/60-16 195/65-15 195/60-16 195/65-15	ハイブリッド
55B24L	F R	600/350 300	F R	195/65-15 195/65-15	
LN2	F R	600/350 350	F R	205/60-16 205/60-16	ハイブリッド
LN2	F R	600/350 350	F R	205/60-16 205/60-16	
38B19R K42-R	F R	500/375 300	F R	155/65-14 155/65-14	
38B19R	F R	525/375 300	F R	155/65-14 155/65-14	
K-42R	F R	525/375 300	F R	165/55-15 155/65-14 165/55-15 155/65-14	ハイブリッド
K-42R	F R	475/450 純正品使用	F R	155/65-14 155/65-14	
K-42R	F R	475/450 純正品使用	F R	155/65-14 155/65-14	ハイブリッド

ダイハツ

車種	年式	型式	エンジン	排気量 (cc)	エンジンオイル量 +フィルタ量 (ℓ)	オイルフィルタ 純正部品番号
アトレー	2005.5～ 2021.12	S320G S330G	EF-DET	660	2.7 2.9	15601-87204
		S321G S331G	KF-DET	660	3.0 3.2	15601-97202
	2021.12～	S700 S710	KF	660	3.2 3.4	15601-B2030-000
アトレー 7	2000.7～ 2004.12	S221G S231G	K3-VE	1300	3.1 3.4	15601-87204
アルティス	2001.9～ 2006.1	ACV30N ACV35N	2AZ-FE	2400	4.1 4.3	90915-10004
	2006.1～ 2010.2	ACV40N ACV45N	2AZ-FE	2400	4.1 4.3	90915-10004
	2010.5～ 2017.7	AVV50N	2AR-FXE	2500	4.0 4.4	04152-31090
	2017.7～	AXVH 70N	A25A-FXS	2500	4.2 4.5	90915-10009-000
ウェイク	2014.11～ 2022.8	LA700S LA710S	KF-VE	660	2.7 2.9	15601-97202
キャスト	2015.9～	LA250S LA260S	KF	660	2.7 2.9	15601-B2030
コペン	2014.6～	LA400K	KF-VE	660	2.7 2.9	15601-97202
ストーリア	1998.2～ 2004.6	M100S M110S	EJ-DE EJ-VE	1000	2.1 2.3	15601-87204
		M101S M111S	K3-VE K3-VE2	1300	3.3 3.6	15601-87204
		M112S	JC-DET	700	2.5 2.7	15601-87703
ソニカ	2006.6～ 2009.5	L405S L415S	KF-DET	660	2.7 2.9	15601-97202
タフト	2020.6～	LA900S LA910S	KF	660	3.1 3.3	15601-B2030-000
タント	2013.10～ 2019.7	LA600S LA610S	KF-VE	660	2.7 2.9	15601-87204
	2019.7～	LA650S LA660S	KF	660	3.1 3.3	15601-B2030-000
タント エクゼ	2009.12～ 2014.10	L455S L465S	KF-VE	660	2.7 2.9	15601-97202
トール	2016.11～	M900S M910S	1KR-FE	1000	2.9 3.1	04152-B1010
ビーゴ	2006.1～ 2016.3	J200G J210G	3SZ-VE	1500	2.9 3.2	15601-97202

バッテリ (寒冷地仕様)	ワイパーゴム 長さ (mm)		タイヤサイズ			備考
26B17L (44B20L)	F 500/350 R 350	F R	165/65-13 165/65-13			
	F 500/350 R 350	F R	165/65-13 165/65-13			
M-42 N-55	F 500/350 R 350	F R	145/80-12 145/80-12			
34B19L (38B20L 42B19L)	F 475/375 R 375	F R	175/65-14 175/65-14			
55D23L	F 600/480 R —	F R	205/65-15 205/65-15			
55D23L	F 600/480 R —	F R	205/65-15 205/65-15			
S55D23R	F 650/450 R —	F R	215/55-17 215/60-16 215/55-17 215/60-16			ハイブリッド
LN2	F 650/500 R —	F R	215/55-17 215/55-17			
M-42	F 475/475 R 300	F R	165/55-15 155/65-14 165/55-15 155/65-14			
M-42	F 550/350 R 275	F R	165/50-16 165/55-15 165/60-15 165/50-16 165/55-15 165/60-15			
34B19L M-42 (44B20L)	F 425/450 R —	F R	165/50-16 165/50-16			
34B19L 36B20L (38B20L 44B20L)	F 475/450 R 300 F 475/450 R 300	F R F R	165/65-14 165/70-13 145/80-13 165/65-14 165/70-13 145/80-13 175/60-14 165/65-14 165/70-13 145/80-13 175/60-14 165/65-14 165/70-13 145/80-13			
38B20L	F 475/450 R 300	F R	165/65-14 165/65-14			
44B20L	F 600/350 R 300	F R	165/55-15 155/65-14 165/55-15 155/65-14			
M-42	F 400/425 R 275	F R	165/65-15 165/65-15			
M-42	F 475/450 R 350	F R	165/55-15 155/65-14 165/55-15 155/65-14			
M-42	F 475/475 R 350	F R	155/65-14 155/65-14			
36B17L 34B19L 44B20L	F 550/350 R 300	F R	165/55-15 155/65-14 145/80-13 165/55-15 155/65-14 145/80-13			
M-42	F 525/475 R 350	F R	175/55-15 165/65-14 175/55-15 165/65-14			
34B19L (44B20L)	F 525/450 R 300	F R	215/65-16 215/65-16			

車種	年式	型式	エンジン	排気量 (cc)	エンジンオイル量 +フィルタ量 (ℓ)	オイルフィルタ 純正部品番号	
ブーン	2010.2〜 2016.4	M600S M610S	1KR-FE	1000	2.9 3.1	04152-40060	
		M601S	1NR-FE	1300	3.4 3.6	04152-40060	
	2016.4〜	M700S M710S	1KR-FE	1000	2.9 3.1	04152-40060	
ミラ	2006.12〜	L275S L285S	KF-VE	660	2.7 2.9	15601-97202	
ミラ イース	2011.9〜 2017.5	LA300S LA310S	KF-VE	660	2.7 2.9	15601-97202 15601-87703	
	2017.5〜	LA350S LA360S	KF-VE	660	2.7 2.9	15601-B2030	
ミラ ココア	2009.8〜 2018.3	L675S L685S	KF-VE	660	2.7 2.9	15601-97202	
ミラ トコット	2018.6〜	LA550S LA560S	KF-VE	660	2.7 2.9	15601-B2030	
ムーヴ	2010.12〜 2014.12	LA100S LA110S	KF-VE	660	2.7 2.9	15601-97202	
	2014.12〜	LA160S	KF-VE	660	2.7 2.9	15601-87204	
ムーヴ キャンバス	2017.9〜	LA800S LA810S	KF-VE	660	2.7 2.9	15601-82030	
	2022.7〜	LA850S LA860S	KF	660	3.1 3.3	15601-B2030-000	
ムーヴ コンテ	2008.8〜 2017.3	L575S L585S	KF-VE	660	2.7 2.9	15601-97202	
メビウス	2013.4〜 2021.2	ZVW41N	2ZR-FXE	1800	3.9 4.2	04152-37010	
ロッキー	2019.11〜	A200S A210S	1KR-VET	1000	2.9 3.1	04152-B1010-000	
		A201S A202S	WA-VEX	1200	3.2 3.4	04152-B1010-000	

バッテリ (寒冷地仕様)		ワイパーゴム 長さ (mm)			タイヤサイズ	備考
34B19L 44B20L	F	525/425	F	165/70-14 155/80-13	
	R	350	R	165/70-14 155/80-13	
34B19L 44B20L	F	525/425	F	165/70-14	
	R	350	R	165/70-14	
M-42	F	550/400	F	165/65-14	
	R	275	R	165/65-14	
28B17L 44B20L	F	550/300	F	165/55-15 155/65-14 145/80-13	
	R	300	R	165/55-15 155/65-14 145/80-13	
M-42	F	500/350	F	155/65-14	
	R	275	R	155/65-14	
M-42	F	450/450	F	155/65-14	
	R	純正品使用	R	155/65-14	
26B17L 34B19L 44B20L	F	450/450	F	155/65-14 145/80-13	
	R	300	R	155/65-14 145/80-13	
M-42	F	450/450	F	155/65-14	
	R	純正品使用	R	155/65-14	
26B17L 34B19L 44B20L M-42	F	550/350	F	165/50-16 165/55-15 155/65-14	
	R	300	R	165/50-16 165/55-15 155/65-14	
M-42	F	純正品使用	F	165/55-15 155/65-14	
	R	300	R	165/55-15 155/65-14	
M-42	F	450/450	F	155/65-14	
	R	300	R	155/65-14	
M-42	F	450/450	F	155/65-14	
	R	300	R	155/65-14	
26B17L 44B20L	F	450/450	F	165/55-15 155/65-14 145/80-13	
	R	300	R	165/55-15 155/65-14 145/80-13	
S34B20R S46B24R	F	700/350	F	215/50-17 205/60-16	ハイブリッド
	R	275	R	215/50-17 205/60-16	
M-42	F	525/375	F	195/65-15	
	R	275	R	195/65-15	
M-42	F	525/375	F	195/65-15	ハイブリッド
	R	275	R	195/65-15	

MEMO

付録11　タイヤのインチ・アップ対応一覧

< ご注意 >

・本表は、標準タイヤサイズを基準に、偏平率がより小さい
　サイズへと変更する際の標準的な対応サイズを示したもの
　であり、対応サイズ間では対応の可否は判断できません。
　また、タイヤの規格面より作成したため、すべてのケース
　に対応可能を意味するものではありません。

・装着にあたり、道路運送車両の保安基準に適合（車体との
　接触や、回転部分の突出がない等）することを確認してく
　ださい。

・平成19年1月1日以降に製作された自動車の対応サイズ
　は、ゴシック太字で表記されたタイヤのみとなります。

・平成18年12月31日以前に製作された自動車の対応サイ
　ズは、表内の全てのサイズが対象となります。

偏平率45タイヤから偏平率40.35.30タイヤへの変更		
標準装着サイズ （タイヤ幅/偏平率-タイヤ内径）	対応サイズ	
	40	35・30
16インチ		
195/45-16	205/40-17	
205/45-16	215/40-17	
245/45-16	255/40-17	
17インチ		
195/45-17	215/40-17	
205/45-17	245/40-17 255/40-17 215/40-18	
215/45-17	245/40-17 255/40-17 225/40-18 235/40-18	255/35-18
225/45-17	245/40-17 255/40-17 235/40-18	255/35-18
235/45-17	255/40-17 245/40-18 255/40-18	
245/45-17	255/40-18	
18インチ		
215/45-18	235/40-18 245/40-18 255/40-18 225/40-19 235/40-19	255/35-18 245/35-19 255/35-19 265/35-19
225/45-18	235/40-18 245/40-18 255/40-18 225/40-19	255/35-19 265/35-19 275/35-19
235/45-18	255/40-18 245/40-19 255/40-19	265/35-19 275/35-19 285/35-19 295/30-20
245/45-18	255/40-19	275/35-19 275/35-19 285/35-19 295/30-20 305/30-20

偏平率40タイヤから偏平率35.30タイヤへの変更	
標準装着サイズ (タイヤ幅/偏平率-タイヤ内径)	対応サイズ 35・30
18インチ	
215/40-18	255/35-18
225/40-18	255/35-18 245/35-19
235/45-18	255/35-19
245/45-18	265/35-19 275/35-19
255/40-18	275/35-19
19インチ	
225/40-19	245/35-19 255/35-19 265/35-19 275/35-19 285/35-19
235/40-19	255/35-19 265/35-19 275/35-19 285/35-19 255/35-20 295/30-20
245/40-19	265/35-19 275/35-19 285/35-19 265/35-20 295/30-20 305/30-20
255/40-19	275/35-19 285/35-19 285/35-20 295/30-20 305/30-20
20インチ	
245/40-20	265/35-20 285/35-20 295/30-20 305/30-20
255/40-20	285/35-20 295/30-20 305/30-20

偏平率45タイヤから偏平率40.35.30タイヤへの変更		
標準装着サイズ （タイヤ幅/偏平率-タイヤ内径）	対応サイズ	
	40	35・30
19インチ		
225/45-19	235/40-19 245/40-19 255/40-19 245/40-20	255/35-19 265/35-19 275/35-19 285/35-19 255/35-20 265/35-20 295/30-20 305/30-20
245/45-19		285/35-19 285/35-20 305/30-20

偏平率35タイヤから偏平率30タイヤへの変更	
標準装着サイズ （タイヤ幅/偏平率-タイヤ内径）	対応サイズ 30
19インチ	
265/35-19	295/30-20
275/35-19	295/30-20 305/30-20
285/35-19	305/30-20
20インチ	
255/35-20	295/30-20 305/30-20
265/35-20	295/30-20 305/30-20

偏平率50タイヤから偏平率45.40.35.30タイヤへの変更		
標準装着サイズ (タイヤ幅/偏平率-タイヤ内径)	対応サイズ	
	45	40
15インチ		
195/50-15	205/45-16	
205/50-15	215/45-16	
225/50-15	245/45-16	
16インチ		
165/50-16	195/45-16	
195/50-16	215/45-16 205/45-17	
205/50-16	245/45-16 215/45-17	
215/50-16	245/45-16 225/45-17	245/40-17 255/40-17
225/50-16	245/45-16 235/45-17	255/40-17
17インチ		
205/50-17	225/45-17 235/45-17 245/45-17	245/40-17 255/40-17 235/40-18
215/50-17	225/45-17 235/45-17 245/45-17 225/45-18	245/40-17 255/40-17 235/40-18 245/40-18
225/50-17	235/45-17 245/45-17 235/45-18 245/45-18	255/40-17 255/40-18
235/50-17	245/45-18	
18インチ		
225/50-18	245/45-18	255/40-18 255/40-19
235/50-18	245/45-19	
245/50-18		

35・30	
255/35-18	
255/35-18	
265/35-19	
275/35-19	
275/35-19	
275/35-19	
285/35-19	
265/35-20	
295/30-20	
305/30-20	
285/35-19	
295/30-20	
305/30-20	
285/35-20	

偏平率55タイヤから偏平率50.45.40.35.30タイヤへの変更

標準装着サイズ (タイヤ幅/偏平率-タイヤ内径)	対応サイズ		
	50	45	
14インチ			
165/55-14	165/50-15		
195/55-14	195/50-16 205/50-15		
15インチ			
165/55-15	195/50-15 165/50-16		
175/55-15	195/50-16 205/50-15	195/45-16	
185/55-15	195/50-15 205/50-15 215/50-15 195/50-16	205/45-16	
195/55-15	205/50-15 215/50-15 225/50-15 195/50-16 205/50-16	215/45-16	
205/55-15	215/50-15 225/50-15 205/50-16 215/50-16	245/45-16	
215/55-15	225/50-15 215/50-16 225/50-16	245/45-16	
16インチ			
185/55-16	195/50-16 205/50-16 215/50-16	205/45-16 215/45-16 245/45-16 205/45-17	
195/55-16	205/50-16 215/50-16 225/50-16 205/50-17	215/45-16 245/45-16 215/45-17	
205/55-16	215/50-16 225/50-16 245/50-16 205/50-17 215/50-17	245/45-16 225/45-17 235/45-17	

415

	40	35・30
	245/40-17	
	215/40-17	
	245/40-17	
	245/40-17 255/40-17 235/40-18	255/35-18

偏平率55タイヤから偏平率50.45.40.35.30タイヤへの変更

標準装着サイズ （タイヤ幅/偏平率-タイヤ内径）	対応サイズ		
	50	45	
215/55-16	225/50-16 245/50-16 215/50-17 225/50-17	245/45-16 225/45-17 235/45-17 245/45-17	
225/55-16	245/50-16 225/50-17 235/50-17	245/45-16 235/45-17 245/45-17	
17インチ			
205/55-17	215/50-17 225/50-17 235/50-17	225/45-17 235/45-17 245/45-17 225/45-18 235/45-18	
215/55-17	225/50-17 235/50-17 225/50-18	235/45-17 245/45-17 235/45-18 245/45-18	
225/55-17	235/50-17 225/50-18 235/50-18	245/45-17 245/45-18	
18インチ			
205/55-18	225/50-18 235/50-18 245/50-18	225/45-18 235/45-18 245/45-18 225/45-19	
215/55-18	225/50-18 235/50-18 245/50-18	235/45-18 245/45-18 245/45-19	
225/55-18	235/50-18 245/50-18	245/45-19	
235/55-18	245/50-18		

40	35 · 30
245/40-17 255/40-17 235/40-18 245/40-18	
255/40-17 255/40-18	
245/40-17 255/40-17 235/40-18 245/40-18 255/40-18	255/35-19
255/40-17 245/40-18 255/40-18	265/35-19 275/35-19
255/40-18 255/40-19	275/35-19 285/35-19 295/30-20
235/40-18 245/40-18 255/40-18 235/40-19 245/40-19 255/40-19	255/35-19 265/35-19 275/35-19 285/35-19 255/35-20 265/35-20 295/30-20 305/30-20
255/40-18 245/40-19 255/40-19 245/40-20	265/35-19 275/35-19 285/35-19 265/35-20 295/30-20 305/30-20
	285/35-19 285/35-20 295/30-20 305/30-20
	285/35-20

偏平率55タイヤから偏平率50.45.40.35.30タイヤへの変更			
標準装着サイズ （タイヤ幅/偏平率-タイヤ内径）	対応サイズ		
	50	45	
19インチ			
225/55-19			
235/55-19	245/50-20		
20インチ			
235/55-20	245/50-20		

	40	35 · 30
		285/35-20 305/30-20

偏平率60タイヤから偏平率55.50.45.40.35.30タイヤへの変更		
標準装着サイズ （タイヤ幅/偏平率-タイヤ内径）	55	50
13インチ		
185/60-13	185/55-14	
14インチ		
165/60-14	185/55-14 195/55-14 165/55-15 175/55-16	
175/60-14	185/55-14 195/55-14	195/50-15
185/60-14	195/55-14 185/55-15	195/50-15 205/50-15
195/60-14		205/50-15 215/50-15
205/60-14	215/55-15	225/50-15
15インチ		
155/60-15	165/55-15 175/55-15	195/50-16 165/50-16
165/60-15	175/55-15 185/55-15	195/50-15 205/50-15
175/60-15	185/55-15 195/55-15 205/55-15 185/55-16	195/50-15 205/50-15 215/50-15 225/50-15 195/50-16
185/60-15	195/55-15 205/55-15 215/55-15 195/55-16	205/50-15 215/55-15 225/50-15 195/50-16 205/50-16
195/60-15	205/55-15 215/55-15 205/55-16	215/55-15 225/50-15 215/50-16 225/50-16
205/60-15	205/55-16 215/55-16	225/50-15 225/50-16
215/60-15	225/55-16	245/50-16

対応サイズ		
45	40	35・30
205/45-16		
215/45-16		
195/45-16 205/45-16		
205/45-16 215/45-16	215/40-17	
215/45-16		
245/45-16	245/40-17	
245/45-16 225/45-17	245/40-17 255/40-17	
245/45-16 235/45-17 245/45-17	255/40-17	

偏平率60タイヤから偏平率55.50.45.40.35.30タイヤへの変更		
標準装着サイズ （タイヤ幅/偏平率-タイヤ内径）	55	50
16インチ		
175/60-16	185/55-16 195/55-16 205/55-16	195/50-16 205/50-16 215/50-16 225/50-16
185/60-16	195/55-16 205/55-16 215/55-16	205/50-16 215/50-16 225/50-16 205/50-17
195/60-16	205/55-16 215/55-16 225/55-16	215/50-16 225/50-16 245/50-16 205/50-17 215/50-17
205/60-16	215/55-16 225/55-16 215/55-17	225/50-16 245/50-16 225/50-17 235/50-17
215/60-16	225/55-16 225/55-17	245/50-16 235/50-17 225/50-18
225/60-16		245/50-16
235/60-16		245/50-18
17インチ		
205/60-17	215/55-17 225/55-17 215/55-18	225/50-17 235/50-17 225/50-18 235/50-18
215/60-17	225/55-17 225/55-18	235/50-17 235/50-18 245/50-18
225/60-17	235/55-18	245/50-18

423

対応サイズ		
45	40	35・30
205/45-16 215/45-16 245/45-16 205/45-17 215/45-17	215/40-17 245/40-17	
215/45-16 245/45-16 215/45-17 225/45-17	245/40-17 255/40-17	255/35-18
245/45-16 225/45-17 235/45-17 245/45-17	245/40-17 255/40-17 235/40-18	255/35-18
245/45-16 235/45-17 245/45-17	255/40-17 245/40-18	.
245/45-17 245/45-18	255/40-18	275/35-19
		285/35-19
235/45-17 245/45-17 235/45-18 245/45-18	255/40-18 245/40-19 255/40-19	265/35-19 275/35-19 285/35-19 295/30-20
245/45-18	255/40-19	275/35-19 285/35-19 295/30-20 305/30-20
		285/35-19 285/35-20 305/30-20

偏平率60タイヤから偏平率55.50.45.40.35.30タイヤへの変更			
標準装着サイズ (タイヤ幅/偏平率-タイヤ内径)		55	50	
18インチ				
225/60-18	235/55-18 255/55-18 235/55-19	245/50-18	
235/60-18	255/55-18		
245/60-18	255/55-18		
265/60-18		285/50-20	
275/60-18		285/50-20	
19インチ				
245/60-19		285/50-20	
20インチ				
245/60-20		285/50-20	

対応サイズ		
45	40	35・30
		285/35-20

偏平率65タイヤから偏平率60.55.50.45.40.35タイヤへの変更		
標準装着サイズ （タイヤ幅/偏平率-タイヤ内径）	60	55
12インチ		
155/65-12	165/60-12	
13インチ		
145/65-13	155/60-13 165/60-13	155/55-14
155/65-13	165/60-13 175/60-13	
165/65-13	175/60-13 185/60-13 195/60-13	185/55-14
195/65-13	205/60-13	
14インチ		
145/65-14	165/60-14	165/55-14
155/65-14	165/60-14 175/60-14	185/55-14 195/55-14 165/55-15 175/55-15
165/65-14	175/60-14 185/60-14 195/60-14	185/55-14 195/55-14 185/55-15
175/65-14	185/60-14 195/60-14 205/60-14 185/60-15	195/55-14 185/55-15 195/55-15
185/65-14	195/60-14 205/60-14	205/55-15
195/65-14	205/60-14 205/60-15	215/55-15
205/65-14	205/60-15 215/60-15	205/55-16
215/65-14	215/60-15	
15インチ		
145/65-15	155/65-15 165/60-15	165/55-15 175/55-15

50	45	40	35
165/50-15			
165/50-16			
195/50-15 205/50-15	195/45-16		
195/50-15 205/50-15 215/50-15	205/45-16		
205/50-15 215/50-15 225/50-15 205/50-16	215/45-16		
225/50-15 215/50-16			
225/50-15 225/50-16	245/45-16 225/45-17	245/40-17	
	245/45-16 235/45-17	255/40-17	
165/50-15 195/50-15 165/50-16			

偏平率65タイヤから偏平率60.55.50.45.40.35タイヤへの変更			
標準装着サイズ （タイヤ幅/偏平率-タイヤ内径）	60	55	
165/65-15	175/60-15 185/60-15	185/55-15 195/55-15 205/55-15 185/55-16	
175/65-15	185/60-15 195/60-15 205/60-15 185/60-16	195/55-15 205/55-15 215/55-15 195/55-16	
185/65-15	195/60-15 205/60-15 215/60-15 195/60-16	205/55-15 215/55-15 205/55-16	
195/65-15	205/60-15 215/60-15 205/60-16	205/55-16 215/55-16	
205/65-15	215/60-15 215/60-16	225/55-16	
215/65-15	225/60-16	225/55-17	
16インチ			
195/65-16	205/60-16 215/60-16 225/60-16	215/55-16 225/55-16 215/55-17	
205/65-16	215/60-16 225/60-16 235/60-16 215/60-17	225/55-16 225/55-17	
215/65-16	225/60-16 235/60-16 225/60-17		
17インチ			
225/65-17	235/60-18	255/55-18 235/55-19	
235/65-17	245/60-18	255/55-18	

対応サイズ			
50	45	40	35
195/50-15 205/50-15 215/50-15 225/50-15 195/50-16	205/45-16 215/45-16	215/40-17	
205/50-15 215/50-15 225/50-15 195/50-16 205/50-16 215/50-16	215/45-16 205/45-17		
215/50-15 225/50-15 215/50-16 225/50-16 205/50-17	245/45-16 225/45-17	245/40-17	
225/50-15 225/50-16 245/50-16 215/50-17	245/45-16 225/45-17 235/45-17	245/40-17 255/40-17 235/40-18	
245/50-16 225/50-17	245/45-16 235/45-17 245/45-17	255/40-17	
245/50-16 235/50-17	245/45-18		
225/50-16 245/50-16 225/50-17 235/50-17	235/45-17 245/45-17	255/40-17 245/40-18 255/40-18	255/35-19
245/50-16 235/50-17 225/50-18	245/45-17 245/45-18	255/40-18	275/35-19
245/50-16			285/35-19

偏平率65タイヤから偏平率60.55.50.45.40.35タイヤへの変更			
標準装着サイズ （タイヤ幅/偏平率-タイヤ内径）	60	55	
265/65-17	275/60-18		
275/65-17	285/60-18		
18インチ			
225/65-18	235/60-18 245/60-18 265/60-18	255/55-18	
235/65-18	265/60-18 275/60-18 245/60-19		

対応サイズ			
50	45	40	35

偏平率70タイヤから偏平率65.60.55.50.45.40.35タイヤへの変更		
標準装着サイズ (タイヤ幅/偏平率-タイヤ内径)	65	60
12インチ		
145/70-12	155/65-12 145/65-13	165/60-12 155/60-13 165/60-13
155/70-12	155/65-13	165/60-13 175/60-13
165/70-12	165/65-13	175/60-13 185/60-13 195/60-13
175/70-12		185/60-13 195/60-13
13インチ		
145/70-13	155/65-13 165/65-13	165/60-13 175/60-13 185/60-13
155/70-13	165/65-13 155/65-14	175/60-13 185/60-13 195/60-13 165/60-14
165/70-13	195/65-13 165/65-14 175/65-14	185/60-13 195/60-13 205/60-13 175/60-14 185/60-14
175/70-13	195/65-13 175/65-14 185/65-14	195/60-13 205/60-13 185/60-14 195/60-14 185/60-15
185/70-13	195/65-13 185/65-14 195/65-14	205/60-13 195/60-14 205/60-14 195/60-15
14インチ		
165/70-14	175/65-14 185/65-14 165/65-15	185/60-14 195/60-14 205/60-14 175/60-15 185/60-15

433

対応サイズ

55	50	45	40・35
155/55-14			
185/55-14			
185/55-14			
165/55-14	165/50-15		
185/55-14 165/55-15			
185/55-14 195/55-14 185/55-15	195/50-15	195/45-16	
195/55-14 185/55-15 195/55-15	195/50-15 205/50-15 215/50-15	205/45-16	
205/55-15	205/50-15 215/50-15 225/50-15 205/50-16	215/45-16	
195/55-14 185/55-15 195/55-15	195/50-15 205/50-15 215/50-15 195/50-16	205/45-16	

偏平率70タイヤから偏平率65.60.55.50.45.40.35タイヤへの変更		
標準装着サイズ （タイヤ幅/偏平率-タイヤ内径）	65	60
175/70-14	185/65-14 195/65-14 205/65-14 175/65-15 185/65-15	195/60-14 205/60-14 185/60-15 195/60-15 205/60-15 185/60-16
185/70-14	195/65-14 205/65-14 215/65-14 185/65-15 195/65-15 205/65-15	205/60-14 195/60-15 205/60-15 215/60-15 195/60-16
195/70-14	205/65-14 215/65-14 195/65-15 205/65-15 195/65-16	205/60-15 215/60-15 205/60-16
205/70-14	215/65-14 205/65-15 215/65-15 205/65-16	215/60-15 215/60-16
15インチ		
195/70-15	205/65-15 215/65-15 195/65-16 205/65-16	215/60-15 205/60-16 215/60-16 225/60-16 205/60-17
205/70-15	215/65-15 205/65-16 215/65-16	215/60-16 225/60-16 235/60-16 215/60-17
215/70-15	215/65-16 235/65-16	225/60-16 235/60-16 225/60-17
225/70-15	235/65-16 225/65-17	235/60-16
235/70-15	235/65-16 255/65-16	
255/70-15	255/65-16	
265/70-15	265/65-17	265/60-18

対応サイズ			
55	50	45	40・35
195/55-15 205/55-15 215/55-15 195/55-16	205/50-15 215/50-15 225/50-15 195/50-16 205/50-16 215/50-16	215/45-16 245/45-16 205/45-17	
205/55-15 215/55-15 205/55-16 215/55-16	215/50-15 225/50-15 215/50-16 225/50-16 205/50-17	245/45-16 225/45-17	245/40-17 255/40-17
205/55-16 215/55-16 225/55-16	225/50-15 225/50-16 245/50-16 215/50-17	245/45-16 225/45-17 235/45-17 245/45-17	245/40-17 255/40-17
225/55-16 215/55-17	245/50-16 225/50-17 235/50-17	245/45-16 235/45-17 245/45-17	255/40-17
215/55-16 225/55-16 215/55-17 225/55-17	225/50-16 245/50-16 225/50-17 235/50-17	245/45-16 235/45-17 245/45-17 235/45-18	255/40-17 245/40-18 255/40-18
225/55-16 225/55-17	245/50-16 235/50-17 225/50-18 235/50-18	245/45-17 245/45-18	255/40-18
225/55-18	245/50-16 245/50-18		
235/55-18	245/50-18		

偏平率70タイヤから偏平率65.60.55.50.45.40.35タイヤへの変更			
標準装着サイズ （タイヤ幅/偏平率-タイヤ内径）	65	60	
16インチ			
205/70-16	215/65-16 235/65-16 225/65-17	225/60-16 235/60-16 225/60-17	
215/70-16	235/65-16 225/65-17	235/60-16 225/60-17 225/60-18	
225/70-16	235/65-16 255/65-16 225/65-17 235/65-17 225/65-18	235/60-18 245/60-18	
235/70-16	255/65-16	245/60-18	
245/70-16	255/65-16 265/65-17	265/60-18 245/60-19	
255/70-16	255/65-16 265/65-17 275/65-17	265/60-18 275/60-18	
265/70-16	265/65-17 275/65-17	275/60-18 285/60-18	
275/70-16	275/65-17	285/60-18	
17インチ			
215/70-17	225/65-17 235/65-17 225/65-18 235/65-18	235/60-18 245/60-18	
245/70-17	265/65-17 275/65-17	265/60-18 275/60-18 285/60-18	
265/70-17	275/65-17	285/60-18	

対応サイズ			
55	50	45	40・35
225/55-17 225/55-18 235/55-18	235/50-18 245/50-18	245/45-19	285/35-19
235/55-18	245/50-18		285/35-19
255/55-18			
255/55-18			
255/55-18 235/55-19	245/50-20		
	285/50-20		

〈索 引〉

カ

タ

■著者略歴

中島 守（なかしま　まもる）
　昭和 27 年 9 月生まれ
　愛知工科大学自動車短期大学　名誉教授
　＜工学修士＞

川合宏之（かわい　ひろゆき）
　昭和 36 年 8 月生まれ
　愛知工科大学機械システム工学科　助教
　＜一級自動車整備士養成課程指導員＞

鈴木貴晃（すずき　たかあき）
　昭和 47 年 3 月生まれ
　愛知工科大学機械システム工学科　助教
　＜一級小型自動車整備士＞

自動車 車検・整備ハンドブック

2023年 5 月31日　第 1 刷発行

著　者	中島　守 川合　宏之 鈴木　貴晃
発行者	木和田泰正
印　刷	三省堂印刷株式会社
発行所	株式会社　精文館
	〒102-0072　東京都千代田区飯田橋 1-5-9
電　話	03（3261）3293
FAX	03（3261）2016
振　替	00100-6-33888

禁無断転載
不許複製

Printed in Japan　ⓒ2023 seibunkan　ISBN978-4-88102-053-1 C2053
●乱丁・落丁本はお送り下さい。送料は当社負担にてお取り替えいたします。

定価(本体1600円＋税)